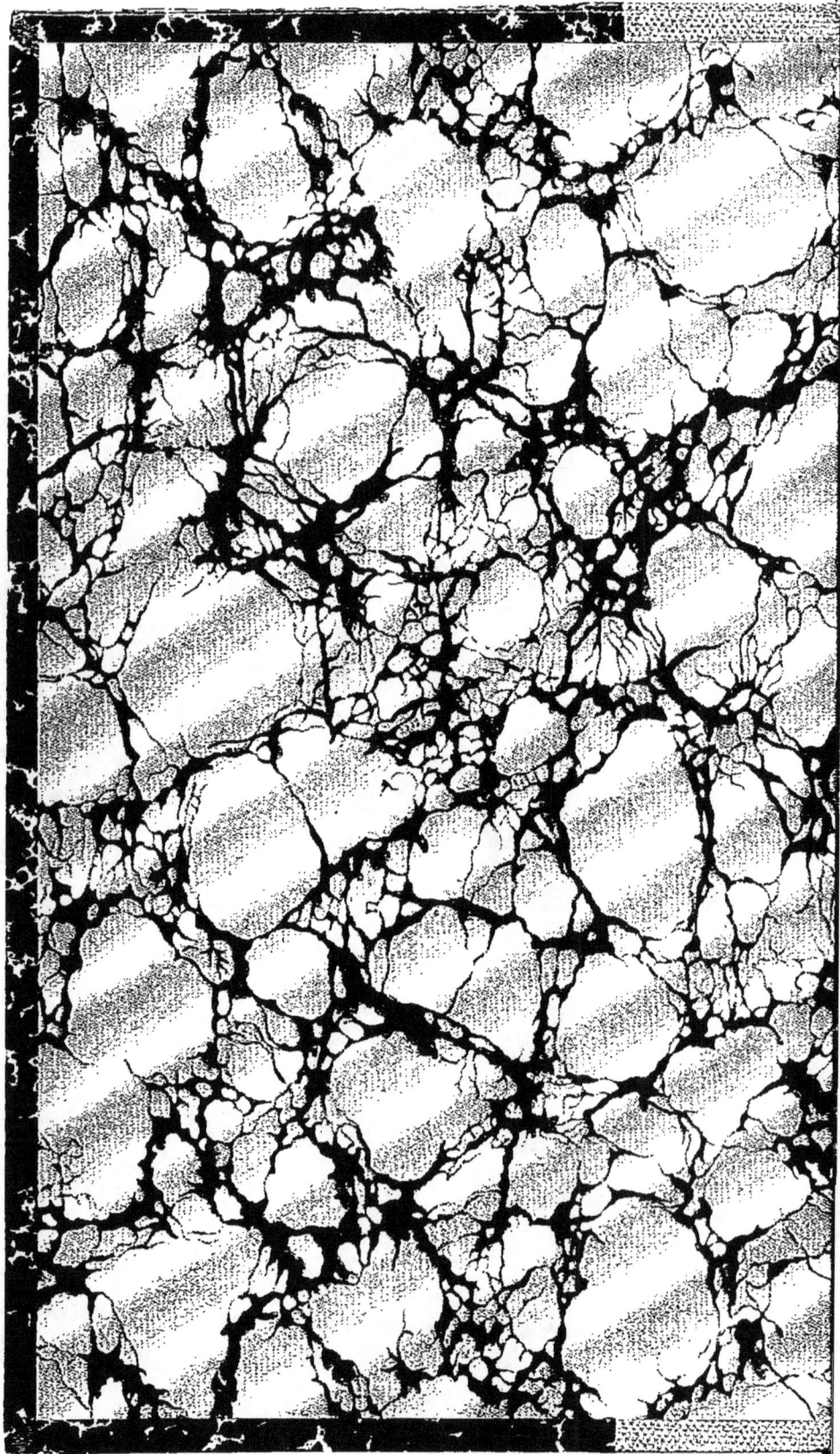

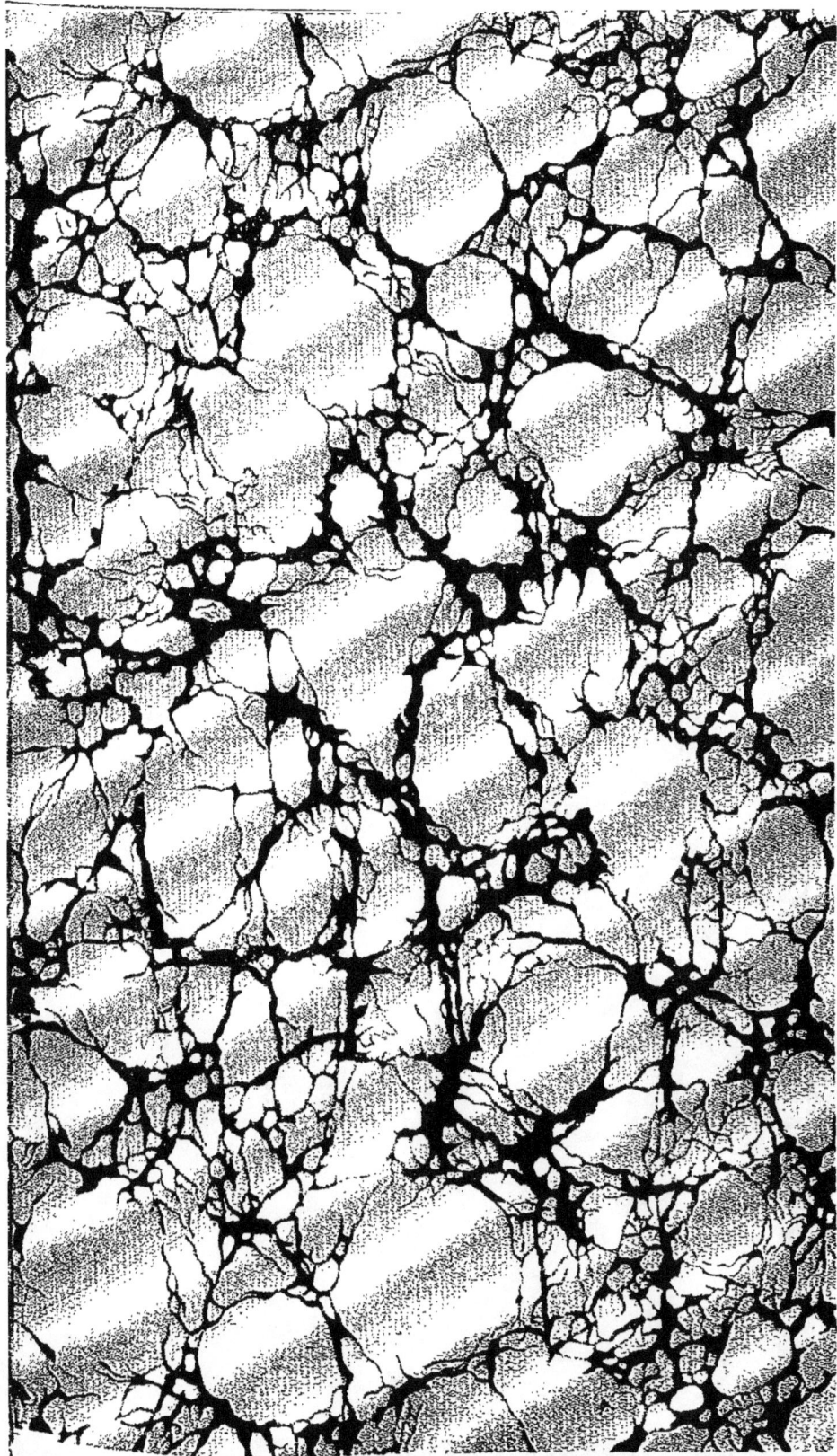

CATALOGUE

DES

PLANTES VASCULAIRES

DU

SUD-OUEST DE LA FRANCE

COMPRENANT

LE DÉPARTEMENT DES LANDES ET CELUI DES BASSES-PYRÉNÉES

Ouvrage couronné par la Société des Sciences et Arts de Pau

PRÉCÉDÉ D'UNE

Notice historique sur l'Origine et la Fondation des Thermes de Dax

PAR LE DOCTEUR BLANCHET

Fondateur de ces Thermes,

l'un des fondateurs et ancien membre de la Commission du Jardin Botanique de Tours,

auteur, en collaboration avec Jules Delaunay,
du CATALOGUE DES PLANTES D'INDRE-ET-LOIRE.

Membre de plusieurs Sociétés.

BAYONNE

IMPRIMERIE LASSERRE, RUE GAMBETTA, 20

—

1891

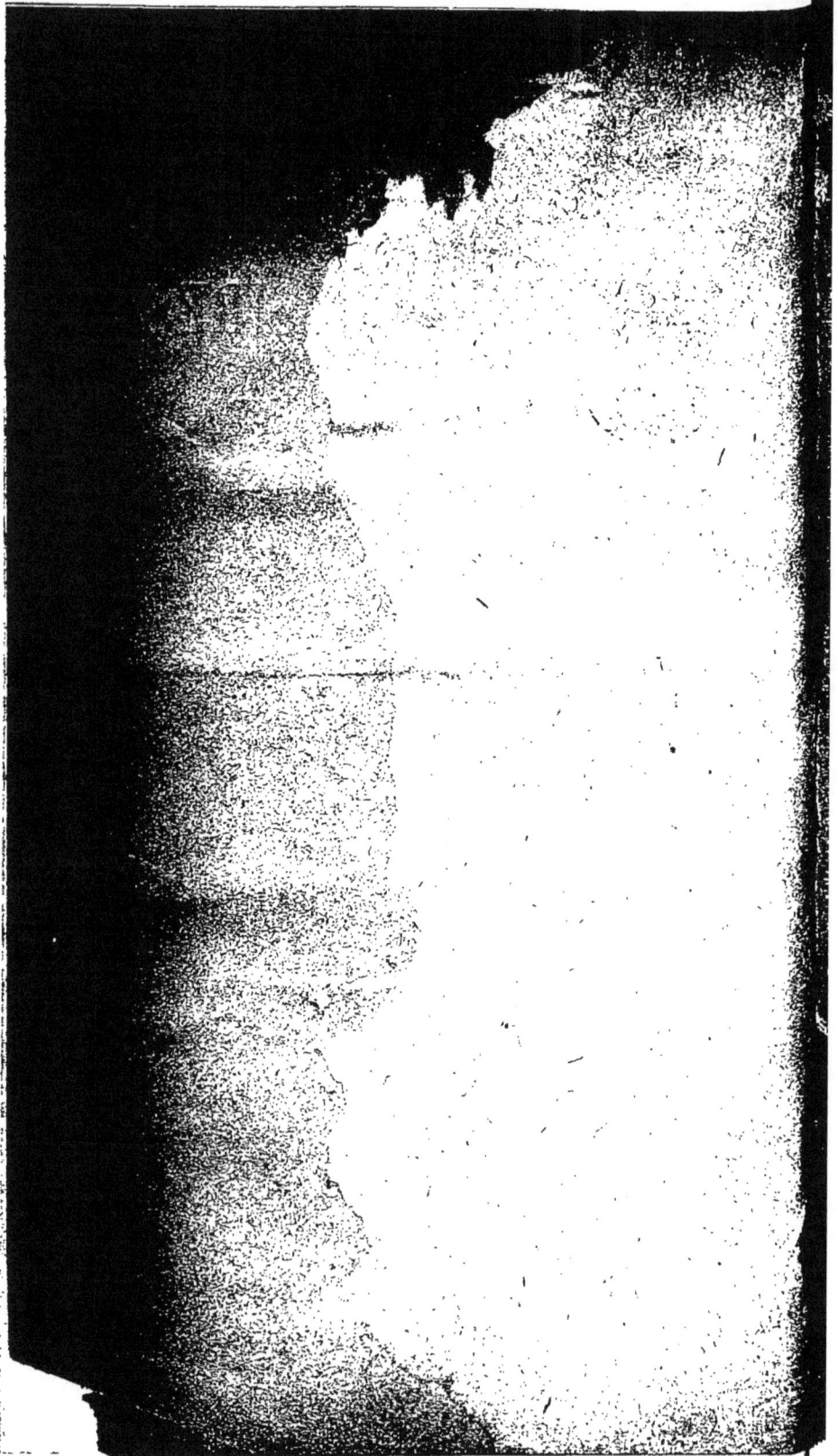

CATALOGUE

DES

PLANTES VASCULAIRES

DU

SUD-OUEST DE LA FRANCE

COMPRENANT

LE DÉPARTEMENT DES LANDES ET CELUI DES BASSES-PYRÉNÉES

Ouvrage couronné par la Société des Sciences et Arts de Pau

PRÉCÉDÉ D'UNE

Notice historique sur l'Origine et la Fondation des Thermes de Dax

PAR LE DOCTEUR BLANCHET

Fondateur de ces Thermes,

l'un des fondateurs et ancien membre de la Commission du Jardin Botanique de Tours,

auteur, en collaboration avec Jules Delaunay,
du CATALOGUE DES PLANTES D'INDRE-ET-LOIRE,

Membre de plusieurs Sociétés.

BAYONNE

IMPRIMERIE LASSERRE, RUE GAMBETTA, 20

1891

NOTICE HISTORIQUE

SUR

L'ORIGINE ET LA FONDATION DES THERMES DE DAX

Dans les premiers jours d'août 1860, après avoir passé un mois à Biarritz pour la santé d'un de mes enfants, je me rendais à Dax sur les instances d'un vieil et bon ami, aujourd'hui regretté, Ulysse Darracq.

Je venais essayer sur mon cher enfant infirme, alors âgé de 7 ans, l'effet de boues dont Darracq, originaire de Dax, m'avait dit beaucoup de bien en me citant des cures surprenantes.

A cette époque, Dax comme ville d'eau, comme station thermale, était tout ce qu'on peut imaginer de plus primitif; cependant on y guérissait.

Il existait, il est vrai, dans le quartier de la Fontaine-Chaude, quelques établissements de bains comme on en voit dans toutes les villes qui possèdent des sources thermales; mais, excepté les Baignots, où l'on avait pratiqué un aménagement modeste laissant beaucoup à désirer, on ne trouvait, en fait d'établissements, sur les boues et les sources, que des échoppes en planches disjointes noircies par le temps.

C'était dans ces abris douteux et indiscrets que de nombreux malades venaient, pour quelques centimes, chercher leur guérison ou un soulagement à leurs douleurs.

Plusieurs trous restés à découvert, dont un situé près du fleuve et nommé *trou des pauvres*, recevaient, deux fois par jour dans la saison, la visite des déshérités de la fortune. Ceux-ci venaient, *gratis et coram populo*, plonger dans ces trous leurs plaies ou les parties atteintes de douleurs; et pendant ces bains plus ou moins écœurants, à ciel ouvert, on voyait, émaillant les pelouses du voisinage, les linges à pansement auxquels on avait fait subir, sur place, un lessivage insuffisant.

Disons cependant que cela se passait dans les fossés de la ville, par conséquent *extra muros*, les remparts gallo-romains étant encore debout dans presque toute leur étendue.

Voilà l'état dans lequel j'ai trouvé Dax en 1860 : état dans lequel cette ville trop longtemps stationnaire est même restée jusqu'en 1863, car c'est seulement dans le cours de cette dernière année qu'il m'a été permis de commencer l'exécution du projet que j'avais formé pendant mon premier séjour : projet dont je vais parler.

Témoin des résultats obtenus notamment sur mon fils, dans des conditions si défectueuses, et prévoyant l'avenir de cette ville privilégiée lorsqu'elle serait dotée d'un établissement confortable, installé d'après les données de la science, ainsi du reste que l'avait pressenti Darracq; disposé d'ailleurs à sacrifier ma position pour me dévouer à mon cher enfant, la pensée me vint d'entreprendre cette fondation et de créer un établissement digne de la ville et de ses richesses thermales, un établissement enfin pouvant, non pas rivaliser avec les stations voisines, mais concourir avec elles à la guérison ou au soulagement de nombreux malades et contribuer en même temps à la prospérité du pays.

Ce fut dans cette disposition d'esprit, et après avoir communiqué mon projet à un membre du conseil municipal avec lequel Darracq m'avait mis en rapport, que je sollicitai et obtins de l'édilité, en novembre 1860, la concession des sources et boues qui devaient, me disait-on, devenir à bref délai la propriété de la ville par suite d'échange avec le génie militaire; mais deux années devaient encore s'écouler avant le vote de la loi depuis longtemps attendue, et qui n'a même été obtenue à ce moment que grâce au concours actif et puissant de l'honorable député Corta et aux nombreuses démarches que j'ai faites personnellement au Conseil d'État et dans trois ministères, Intérieur, Guerre et Finances.

C'est seulement à la fin de 1862 que la loi fut votée, et au commencement de 1863, après la promulgation, que je fus mis en possession. Ce qui explique pourquoi les travaux des thermes n'ont été commencés que dans le cours de cette dernière année, bien que la concession remontât à 1860.

Dans un pays où les habitants se distinguent par l'intelligence et les sentiments, l'intention bien comprise donna naissance à un vif enthousiasme, à une sympathie générale. Presque tous voulurent participer à cette création.

Pour donner satisfaction à de si nombreux et de si honorables désirs, une commandite fut formée sur place sous la raison sociale *Blanchet et Compagnie*, la direction restant confiée à celui qui avait pris l'initiative et étudié le projet. Ce fut ainsi, bien que l'initiative fût venue d'ailleurs, une œuvre de clocher.

Les personnes les plus recommandables, les plus éminentes du pays s'inscrivirent les premières, et l'œuvre fut patronnée par la mître, la toge et l'épée. Mais, malheureusement, ces adhérents nombreux furent plutôt sympathiques qu'intéressés, et comme ce n'est pas avec le cœur seul qu'on fonde de pareils établissements et qu'un évènement fâcheux vint, en cours d'exécution, immobiliser et même compromettre une partie de notre capital, cette position exceptionnelle, loin de nous être favorable fut désavantageuse, le capital dans de telles conditions étant difficile à reconstituer.

Je dois dire aussi que le pays n'était nullement porté aux entreprises et que plusieurs insuccès, dans des ordres différents il est vrai, avaient semé la crainte et l'effroi.

En présence du résultat qu'on vient d'obtenir relativement à la création de bains salés, on comprendra facilement les difficultés du premier jour, et que, si malgré l'exemple donné et les résultats obtenus, on hésite encore aujourd'hui, après vingt-cinq ans de succès, il n'a fallu rien moins que le sentiment de patriotisme et d'humanité sous lequel l'affaire se présentait pour voir s'effectuer, au début, de si nombreuses et si honorables adhésions.

Ce fut un véritable concours de civisme d'autant plus méritoire que la plupart doutaient du succès, et me disaient en s'engageant qu'à Dax tout était impossible.

Il est vrai qu'à cette époque on ignorait, généralement, le fonctionnement des commandites et l'irresponsabilité d'un commanditaire, qu'on confondait avec un associé nominal ; et, pour comble d'infortune, les cinq membres du conseil de surveillance qui, par leur position dans le pays, auraient pu inspirer confiance, et au moment venu aider le gérant, ignoraient complètement leurs attributions, leurs devoirs et leurs droits ; aussi, malgré de bonnes intentions, ont-ils rendu la position du gérant extrêmement difficile et compromis le succès. Arrivé tard, j'étais encore venu trop tôt.

Malgré l'horreur qu'inspire le pronom personnel et l'hésitation qu'on éprouve à relater des faits dans lesquels l'écrivain a rempli le principal rôle, on permettra, pour rendre la démonstration plus claire, qu'en qualité d'historien je fasse connaître les conditions de notre organisation.

En présence de cette manifestation générale des habitants, le gérant, dont on connaît le véritable mobile, crut pouvoir partager avec la société *locale* les avantages de la concession qu'il avait obtenue de la ville en s'engageant personnellement. Il en fit deux parts égales, une pour ses cointéressés, l'autre en sa faveur pour toute indemnité, c'est-à-dire qu'au lieu de la compter pour son chiffre réel en l'apportant à la Société, ou même de la majorer, selon l'habitude, pour récompenser l'initiative et couvrir les frais préliminaires, il ne la fit figurer dans l'acte social que pour la moitié de la valeur fixée par l'édilité, moitié représentée par des actions.

Il donnait ainsi, au lieu de recevoir ; mais cet acte ne fut pas compris.

Loin d'obtenir, comme il l'avait espéré, des lettres de naturalisation et droit de cité en venant, au milieu d'une indifférence générale et séculaire, créer une œuvre éminemment utile, l'importance de son entreprise ne tarda pas à lui suscitér des envieux, et à côté du *pessima invidia* dont il fut entouré, il eut la douleur de s'entendre traiter d'étranger, comme s'il était venu de la Malaisie ou du Kamtchatka.

Le dévouement et le désintéressement ne devaient-ils pas tenir lieu d'état civil? et d'ailleurs, qu'il soit né sur les bords de l'Adour ou de la Loire, un Français en France est-il étranger?

Dans un pays de lumière où tous les habitants sont si heureusement doués, un pareil oubli me fut très sensible.

Pourquoi donc cette ville, la plus riche de France peut-être en eaux thermales si tous les griffons qui s'ouvrent directement dans le fleuve pouvaient être cubés et utilisés, mais du moins et bien certainement la deuxième après Aix, a-t-elle été la dernière à utiliser les trésors que la nature lui a donnés?

Pourquoi a-t-elle attendu qu'un *étranger indigène* vînt lui dire que depuis le départ des Romains elle perdait une mine féconde, et laissait couler à la rivière une source de richesse qui, utilisée à son profit, pouvait être si utile aux malades?

Celui qui avait pris l'initiative de cette transformation ne pouvait-il pas être traité en citoyen Dacquois?

Malgré l'avantage fait aux actionnaires et la plus-value donnée aux actions, plusieurs de celles-ci restèrent non placées; le gérant, croyant que les traités seraient respectés et qu'il administrerait seul, selon son droit, conformément aux statuts, n'avait pas hésité à souscrire ces actions. C'est ainsi qu'il resta propriétaire de la moitié de la Société. Position insolite et exceptionnelle, que la composition de la Société avait rendue nécessaire, et qui méritait bien d'être prise en sérieuse considération, mais dont l'importance semble avoir échappé à la sagacité du conseil de surveillance qui, par une véritable perturbation morale et intellectuelle dont il sera parlé, vit un danger où était la sécurité.

Participant dans de telles proportions à tous les frais, le gérant ne devait-il pas inspirer plus de confiance et acquérir, si cela était nécessaire, plus d'autorité?

Dans cette Société locale, homogène, existaient des liens étroits qui pouvaient donner naissance à des sentiments qu'il est inutile de définir; et le gérant, exempt de toute attache, mais protecteur de tous au même degré, ne trouvait-il pas, au lieu d'un défaut, une qualité essentielle dans le titre qu'on lui reprochait?

On ne peut avoir oublié qu'un jour, s'étant opposé dans le sein du conseil à un acte odieux de népotisme, il fut provoqué en duel à mort... à six pas. Ce fut le commencement de la démence.

On voulait mettre à la disposition de l'architecte, qui avait deux oncles dans le conseil, 15,292 fr. 45 que nous avions obtenus de rabais lors de l'adjudication.

Malgré les difficultés qui résultaient de ces conditions fâcheuses et le temps considérable qu'avait exigé la démolition d'une portion moderne de rempart qui a donné pour 22,000 fr. d'excellents matériaux; malgré surtout la difficulté d'établir solidement nos fondations dans d'abondantes sources à 60 degrés quintuplées par nos épuisements, nous avions pu, grâce à une surveillance incessante, marcher rapidement sans désunion, sans encombre, chacun jusque-là étant resté à sa place.

Le 9 octobre 1865, le comte Walewski, président de la Chambre des députés et actionnaire de notre Société, posait la première pierre, et les grandes difficultés étant vaincues, nous allions redoubler de vitesse.

Au mois de mai 1866, l'édification touchait à son terme; les dispositions intérieures, commencées dès le début et poursuivies avec activité au fur et à mesure des constructions, avançaient également; nous espérions, enfin, voir s'accomplir promptement tous nos désirs, lorsqu'un événement fâcheux vint troubler le calme parfait dont nous avions joui jusque-là.

Notre banquier, qui était gérant de la Caisse d'escompte locale, fit faillite, et son conseil de surveillance, composé en partie des mêmes personnes que le nôtre, fut condamné en instance et en appel à payer tant pour cent sur le reliquat du passif.

Cette condamnation, dont l'effet moral sur notre conseil devait être immense, fut d'autant plus regrettable pour nous qu'elle ne fut pas suivie d'exécution; nous avons essuyé le contre-coup sans jouir du bénéfice.

Après 25 ans, les victimes de la faillite attendent encore une légitime répartition qu'ils réclament en vain.

A quoi servent les procès, si la sentence n'est pas exécutée?

Pris subitement de panique après ce jugement, ignorant, ainsi que je l'ai dit, ses devoirs, ses droits et ce qu'était une commandite, notre conseil sortit imprudemment du seul rôle qui lui appartenait, et que, de son propre aveu, le gérant lui rendait bien facile.

Ce fut le commencement des conflits, la cause de nos malheurs, et l'on peut dire qu'à partir de ce moment les jours de la Société furent comptés.

J'insiste sur ce point pour prouver que la faillite du banquier et l'ignorance du conseil ont été les causes réelles du changement survenu et de nos revers.

Alors commença l'ère des empiètements, des insanités, et c'est peu après, en effet, qu'eut lieu la folle provocation dont j'ai parlé.

La surveillance avec notre gérant est une sinécure, avait dit le président en séance quelques jours avant la faillite.

N'était-ce pas naturel?

Dans une société de 120 intéressés, où le gérant a à lui seul autant d'actions que les 119 autres réunis, n'est-il pas, outre ses sentiments, le plus intéressé à faire bien, promptement, et avec le plus d'économie possible ?

N'était-ce pas faire acte de folie que de vouloir prendre sa place ?

Les paroles du président rappelées seulement pour mémoire prouvent bien l'entente parfaite et l'absence de tout motif de désunion. La confiance était même si grande que bien que le gérant l'en priât, le conseil n'a fait l'épurement des comptes qu'une seule fois, et le lendemain il rendait un public hommage; tout marchait sur des roulettes, encore quelques mois et l'œuvre était terminée.

Eh bien, c'est à ce moment, après trois années de marche régulière parfaitement satisfaisante, les éloges constamment donnés et lorsque nous étions déjà en vue de la terre promise que le conseil terrorisé perdit la tramontane, et que pour se soustraire à un danger imaginaire qui troublait son sommeil, il se mit à violer la loi et les statuts pour prouver qu'il n'était pas inactif.

Confondant l'administration avec la surveillance qui était, chez nous, chose de luxe, une véritable sinécure, le conseil ne trouvant rien à faire dans celle-ci voulut faire celle-là et s'emparer de la direction.

Il eut d'abord recours à l'influence des amis pour amener le gérant à se laisser tondre. N'ayant pu réussir, il usa de la violence et des persécutions, *væ soli*, cinq contre un.

A partir de ce moment, il y eut fautes sur fautes jusqu'à ce que mort s'en suivit. Pour abréger, je passerai plusieurs faits sous silence, mais je dois dire que prévoyant les conséquences fâcheuses des empiétements, je cherchai à arrêter les transgresseurs.

Loin de se rendre à l'évidence, ces messieurs ne virent dans les exhortations du gérant qu'un désir autoritaire, qui ne pouvait naître chez celui qui, légalement et rationnellement, avait tous les pouvoirs, ayant toute la responsabilité. Les usurpateurs crièrent alors à l'usurpation, en cherchant à soulever le ban et l'arrière-ban de la Société contre son protecteur naturel.

Aussitôt survinrent l'anarchie, le désordre et le gâchis. L'insubordination devint telle que l'architecte *neveu* brisa à coups de hache les portes provisoires de l'établissement pour faire exécuter, malgré les défenses du gérant, des travaux de charpente et de couverture contraires au plan, et tellement défectueux que les continuateurs de notre œuvre les firent disparaître en entrant. Démolition qui prouve si la défense du gérant était fondée !

Ne pouvant plus se faire obéir, cet administrateur avait eu recours au moyen extrême de faire fermer les portes; mais il y a eu bris, fracture et violation de domicile.

On appréciera cet acte de sauvagerie.

Voulant savoir quelle part le conseil avait prise à la chose, j'écrivis à un des cinq qui me répondit que *le conseil s'était en effet occupé de cette question pour couvrir sa responsabilité!!* (sic).

La surveillance avouant ingénûment qu'elle fait de l'administration pourêtre en règle, n'est-ce pas typique?

Le quart d'heure de Rabelais ne tarda pas à sonner, les entrepreneurs voulurent être payés; ne pouvant, dans de telles conditions, présenter un bordereau au gérant, ce fut une assignation qu'il reçut d'emblée, ainsi que les cinq surveillants transformés en administrateurs.

On se ferait difficilement l'idée de l'effet que produisit l'image sur cette sorte d'aréopage. Un aérolithe dans une fourmilière causerait moins de trouble et d'effroi. Cependant il ne s'agissait que de 13,000 fr., et malgré l'immobilisation d'une partie de notre capital par la faillite, nous pouvions encore disposer de 30,000 fr. environ; rien n'était donc désespéré; — il suffisait de vouloir!

C'était d'autant moins le cas de jeter le manche après la cognée que ces travaux, qui auraient dû être bien faits, terminaient l'édification et l'entreprise donnée à l'adjudication.

Nous pouvions, après les avoir soldés, attendre pour compléter l'aménagement intérieur que notre capital fut reconstitué, ce qui devait avoir lieu promptement.

J'ajoute que le conseil qui, vu le défaut de banquier, s'était spontanément chargé de la recette dans la personne d'un des siens, aurait dû, surtout après s'être occupé de ces travaux, s'empresser de battre monnaie pour réparer ses torts.

Les actionnaires étaient dans les meilleures dispositions et prêts à venir en aide. Ils en avaient donné la preuve au moment de la faillite en versant directement, chez le gérant, sur une simple invitation, 32,000 fr. en quelques jours; mais deux jours après avoir pris, en séance, l'engagement de faire rentrer les fonds, le receveur volontaire était parti en vacances pour deux mois. Les actionnaires se présentèrent en vain, et le gérant fit d'inutiles instances.

Avec l'intention de faire échouer on n'aurait certes pas agi autrement.

Ce dernier coup ayant fini de détraquer le conseil, ce fut un véritable sauve-qui-peut. Affolés, éperdus, les cinq arrivèrent chez le gérant pour lui dire qu'ils donnaient en masse leur démission.

Que ne l'avaient-ils donnée plus tôt! Mais qu'en la donnant ils allaient instruire les actionnaires de l'événement, c'est-à-dire crier par dessus les toits, *urbi et orbi*, que la Société était assignée.

Or, il est bon qu'on sache que peu de jours avant, on avait décidé de créer des obligations ou de contracter un emprunt, et que le gérant, par l'intermédiaire de M. Léglise aîné, notre co-intéressé, était entré immédiatement en relations avec le beau-frère de ce dernier, administrateur d'une des premières institutions de crédit.

Un emprunt remboursable par annuités devant permettre de compléter l'œuvre allait être contracté.

Ebruiter l'affaire dans un pareil moment était donc tout ce qu'on pouvait faire de plus nuisible et de plus insensé. Mais que peut le raisonnement quand la frayeur affole? Tous mes efforts furent inutiles.

M. Léglise, qui était membre de l'édilité départementale et père du député actuel, accompagnait M. le comte Walewski le jour de la pose de la première pierre. Cet honorable édile était trop intelligent pour ne pas comprendre immédiatement l'importance de notre œuvre, sa grande utilité et le brillant avenir qui lui était réservé. Son dévouement, son concours, nous avaient été acquis à l'instant même, et plus tard, déplorant les erreurs du conseil de surveillance, il a fait, pour les conjurer, tous les efforts possibles. Mais, depuis le coup de marteau donné par la faillite, le conseil, qui parodiait constamment l'étourdi, devait rendre, de quelque côté qu'elle vînt, toute intervention inutile.

N'ayant pu réussir à convaincre ces Messieurs de la nécessité d'arrêter les frais et de garder le silence sur l'assignation, je les accompagnai jusque sur la place Poyanne, et là, pendant une demi-heure, je plaidai encore, mais en vain, la cause de la Société et de la raison.

Le président, le plus ignorant de tous, répétait sans cesse : *Nous ne pouvons pas laisser ignorer ce fait aux actionnaires; ce sont les maîtres; ils doivent tout savoir. Eux seuls ont le droit de commander;* etc., etc. Hérésies sur hérésies, une véritable cour du roi Pétaud.

Se figure-t-on un administrateur *responsable,* investi de tous les pouvoirs, paralysé et forcé de se soumettre à la volonté de tous? Où est la logique? où est le bon sens? Quelle aberration! quelle ignorance! Doit-on s'étonner qu'avec de pareils athlètes rien ne soit possible?

Malgré mes instances et mes exhortations, deux jours après l'entretien ci-dessus, le conseil, au lieu de faire rentrer les fonds comme il s'y était engagé, révélait par une circulaire signée des cinq les poursuites et l'assignation. L'emprunt fut immédiatement arrêté; on avait tué la Société en lui mettant le poing sur la gorge.

Anéanti, désespéré, voyant tous ses efforts inutiles, le gérant tomba gravement malade et fut en quelques jours à l'article de la mort.

Lorsqu'il le sut presque à l'agonie et dans l'impossibilité de former opposition, le conseil, poursuivant son œuvre et espérant, par là, échapper à toute responsabilité, s'empressa de provoquer la liquidation pour 13,000 fr., avec un actif bien supérieur.

Ce fut le coup de grâce, mais non le dernier acte d'insanité, car peu après un des cinq se pendit.

Telle fut la fin de notre triste odyssée !

Après la Caisse d'Escompte, notre Société.

La première en ne faisant rien, la seconde en faisant trop.

Fort heureusement pour le pays, tous les travaux principaux et importants — captage, drainage, puits central collecteur, bassins, piscines, etc. — étaient faits et l'édification terminée. L'entreprise avait été poussée trop loin pour rester inachevée, et le gérant, qui ne devait pas mourir avant d'avoir terminé son œuvre, revint à la santé au moment où le conseil rentrait dans l'ombre.

Après une liquidation trop longue, la vente eut lieu dans la plus mauvaise saison et presque sans publicité; aussi fut-elle désastreuse : 40,000 fr. ce qui en valait 300,000.

Les entrepreneurs, nos créanciers, ne l'apprirent, eux-mêmes, que par hasard; ils se présentèrent seuls et furent adjudicataires sur une seule enchère.

Ils vinrent aussitôt trouver le gérant pour le prier de terminer son œuvre. J'acceptai à la condition qu'on m'assurerait immédiatement la disposition d'une somme que je fixai, ne voulant ni m'amoindrir ni m'amputer.

Cette condition n'ayant pu être remplie j'engageai à revendre, promettant mon concours.

Quelques jours plus tard, le Docteur Larauza, ancien camarade et ami du Docteur Delmas, fondateur et propriétaire de l'établissement hydrothérapique de Bordeaux, vient me faire visite au retour d'un voyage dans les Pyrénées.

Dans le long entretien que j'eus avec cet honorable confrère, je fis ressortir les avantages considérables de Dax comme station d'hiver, comme position exceptionnelle; je fis part à M. Larauza des renseignements que j'avais obtenus, des observations que j'avais recueillies dans mes longs et nombreux voyages et dans mes visites aux établissements, tant en France qu'à l'étranger; des emprunts et applications que j'avais pu faire ; et enfin, vu l'état très avancé de l'entreprise, de toutes les préparations ou dispositions faites dans le but d'assurer à notre création un succès complet à tous les points de vue.

Tout le monde comprendra dans quel but j'agissais ainsi. Ce fut le dernier acte que je pus accomplir en faveur de notre fondation, et j'eus le bonheur de réussir.

Voilà comment MM. Delmas et Larauza sont devenus, un jour, les continuateurs de notre œuvre, qu'ils ont eu le mérite de terminer, mais dont ils n'ont pu avoir l'initiative, ni être les fondateurs puisqu'ils l'ont trouvée fort avancée et que la société aborigène que j'avais formée a fonctionné plus de trois ans.

A cette société donc l'honneur de la fondation, de l'initiative et du début, à d'autres celui d'avoir terminé.

Suum cuique.

On voit maintenant quelle a été la part de chacun dans cette affaire, combien il a fallu de persévérance et d'efforts pour atteindre le but, et comment, malgré les obstructions d'un conseil en délire, la ville de Dax a pu avoir l'établissement que je lui avais promis et qui devait tant contribuer à sa prospérité; mais on ne saura jamais combien j'ai souffert de me voir ainsi empêché par ceux qui, à tous les points de vue, devaient m'aider. Cela me rappelait un fait de date assez récente accompli non loin de nous, et qui n'était certes pas digne d'imitation.

Lorsque l'intendant d'Etigny, voulant faire la fortune de Luchon, fit ouvrir la belle avenue qui porte son nom, les Luchonnais ne permettant pas qu'on fît le bien de leur pays, se révoltèrent et voulurent lapider leur bienfaiteur. Il fallut, pour le protéger, faire venir une compagnie de dragons, et c'est ainsi que le projet put être accompli.

Entre les deux faits il y a bien quelque analogie, malgré la différence des temps. Mais ici, ce ne sont pas les habitants qui ont élevé les obstacles et détruit la nuit ce que je faisais le jour; ils sont, au contraire, venus au devant de celui qui ouvrait la voie, avec un empressement qui témoignait de leur patriotisme et de leur intelligence. Ce sont leurs délégués, leurs élus qui, subitement déséquilibrés, ont violé les statuts, déchiré les contrats et brûlé le lendemain ce qu'ils avaient adoré la veille. Acte mémorable, digne du héros d'Ephèse, et accompli dans les mêmes conditions mentales.

Un jour viendra, sans doute, où justice sera rendue à tous; mais en présence de ce qui se passe depuis 25 ans, d'un oubli blessant qu'on pourrait prendre pour de l'ingratitude, n'appartenait-il pas à celui qui est resté constamment sur la brèche de livrer la vérité au burin de l'histoire et de réparer, en rappelant le nom de la Société fondatrice, une erreur qui ne peut être attribuée qu'à la connaissance imparfaite des événements et des faits?

C'est pour cela qu'ayant depuis longtemps déjà dépassé mon quinzième lustre, et devant bientôt disparaître, je me décide, après une longue hésitation dont on comprendra le motif, à dire aujourd'hui l'exacte vérité en réclamant pour ceux qui sont restés fidèles à leur drapeau et à leur pays, l'honneur qui leur est légitimement dû.

En terminant, et pour compléter l'historique, je désire faire connaître à tous, aujourd'hui, un fait presque ignoré. Il prouvera que la Société que j'ai eu l'honneur de former et de représenter n'a pas seulement fondé l'établissement, mais encore qu'elle a, malgré de dangereux conseils, sauvé dans l'œuf l'enfant auquel elle a donné le jour.

Au moment de la faillite de notre banquier, nous n'avions
en dépôt que 22,000 fr.; c'était peu, et comme cette faillite ne
devait pas être très désastreuse, le préjudice a été plutôt moral
que matériel. Il n'y avait véritablement pas de quoi perdre
ainsi la tête, surtout ayant, par un acte de prudence dont li
va être parlé, échappé à un malheur beaucoup plus grand, et
qui, survenant à cete époque où l'œuvre était moins avancée,
aurait certainement causé son arrêt, son avortement, dans une
ville si peu disposée auxentreprises.

Voici le fait :

Nos paiements bi-mensuels variant entre 12 et 15,000 fr.
nous ne pouvions plus, avec 22,000 en effectuer qu'un seul
avant un nouveau versement. Le moment était donc venu
de faire l'appel d'un quart. Marchant toujours d'accord avec
la surveillance dont je n'ai jamais cherché à m'éloigner, et
parfaitement unis jusque-là, j'avais par déférence convoqué
ces messieurs pour fixer ensemble le moment du versement.
Il fut reconnu que celui-ci devait avoir lieu immédiatement ;
mais le lendemain, avant l'impression des circulaires, un
actionnaire auquel je suis heureux d'exprimer de nouveau
ma reconnaissance (M. Bonzom) vint me dire que des bruits
fâcheux circulaient en ville sur notre banquier.

Etranger au pays, comme on avait eu soin de me le rappeler,
ne connaissant pas assez la position et n'ayant pas le temps de
consulter le conseil entier, je me rendis, en grande hâte,
chez un des cinq, que je savais être également membre du
conseil du banquier, et je lui fis part de l'intention où j'étais
de différer l'appel et de retirer même, si possible, les fonds
en dépôt.

« Gardez-vous-en bien, me dit-il. ils ne peuvent être en
lieu plus sûr. Je suis membre du conseil de surveillance; s'il
existait quelques craintes je serais un des premiers instruits.
Ces bruits sont faux ou calomnieux, je vous le certifie. J'ai
tellement confiance que mes fonds et ceux des gens de ma
maison sont placés là, et je me garderais bien de les retirer.
Soyez donc bien tranquille, laissez l'argent, et faites l'appel
convenu. »

Après une assurance ainsi donnée, je voulus bien laisser des
fonds qu'on ne m'aurait certainement pas rendus, alors ; mais
prudence étant mère de sûreté, au lieu de faire l'appel,
j'écrivis au banquier pour le prévenir officiellement que tel
jour nous aurions à effectuer un paiement de 13,000 francs
environ.

Deux jours avant celui que je lui avais assigné, il déposait
son bilan.

Nunc erudimini.

En arrivant à sa caisse, nos versements qui auraient été
d'autant plus considérables que beaucoup d'actionnaires vou-

XIV.

laient se libérer, auraient certainement retardé la faillite de quelques jours; mais la nôtre devenait inévitable.....

Et les Thermes existeraient-ils?

Qui les a fondés? Qui les a sauvés du naufrage?

Bayonne, 15 Janvier 1891.

Dr BLANCHET

PRÉFACE

~~~~~~~~

Dès l'année 1860, pendant mon premier séjour à Biarritz et à Dax, je fus frappé de la grande richesse végétale de la région, et je remarquai avec plaisir une différence très sensible entre la flore locale et celle des pays que j'avais jusqu'alors explorés; mais ce ne fut que lorsque venu habiter Dax pour exécuter le projet que j'avais formé, et réellement au printemps de 1863, que mettant à profit les instants de loisir que me laissait cette entreprise, je commençai les recherches dont je viens aujourd'hui faire connaître le résultat.

Désirant rendre ces recherches fructueuses autant que possible et le pays m'étant complètement inconnu, je voulus me procurer les ouvrages locaux publiés sur le sujet, mais ce fut en vain que je les cherchai. Le bon Darracq dont le nom m'était connu depuis longtemps et qui devint bientôt un excellent ami, m'apprit que pour les environs de Bayonne, il n'avait paru que quelques notes éparses émanant en grande partie de lui, et que pour les Landes il n'existait que la *Chloris* publiée en l'an XI par Thore, le savant botaniste landais, l'explorateur du golfe de Gascogne : ouvrage datant, alors, de 60 ans. Je fus donc à peu près réduit à ma seule et vieille expérience, et pour éviter à ceux qui me suivraient dans cette voie la déception que j'éprouvais en arrivant, la pensée me vint de prendre des notes exactes. Lorsqu'après avoir passé dix années à Dax, je vins habiter Bayonne et d'abord Guéthary, je fus vivement invité par le Président de la Société des Sciences et Arts de Bayonne, alors en formation, à poursuivre les recherches commencées ailleurs, afin d'embrasser, à la fois, les deux départements. Mais on comprendra qu'étant arrivé à un âge déjà avancé et que n'ayant pu disposer que d'un petit nombre d'années pour explorer un champ si vaste, il reste à visiter un grand nombre de points très intéressants, très riches, encore inconnus, où l'on fera certainement d'heureuses rencontres.

C'est pour cela que j'ai retardé cette publication, espérant pouvoir, jusqu'au dernier jour, ajouter de nouvelles pierres à l'édifice. Mais maintenant ai-je le droit de compter sur un lendemain?

Le Catalogue que je livre aujourd'hui, et dont je ne m'exagère nullement l'importance, ne doit donc être considéré que comme le premier pas ou le prélude d'un travail plus complet qui sera fait un jour. Si, en le publiant, j'ai pu aplanir les difficultés et répandre le goût d'une science pleine de charmes et d'attraits, j'aurai atteint le but que je désire, et je prie mes

honorables lecteurs de me pardonner si je n'ai pu faire da-
vantage.

Pour rendre ce travail plus intéressant, et remédier autant
que possible à l'insuffisance des recherches personnelles, j'ai
fait appel aux botanistes de la région, les priant de vouloir
bien me transmettre des indications sur les points qu'ils ont
visités et les découvertes qu'ils y ont faites. Je suis heureux
de pouvoir leur exprimer ici ma vive reconnaissance.

Je dois d'abord un juste tribut d'hommages à la mémoire
de l'illustre professeur d'Angers, A. Boreau, auteur de la *Flore
du Centre*. Des relations de quarante années avec ce célèbre
botaniste, toujours gracieux et empressé, m'ont permis de
soumettre à son examen un grand nombre d'espèces litigieu-
ses ou de nouvelle création.

J'adresse aussi mes bien sincères remerciements à mon bon
collègue Richter, le savant botaniste de Saint-Jean-Pied-de-
Port, dont j'aurai souvent l'occasion de citer le nom;

A M. Feraud, ancien receveur des finances en retraite, qui
a jadis exploré avec beaucoup de succès les environs de Peyrehorade;

A mon honorable confrère le docteur Em. Gobert, de Mont-
de-Marsan, officier d'académie, ancien collaborateur en Ento-
mologie du regretté Perris, et qui a bien voulu recueillir dans
l'herbier de ce savant des notes abondantes et précieuses qu'il
m'a transmises.

J'adresse à M. le comte de Bouillé, avec l'expression de ma
reconnaissance, de sincères remerciements pour le don
précieux qu'il m'a fait.

Ce savant et infatigable explorateur de notre chaîne pyrénéenne ayant eu la gracieuseté de m'offrir un exemplaire des
intéressants travaux qu'il a publiés sous le pseudonyme *Jam*,
j'ai pu recueillir de nombreuses indications sur les plantes
qu'il a vues ou récoltées en compagnie de sa charmante
famille, et je le prie de me pardonner si, en lui payant ce juste
tribut, j'ai soulevé le voile sous lequel s'abritait sa modestie.
Si je n'ai pas, à chaque plante, ajouté le nom de l'auteur de
la découverte, c'est pour éviter de nombreuses et continuelles
répétitions; mais je déclare ici, qu'un grand nombre des indications de la vallée d'Ossau, et principalement des environs
des Eaux-Bonnes, appartiennent à cet honorable et modeste
savant.

Je remercie M. l'abbé Vidal des renseignements intéressants qu'il m'a donnés sur le Jardin d'Enfer, riche localité
découverte sur le mont Hartza, par l'honorable abbé, pendant
son professorat à Larressore, et qu'il a ainsi nommée en présence de la difficulté du retour, mais qui, sanctifiée sans
doute par sa présence, semble plutôt, par sa grande richesse
végétale, être un Eden qu'un jardin des réprouvés.

Notre région étant très fertile en naturalisations et les prédécesseurs Lesauvage, de St-Sever, ancien pharmacien principal des armées, et Darracq, son contemporain, son émule, ayant signalé les apparitions des plantes adventives, étrangères et exotiques qu'ils ont rencontrées, j'ai cru devoir les imiter en précisant avec exactitude la date de l'arrivée et le lieu des apparitions.

C'est surtout dans les dépôts de lest, les lieux de déchargements des navires et les remblais qu'on voit apparaître, de temps en temps, des plantes étrangères à la région. Plusieurs se répandent et s'acclimatent promptement. D'autres, éphémères, disparaissent après la première année ; quelques-unes, récouvertes par de nouveaux dépôts, disparaissent avant d'avoir pu s'étendre et reparaissent de nouveau sans qu'on puisse les considérer comme définitivement acquises, si elles n'ont pu se propager ailleurs. Leur indication dans ce cas est plutôt au point de vue historique que géographique ; mais rien n'était plus intéressant alors pour le botaniste que la visite des lieux que je viens d'indiquer. Là se trouvaient souvent groupées et surprises sans doute de s'y rencontrer, des plantes venant de l'est et de l'ouest, du centre, du nord et du midi, et vivant près d'elles et avec elles dans une confraternité exemplaire, de nombreuses exotiques.

La douceur du climat exempt des deux extrêmes fait de notre pays un véritable point d'union entre le midi et le septentrion, et de même par de nombreuses naturalisations, entre les plantes de l'ancien et du nouveau monde.

Mais aujourd'hui, par suite, peut-être, des nombreux échanges internationaux qui diminuent la quantité du lest et rendent plus rares les dépôts, les apparitions étrangères ont beaucoup diminué et les remblais se faisant avec du sable dragué au fond du fleuve et privé de toute trace végétale, la stérilité la plus grande a remplacé la végétation luxuriante et variée qui permettait de faire, sur un petit espace, une récolte de cosmopolite.

Depuis la rencontre du sporobolus, nous n'avons vu apparaître que l'Azolla, que nos voisins ont possédé longtemps avant nous. Lorsqu'en 1882 le regretté Lhomme découvrit sur les redoutes de Marrac la graminée dont je viens de parler, elle y était si abondante et répandue sur une si grande surface qu'on reconnut aussitôt qu'elle avait, depuis longtemps, élu là droit de domicile. Mais comment y était-elle venue ? J'avais cru d'abord qu'elle s'était échappée d'une propriété voisine, mais j'ai acquis la certitude du contraire, en découvrant sur la rive opposée de la Nive, qui est large dans cette basse partie, et à un kilomètre environ de la première, une seconde station de cette plante.

Au-delà du pont métallique de la ligne d'Espagne, dans l'établissement des bains publics Jacquemin, le lieu où l'on étend le linge est couvert de cette plante exotique. Limitée par des habitations, elle n'a pu s'étendre là comme sur les redoutes; mais elle y acquiert un magnifique développement.

Un vieillard qui dirige l'établissement m'a dit que dans sa jeunesse il y avait là, ainsi que près de Marrac, une blanchisserie de peaux de moutons dont plusieurs venaient de l'étranger.

Ainsi se trouverait parfaitement expliquée, sur les deux points à la fois, la présence, depuis cinquante ans peut-être, de cette plante qui, lors de la maturité, lance ses graines à distance et en aura logé quelques-unes dans la toison de ses compatriotes qui se sont chargés de l'introduire en France. Cette plante a une très grande tendance à s'étendre. En 1889, j'en avais vu un pied sur des terrains vagues de Saint-Esprit, boulevard Alsace-Lorraine, et l'année dernière, à l'extrémité de ce boulevard, elle abondait autour de la prison.

En mentionnant religieusement les apparitions étrangères ou exotiques signalées par nos prédécesseurs dans les Allées-Marines, je n'ai pas eu l'intention d'inviter les botanistes qui nous honoreront de leur visite à rechercher dans ces magnifiques promenades des plantes depuis longtemps disparues.

Pour éviter toute déception et perte de temps, je tiens à leur dire que depuis les découvertes faites par nos aînés, il y a eu une métamorphose complète de ces lieux si riches autrefois.

En 1730, l'espace compris entre la ville de Bayonne et les dunes de Blancpignon était à l'état de marécages, tantôt émergés tantôt submergés comme le sont encore aujourd'hui ceux de Blancpignon. L'Adour au moment des marées venait, alors, battre le pied des remparts. C'est à cette époque qu'on a commencé, en partant de la ville, à remblayer ces marais transformés aujourd'hui en magnifiques promenades qui, en ajoutant aux charmes de la cité, ont enlevé au naturaliste un précieux champ d'exploration. Il faut aujourd'hui se rapprocher de l'embouchure du fleuve pour trouver, tantôt à droite, tantôt à gauche, mais rarement, quelques étrangères faisant leur apparition.

N'ayant pas, à ma disposition, d'ouvrage plus récent que la flore Grenier Godron, j'ai suivi l'ordre et la nomenclature de cette flore française, en indiquant la fréquence ou la rareté par les signes conventionnels : AC, C, CC, AR, R, RR.

CATALOGUE

DES

PLANTES VASCULAIRES DU SUD-OUEST DE LA FRANCE

—◦◦◦◦◦—

RENONCULACÉES

Clematis vitalba L. Land. et Bas.-Pyr. Haies, bois, buissons, terrain calcaire. — Mai, juillet. — CC.

Thalictrum aquilegifolium L. Région des montagnes. Les Québottes, Urdos, Lescun, Asperta, Gazies, Pembécibé, montagnes d'Aas, Saint-Jean-Pied-de-Port, St-J.-le-Vieux. Rochers boisés. — Mai, juin. — R.

— **macrocarpum** Gren. Pyrénées. Louctores, Pas de l'Ours, col d'Iseye, Gourzy, Asperta, Pic de Ger, Turon deous Cristaous, Col de Tortes, Pied de Pénaméda, Escala de la Québotte, cabane de Gourziotte, Rochers. — Juin, juillet. — R.

— **fœtidum** L. Pyrénées. Raïllère du pic de Césy. — Juin, juillet. — RR.

— **minus** L. Land. et Bas.-Pyr. Col de Tortes, Géougue, Balour, Lescun, Grande Raillère du Pic du Midi d'Ossau, Pont d'Escot, St-Christau, Sarrance, descend jusqu'à Bidache et Peyrehorade. Prés, bois, rochers. — Juin, juillet. — R.

— **saxatile** DC. Région des Montagnes, Mont Hourat, Laruns, Eaux-Chaudes, Avalanche de Louctores, sommet du Pic d'Ousilietche. Coteaux, rochers. — Juillet. — R.

— **nutans** Desf. Pyrénées. Laruns (*Loret*). Rochers. — Juillet, août. — RR.

— **majus** Jacq. Région des montagnes, Pic de Ger, Pic d'Anie, Louctores, Mont Couges, Accous. Rochers, coteaux calcaires. — Juillet, août. — RR.

Anemone montana Hoppe. Pratensis Thore 237. Land. Environs de Dax et de Mont-de-Marsan, Saint-Avit, Saint-Paul-lès-Dax, Abesse, Méés, Herm, Gour-

bera, etc., dans les bruyères et les landes sablonneuses. — Mai, juin. — AR.

Anemone alpina L. Pyrénées. Pênes Blanches d'Eras Taillades, Géougue, Broussette, Louctores, Pic de
Césy, Grande Raillère du pic du Midi d'Ossau,
Balour, Col de Tortes, Pic d'Anie. — Pelouse
des montagnes. — Juin, juillet. — R.

— **nemorosa** L. Land. et Bas.-Pyr. Prés, bois, haies,
collines calcaires. — Mars, avril. — C.

— **ranunculoïdes** L. Land. et Bas.-Pyr. Toutes nos
vallées pyrénéennes, dans les bois et les lieux
couverts, descend jusqu'à Peyrehorade, Hastingues, Cauneille (*Féraud*). — Mars, avril. —
AC.

— **narcissiflora** L. Pyrénées, Gesque, Pembécibé,
au-dessous d'Aucupat, la Bécotte des Englas,
Counqués, Mendibelza, vallées de la Soule,
d'Aspe et d'Ossau. Escarpements, rochers. —
Juin, juillet. — R.

— **hortensis** L. *Thore*, 238. Land. et Bas.-Pyr. St-
Sever, Dax, St-Pandelon, Peyrehorade, Heugas,
Saint-Lon, Orthez, Lahonce, Urcuit, Cambo,
Itsatsou, etc. Coteaux, calcaires, ophitiques.
— Mars, mai. — AR.
Var. *G. Pavonina* DC. Peyrehorade, au coteau
d'Aspremont, à la propriété du Ballon.

— **hépatica** L. Land. et Bas.-Pyr. vallées fraîches et
humides de la région montagneuse ; descend jusqu'à Peyrehorade dans les Landes, et Ciboure
dans les Bas.-Pyr. — Mars, avril. — AC.

Adonis pyrenaica DC. Pyrénées. Le Capéran, Grande Raillère du Pic d'Ossau, pentes schisteuses de la
prairie de Bious, Gabas, Gazies, Bious-Artigue,
Col des Moines, vallée d'Aspe, Pic d'Anie. —
Juin, juillet. — R.

Ranunculus hederaceus L. Land. et Bas.-Pyr. Ruisseaux
tourbeux, marais, fossés peu profonds. —
Mars, avril. — C.

— **cœnosus** Guss. Lenormandi Schultz. Land. et
Bas.-Pyr. Marais, fossés, étangs.—Avril.—AC.

— **tripartitus** DC. Land. et Bas.-Pyr. Dax, Cambran, Narrosse, Saugnac, Bayonne. — Marais,
fossés, eaux tranquilles. — Avril, mai. — R.

— **ololeucos** Lloyd. Land. et Bas.-Pyr. Dax, St-Vincent-de-Xaintes, Narrosse, Bayonne, Ispoure,
etc. Marais, fossés, ruisseaux. — Avril, mai.
— AC.
Ejus varietates, mêmes lieux.

— **lutarius** Revel. Land. Dax, Narrosse, Cam-

bran, Saint-Paul-lès-Dax, Méés. Marais, fossés.
— Avril, mai. — R.

Ranunculus radians Revel. Land., Dax, Yzosse, Méés.
Marais, fossés. — Avril, mai. — R.

— **aquatilis** L. Land. et Bas.-Pyr. Eaux courantes
et tranquilles. — Avril, mai. — CC.
Var. *Homoyophyllus*, mêmes lieux.
Var. *Heterophyllus*, id.

— **trichophyllus** Chaix. Land. et Bas.-Pyr. Port
Neuf, à St-Jean-de-Marsacq, près de l'Adour.
Lac des Englas (Pyr.). Etangs, fossés, marais.
— Printemps et automne. — RR.
Var. *Terrestris* Nob. Saint-Jean-de-Marsacq
loco citato. — Marnes à Serpula Spiru-
læa. — R.

— **divaricatus** Schrank. Land. et Bas.-Pyr. Dax,
Bayonne. Marais, fossés. — Avril, mai. — R.

— **fluitans** Lam. Land. et Bas.-Pyr. Adour et ses
affluents. Eaux courantes, profondes. — Mai.
— AC.

— **thora** L. Pyr. Cirque de Louctores, Grande
Raillère du Pic d'Ossau, Las Québas, Pembécibé, Grande Raillère du Pic de Césy, Cujalat du Ger, Moulin de Bious-Artigue, Lescun, Pic d'Anie. — Juin, juillet. — R.

— **alpestris** L. Pyr. Vallées d'Aspe et d'Ossau,
Pic de Ger, Cujalat du même, Gabisos, Pied
du Capéran, Mont Couges, Col d'Iseye, Col
des Englas, au-dessous du Pic d'Amoulat,
Pic d'Anie, etc., Accous, Aydius. — Juin,
juillet. — R.

— **glacialis** L. Pyr. Portillon, deuxième cheminée et sommet du Pic d'Ossau, Crêtes de
Mondeils, Raillère d'Anéou, Col du Marcadeau. Sommets des montagnes, près des neiges. — Juillet, août. — RR.

— **aconitifolius** L. Pyr. Las Quebas de Gesque,
Callongue d'Ayous, montagnes d'Accous,
Lescun, Roumiga, pâturages des montagnes.
— Mai, juillet. — RR.

— **parnassifolius** L. Pyr. Col d'Ar, Pembécibé,
Pied de Pénameda, Lou Lacarras du Pic d'A-
moulat, Raillère de Césy, Pic de Ger, près
de la source. Sommités et plateaux élevés.
— Juillet, août. — RR.

— **amplexicaulis** L. Pyr. Col d'Aube, Pic de
Césy, Bécotte des Englas, Fontaine de Lourdé, Anouilhas, Col de Sieste, Roumiga,
Anéou, pâturages des montagnes. — Juillet,
août. — RR.

Ranunculus pyrenæus L. Pyr. Sommet du Pic d'Ousilietche, Bécotte des Englas, Pic de Césy, Pic
d'Eras Taillades, Pic de Ger, Pic d'Anie, Gabisos, Crêtes d'Anouilhas, Fontaine de Lourdé, Roumiga, Col du Marcadeau, id. de Sallent. Pâturages des sommets. — Juin, juillet.
— R.

— **flammula** L. Land. et Bas.-Pyr. Lieux humides,
fossés, bords des étangs. — Juin, octobre
— CC.
Var. *B. Reptans*, mêmes lieux.

— **lingua** L. Land. et Bas.-Pyr. Etangs de la côte
et du Marensin, Esbouc, Soustons, St-Julien,
Sanguinet, Garros, St-Jean-de-Luz près Ste-
Barbe, etc. Eaux tranquilles, étangs, marais,
fossés. — Juin, juillet. — R.

— **auricomus** L., indiquée vaguement dans les
Landes par Thore, à Bayonne par M. Sibuet.

— **montanus** Willd. Pyr. Régions élevées, sommets, Aucupat, Pic de Ger, Col de Sallent,
id. du Marcadau. — Mai, juin.— RR.

— **Gouani** Willd. Pyr. Col de Tortes, Aucupat,
Gabisos, Pic de Ger, Plateau de Bourroux,
cascade de Lescun. Pâturages élevés. —
Juillet, août. — RR.

— **acris** L. Land. et Bas.-Pyr. Prairies, lisières des
bois. — Mai, juin. — C.

— **Steveni** Andrz. Land. et Bas.-Pyr. Mêmes lieux.
— Mai, juin. — CC.

— **Boræanus** Jord.
Var. *multifidus* DC. Land. et Bas.-Pyr. Mêmes lieux.— Mai, juin. — C.

— **sylvaticus** Thuil. (Land. et Bas.-Pyr. Bois
nemorosus DC. (montueux de toute la ré-
amansii Jord. (gion.— Avril, juin.—C.

— **repens** L. Land. et Bas.-Pyr. Champs, bords
des fossés et des chemins, lieux humides. —
Avril, septembre. — CC.

— **bulbosus** L. Land. et Bas.-Pyr. Pelouses, ga-
zons, prairies, terrains sablonneux. — Mai,
juillet. — CC.

— **bulbifer** Jord. Landes, Sort, Cambran, Narrosse, etc., bords des chemins, terrains sablonneux. — Avril, mai. — AR.

— **sparsipilus** Jord. Land. et Bas.-Pyr. St-Paul-
lès-Dax, Castets, Lit, St-Julien, Labenne, Tarnos, Boucau, Bayonne, dans les pignadas,
terrains sablonneux. — AC.

— **monspeliacus** L. (?) Darracq indique cette

plante dans la vallée d'Ossau, sans préciser.
Nous avons cru devoir l'indiquer avec un
point de doute (?)

Ranunculus philonotis Retz. Land. et Bas.-Pyr. Lieux humides ou inondés l'hiver. — Avril,. septembre. — CC.

—   parviflorus L. Land. et Bas.-Pyr. Bords des chemins, des haies, pieds des murs, lieux incultes. — Avril, juin. — C.

—   ophioglossifolius Will. Land. et Bas.-Pyr. Dax, Gàas, Cagnotte, Peyrehorade, Puyóo, Œreluy, Moulin d'Esbouc, etc. Fossés, marécages, lieux inondés l'hiver. — Mai, juin. — R.

—   arvensis L. Land. et Bas.-Pyr. Champs, moissons principalement calcaires. — Mai, juillet. — AC.

—   muric..ius L. Bas.-Pyr. St-Jean-de-Luz entre Ste-Barbe et le cimetière (*M. Richter*). Biarritz. Marécages. — Mai, juin. — RR.

—   sceleratus L. Land. et Bas.-Pyr. Lieux fangeux. — Mai, septembre.— CC. autour de Bayonne.

Ficaria ranuncvloïdes Mœnch. Land. et Bas.-Pyr. Haies, bois, buissons, lieux ombragés, humides. — Mars, mai. — CC.

—   calthœfolia Rcbh. Bas.-Pyr. St-Etienne de Bayonne, près de Sanguinet. Près des haies, lieux frais. — Mars, avril. — RR.

Caltha palus'ris L. Land. et Bas.-Pyr. Lieux marécageux, vallées humides. — Mars, mai. — C.
    Var. *Parviflora*, mêmes lieux, Saint-Pandelon, Bayonne, Saint-Etienne, Ahetze.

—   Guerangerii Bor. Land. et Bas.-Pyr. Narrosse, Clermont, Dax, Bayonne, Soort, St-Etienne, Bidart, Ahetze, etc., etc. Mêmes lieux que le précédent, et souvent avec lui. — Mars, mai. — AC.

—   flabellifolia Pursk. Land. et Bas.-Pyr. Dax, Ahetze (bois d'Aguerria), mêmes lieux.— Mars, mai.— RR.

Trollius europæus L. Pyrénées. Anouilhas, Géougue, le Roumiga, Callongues d'Ayous, Pic d'Anéou, sommet du Pic de Césy, Mendibelza, vallées de la Soule, d'Aspe et d'Ossau. Pâturages élevés.— Juin, juillet. — R.

Helleborus viridis L. | Land. et Bas.-Pyr. Lieux
    occidentalis Reut, | ombragés, pierreux, humides. ou secs, bois, coteaux, collines et vallées. — Mars, avril. — C.

—   fœtidus L. Bas.-Pyr. Environs de Pau, Bellocq, près des ruines du château de la reine Jeanne, coteaux calcaires. — Février, avril. RR.

Isopyrum thalictroïdes L. Land. et Bas.-Pyr. Orthez, Saint-

Pandelon, Gàas, Lesbarritz, Cagnotte, Apremont, Peyrehorade, Hastingues, St-Pierre d'Irube, Villefranque, Briscous, Cambo, St-Michel, Uhart-Cize, etc., lieux couverts, humides, taillis des vallées. — Avril, mai. — AR.

Nigella damascena L. Bas.-Pyr. Saint-Étienne de Bayonne, dans un champ, près de l'Adour. — Juin, juillet. — Paraît avoir disparu.

Aquilegia vulgaris L. Land. et Bas.-Pyr. Haies, bois montueux, coteaux buissonneux. — Mai, juin. — C.

— **subalpina** Bor. Bas.-Pyr. Bords de quelques bois de la région sous-pyrénéenne, Arbonne, Ahetze, St-Pée. — Mai, juin. — R.

— **alpina** L. Pyrénées. Bious (*Lapeyrouse*). Vallées d'Aspe et d'Ossau. Sommets élevés. — Juillet. — RR.

— **pyrenaica** DC. Pyrénées. Environs des Eaux-Bonnes et des Eaux-Chaudes, Gourzy, Promenade Gramont, Col d'Aubisque, Louctores, Pas de l'Ours, Gorge de Balour, de Bouye à Cristaous, Bious-Artigue, Gabas, Aydius, Lescun. — Juillet. — AR. Var. *decipiens* avec le type.

Delphinium Ajacis L. Land. et Bas.-Pyr. Narrosse, Saint-Vincent-de-Paul, Lahosse, Peyrehorade, St-Etienne d'Orthe, Boucau, Bayonne, champs sablonneux. — Juin, juillet. — R.

Aconitum anthora L. Pyrénées. Environs des Eaux-Bonnes et des Eaux-Chaudes, Moulin de Bious-Artigue. — Août, septembre. — RR.

— **lycoctonum** L. Bas.-Pyr. Callongue d'Ayous, Asperta, Las Quebas des Englas, Gazies, Escala de Magnabatch, Itsatsou, Jurançon, Ahetze (bois d'Aguerria), Arbonne (bois d'Alhorga, St-Pierre-d'Irube (propriété Lahirigoyen), Villefranque. Cette plante des hauts sommets descend presque jusqu'au bord de la mer. — Juin, août. — AR. Var. *Pyrenaicum* avec le type dans la région des montagnes.

— **napellus** L. Land. et Bas.-Pyr. Peyrehorade, Pla, Cardoua, Sesques, Col du même nom, Gazies, Lac d'Isabe, case de Broussette, Aucupat, Pembécibé, St-J.-Pied-de-Port, Forêt d'Irati, Bious-Artigue, Pic de Ger, Orthez, Tardets. Lieux ombragés, escarpements, pâturages. — Juin, juillet. — AR.

BERBÉRIDÉES

Berberis vulgaris L. Land. et Bas.-Pyr. Haies de Boudigau, près Dax, Peyrehorade, près de la gare, Eaux-Bonnes, Bayonne, haies, buissons, terrain calcaire. — Mai, juin. — R.

NYMPHÉACÉES

Nymphæa alba L. Landes et Bas.-Pyr. Lacs, étangs, eaux
profondes, stagnantes ou peu rapides. — Juin,
juillet. — C.

Nuphar luteum Smith. Land. et Bas.-Pyr. Mêmes lieux que
le précédent. — Juin, juillet. — C.

PAPAVÉRACÉES

Papaver somniferum L. Land. et Bas.-Pyr. Çà et là près
des habitations, où il est subspontané. — Juin,
juillet.

— **rhœas** L. Land. et Bas.-Pyr. Moissons, champs,
lieux cultivés. — Mai, juillet. — CC.

— **collinum** Bog. ⟮ Land. et Bas.-Pyr. Sables de la
modestum Jord. ⟯ région maritime. — C.

— **dubium** L. Land. et Bas.-Pyr., champs, moissons,
lieux cultivés. — Avril, juin. — C.

— **Lecoqii** Lamot. Bas.-Pyr. Mêmes lieux. Uhart-
Cize (*M. Richter*). — RR.

— **argemone** L.   ⟮ Land. et Bas.-Pyr. Mêmes
clavigerum *Thore.* ⟯ lieux.—Avril,juin.—AC.

— **hybridum** L. Land. et Bas.-Pyr. Dax, Peyrehorade,
Bayonne. Çà et là dans les moissons. — Mai,
juillet. — RR.

Meconopsis cambrica Viguier. Bas.-Pyr. Région monta-
gneuse. Lescun, Sarrance, Eaux-Bonnes,
Eaux-Chaudes, Gabas, Poursiugues, Pas de
l'Ours, Gorge de Balour, Pic de Ger, Saint-
Jean-Pied-de-Port, Uhart-Cize, Saint-Michel,
Arnéguy, Harza-mendi, Itsatsou, Cambo
(fontaine d'Urcudoy), etc. — Juin, juillet.
— AR.

Rœmeria hybrida DC. Saint-Bernard, près Bayonne (*Notes
de Darracq*). Nous ne l'avons pas trouvée.
— Juin, juillet.

Glaucium luteum Scop. Land. et Bas.-Pyr. Sables maritimes
de tout le littoral et çà et là dans l'intérieur.
Mont-de-Marsan, Rion, Tartas, Dax, Bayonne,
etc. — Juin, août. — C.

Chelidonium majus L. Land. et Bas.-Pyr. — Vieux murs,
décombres, haies, près des habitations. —
Printemps et automne. — AC.

FUMARIACÉES

Corydalis cava Schweigg. Pyrénées. Anouilhas, Cascade

de Sesques, près de la fontaine de Lourdé. — Mai. — RR.

Corydalis solida Smith, Pyrénées. Pic de Césy, des crêtes d'Anouilhas au col de Lourdé, vallée d'Aspe, parties boisées. — Avril, mai. — RR.

Fumaria caprœolata L.   ) Land. et Bas.-Pyr., M¹-de-Mar-
    pallidiflora Jord.) san, Dax, Montfort, Donzacq, Saint-Cricq-Chalosse, Angresse, Benesse, Soort, Capbreton, Tarnos, Bayonne, Anglet, Bidart, etc., etc., dans les haies. — Mai, juin. — AC.

—   **Borœi** Jord. Land. et Bas.-Pyr. Dax, Saint-Pierre, Saint-Vincent-de-Xaintes, Yzosse, Magescq, Labenne, La Teste, Bayonne, Anglet, etc. Lieux cultivés. — Mars, mai. — AR.

—   **muralis** Sond.   (Land., Bas.-Pyr., Dax au Pouy
  Bastardi Boreau.) d'Euze et près de l'hôpital,
  confusa Jord.   (Yzosse, Magescq, Bayonne, etc.; lieux cultivés. — Mars, mai. — AR.

—   **officinalis** L. Land. et Bas.-Pyr. Mont-de-Marsan, Dax, Bayonne, champs sablonneux, lieux cultivés. — Printemps et automne. — AR.

—   **densiflora** DC.   ) Land. et Bas.-Pyr. Dax à
  micrantha Lagasc.) Peyrouton, Bidart, Guéthary, jardins, lieux cultivés. — Mai, juillet. — R.

—   **Vaillantii** Loisel. DC. Landes, Dax au Sarat, St-Vincent-de-Xaintes, champs cultivés, moissons. — Mai, juin. — RR.

CRUCIFÈRES

Raphanus sativus L. subspontané.
        Var. *Niger*, DC. subspontané.

—   **raphanistrum** L. Land. et Bas.-Pyr., les moissons, les champs toute l'année. — CC.

—   **Microcarpus** Lauge. Bas.-Pyr., S.-J.-Pied-de-Port, M. Richter.

—   **Landra** Moretti. Bas.-Pyr. — Avril, juin. — R. en général, mais CC. à Bayonne sur les Glacis, les remparts, les levées.

—   **maritimus** Sm. Bas.-Pyr. De Bayonne à la Barre, Anglet, Biarritz, etc. Région maritime, terrains vagues. — Avril, juin. — R.

Sinapis arvensis L. Land. et Bas.-Pyr. Lieux cultivés, talus du chemin de fer, bords des chemins. — Mai, octobre. — AC.
        Var. *Orientalis auctorum*. Dans les terrains sablonneux.

—   **Schkuhriana**. Bas.-Pyr. Boucau, Anglet, Mêmes lieux que la précédente. — Mai, octobre. — R.

Sinapis cheiranthus Koch. Land. Bas.-Pyr. sables du littoral d'Hendaye à La Teste, Pignadas, champs
sablonneux de toute la contrée pinicole. — AC.
Var. *B. cheirantiflora* Nob. Çà et là avec le type.

— **alba** L. Bayonne, subspontanée autour de la ville.

Eruca sativa Lam. Land. et Bas.-Pyr. Confins de la Gironde
et des Landes. Environs de Saint-Sever. *Thore,* 287.
Boucau près des dépôts de charbon de terre. Décombres. — Mai, juin. — RR.

Brassica oleracea L. subspontané.

— **napus** L. id.
Var. *A. oleifera,* id.

— **asperifolia** Lam. id.

— **nigra** Koch (Land. et Bas.-Pyr. Bords des
sinapis nigra L. (chemins, des champs, décombres, terrains incultes. — Mai, juillet. — C.

Hirschfeldia adpressa Mœnch. (Land. et Bas.-Pyr. Terrains
Sinapis incana L. (vagues, bords des che-
mins. — Mai, juin. — CC. à Bayonne.

Diplotaxis tenuifolia DC. Bas.-Pyr. Lest des deux jetées de
l'Adour : sur Boucau, près du dépôt de pétrole ;
sur Anglet, près du Lazaret, Bayonne, Allées-
Marines, bords de la route. Biarritz, cirque de la
Chambre-d'Amour et port des Pêcheurs. Près des
murs. — Printemps, automne. — AR.

— **muralis** DC. Land. et Bas.-Pyr. De Puyoo à Peyrehorade, Biarritz, falaises de la Chambre-
d'Amour, Bidart, Guéthary, Saint-Jean-de-Luz,
Hendaye, Bayonne, voie ferrée, etc. Près des
murs, champs cultivés, arides, sables. — Printemps, automne. — AR.

— **viminea** DC. Land. et Bas.-Pyr. Dax, Peyrehorade,
Heugas, Tercis, Bayonne, Bidart, Guéthary. Terrains sablonneux cultivés, principalement les
vignes. — Mai, juillet. — AR.

— **erucoïdes** DC. Bas.-Pyr. Hendaye, Bayonne, Guéthary. Terrains incultes. Bords des chemins.
— Printemps, automne. — R.

— **bracteata** Nob. Bas.-Pyr. De Puyoo à Bellocq sur
le bord de la route, St-Jean-de-Luz, Boucau. Terrains calcaires, décombres. — Mai, juin. — RR.

— **Erucastrum** Nob. Pyrénées, toutes les vallées des
montagnes. Lieux incultes. — Juin, juillet. —
AC.

Hesperis matronalis L. Land. et Bas.-Pyr. St-Sever (*Thore,*
285); *Perris, ibid.* Peyrehorade, à Apremont et
à l'Ilot, Bassussarry, Arraunts, Larressore, Ustaritz, Cambo, Saint-Jean-Pied-de-Port, etc. Haies,
bois, ruisseaux. — Mai, juin. — R.

Flore albo. Saint-Jean-Pied-de-Port, Bayonne, Cambo, Bassussarry, d'Oloron au pont d'Escot, Lurbe, Azasp, etc.

Hesperis sylvestris Fourm. Bas.-Pyr. Uhart-Cize, Saint-Michel, Arnéguy (*M. Richter*). Mêmes lieux que la précédente. — R.

Malcolmia africana R. B. Bas.-Pyr. Bayonne 1884. Bord de la Nive près de l'arsenal. — Juin. — RR.

— **littorea** R. Brown Landes. Sables du littoral de Bayonne à La Teste. — Mai, juillet. — RR.

— **maritima** R. Brown. Land. Mêmes lieux. Vieux-Boucau. — Mai, juillet. — RR.

Matthiola incana R. Brown. Land. et Bas.-Pyr. Biarritz, près de l'Atalaye et du Port des Pêcheurs. Anglet, Boucau et littoral jusqu'à La Teste. — Mai, juin. — R.

— **sinuata** R. Brown. Land. et Bas.-Pyr. Sables maritimes. Çà et là d'Hendaye à La Teste. — Mai, juin. — AC.

Cheiranthus Cheiri L. Land. et Bas.-Pyr. Mont-de-Marsan, Dax, St-Sever, Bayonne, Sauveterre, Navarrenx, etc. Sur les vieux murs et les remparts. — Avril, juin. — AC.

Erysimum murale Desf. Landes. Mont-de-Marsan (*Perris*). Sur les vieux murs. — Avril, mai. — RR.

— **ochroleucum** DC. Pyr. Eaux-Bonnes, Anouilhas, Aucupat, Counques, Pic de Césy, Sarrance, Bedous. — Mai, juin. — R.

— **perfoliatum** Crantz. Bas.-Pyr. Boucau, champs et piste de la propriété Guilhou. Bayonne, au bas de la citadelle. Anglet, dans le lest de la jetée, près du Lazaret. Se trouve habituellement dans les champs calcaires. — Avril, juin. — RR.

Barbarea vulgaris R. Brown. Land. et Bas.-Pyr. Champs frais, lieux humides. — Avril, juin. — AC.

— **arcuata** Rchb. Land. Environs de Peyrehorade. Bois humides. — Avril, mai. — R.

— **rivularis** flore du Tarn. Bas.-Pyr. Orthez, Mauléon, Itsatsou. Avril, mai. (*Loret*). — R.

— **stricta** Audrz. Parviflora Fries. Landes. et Bas.-Pyr. Dax, Saubusse, Cambo, Hendaye, lieux frais, humides. — Avril, mai. — R.

— **intermedia** Boreau. Land. et Bas.-Pyr. St-Sever, Dax, Misson, Habas, Saubusse, Saint-Geours, Bayonne, St-Etienne, Briscous, Urt, Bidart, St-Jean-Pied-de-Port, etc. Mêmes lieux. — Avril, mai. — AC.

— **patula** Fries. Land. et Bas.-Pyr. Mont-de-Marsan, St-Sever, Dax, St-Vincent-de-Xaintes, Abesse de

St-Paul-lès-Dax, Saubusse, St-Géours, Benesse, Boucau, Cambo, Espelette. Mêmes lieux. — Mars, avril. — AR.

Sisymbrium officinale Scop. Land. et Bas.-Pyr. Bords des chemins, décombres. — Juin, juillet. — CC.

— **Asperum** L. Land. St-Sever, Cazères. Marécages desséchés. — Juin, juillet. — R.

— **columnæ** Jacq. Bas.-Pyr. Bayonne, abondante dans les remblais du terrain Molinié en 1878 et 1879. Darracq l'indique à St-Jean-de-Luz. — Juin, juillet.

— **alliaria** Scop. Land. et Bas.-Pyr. Bords des chemins, les haies. — Avril, mai. — C.

— **irio** L. Bayonne, Boucau accidentellement.

— **Austriacum** Jacq. Vallées pyrénéennes, dans les lieux pierreux. — Printemps et Automne. — C.

Ejus varietates. Mêmes lieux, descend jusqu'à Cambo dans les galets de la Nive.

— **sophia** L. Land. et Bas.-Pyr. Mont-de-Marsan (Perris), Escource, Boucau sur la jetée. Bords des chemins, bas des murs, décombres. — Printemps et Automne. — RR.

— **pinnafitidum** DC. Pyrénées. Eaux-Chaudes, Sesques, 2me cheminée du Pic du Midi d'Ossau. Gabas, Du pont d'Esquite à Lescun. — Juin, juillet. — R.

Nasturtium officinale R. Brown. Land. et Bas.-Pyr. Les ruisseaux, fossés peu profonds. — Printemps, automne. — C.

Ejus varietates, mêmes lieux.

— **sylvestre** R. Brown. Land. et Bas.-Pyr. Lieux humides, marécages. — Juin, juillet. — AC.

— **stenocarpum** Godr. (*Notes sur la flore de Montpellier*) Bas.-Pyr. Bords de l'Adour, au port de Lahonce. Lieux humides. — Juin. — RR.

— **anceps** DC. Bas.-Pyr. Mouguerre. Urt à la tannerie des bords de l'Adour. — Juin. Lieux humides, bords des fossés. — R.

Arabis brassicæformis Wallr. Pyrénées. Gabas (*Loret.*) — Mai, juin. — RR.

— **saxatilis** All. Pyr. Jard. d'Enfer (M. Vidal). — Mai, juin. — RR.

— **stricta** Huds. Pyrénées. Pic de Ger, au pied d'Aucupat, Capéran. — Mai, juin. — R.

— **sagittata** DC. Land. et Bas.-Pyr., Mont-de-Marsan, Tartas, St-Cricq-du-Gave, Sordes, Dax, Laruns, Louvie-Juzon, Bedous, Osse, Athas-Lées, Accous, etc. Lieux pierreux. — Mai, juin. — AC.

Arabis Gerardi Bess. Landes. St-Séver, Mont-de-Marsan
(*L. Dufour.*) Mêmes lieux. — Mai, juin. — RR.
— **thaliana** L. Land. et Bas.-Pyr. Champs sablonneux,
lieux cultivés. — Mars, mai. — CC.
— **alpina** L. Land. et Bas.-Pyr. Grands rochers de
Tercis, seule localité connue dans les Landes.
Eaux-Bonnes, Gourzy, Aydius, Lescun, Accous,
Sarrance, Mont Couges, Balour, deuxième cheminée du Pic d'Ossau, Aldudes, Béhorléguy, Bidarray, Méndibelza, Béhérobie, Col d'Alphanice,
Cambo, etc. Rochers, lieux pierreux. — Juin,
juillet. — R.
— **turrita** L. Pyrénées. Vallées d'Aspe et d'Ossau. Des
Eaux-Chaudes à Panticosa, de Bedous à Aydius, du
pont de Lescun à la Cascade. Sur les lieux pierreux,
les rochers. — Juin, juillet. — RR.
Cardamine latifolia Vahl. Pyrénées. Eaux-Bonnes, plateau
de Mondéils, Cambo, Pas-de-Roland à Itsatsou,
St-Jean-Pied-de-Port, la Rhune, etc. Lieux frais
des montagnes. — Juin, juillet. — AC.
Var. *Parviflora*. Grèves de la Nive à Cambo.
— **pratensis** L. Land. et Bas.-Pyr. Prés, bois humides. — Avril, juin. — CC.
— **dentata** Schult. Land. et Bas.-Pyr. Mêmes lieux
que la précédente et confondue avec elle. —
AR.
— **herbivaga** Jard. Bas.-Pyr. St-Jean-Pied-de-Port.
(*M. Richter*). — Avril, mai.
— **amara** L. *Thore*, 382. *Darracq (Notes de).* Indiqué sans précision.
— **impatiens** L. Land. et Bas.-Pyr. Mont-de-Marsan,
St-Séver, Cazéres, Tercis, Saint-Martin-de-Seignanx, Puyoo, Saint-Jean-Pied-de-Port, Cambo,
etc. — Mai, juin. — AR.
— **hirsuta** L. Land. et Bas.-Pyr. Lieux cultivés. —
Mars, mai. — CC.
— **sylvatica** Link. Land. et Bas.-Pyr. Vallées boisées humides. Bords des eaux. — Avril, juin.
— AC.
— **parviflora** L. Land. Mont-de-Marsan (Perris). —
Mai, juin. — RR.
— **alpina** Willd. Pyrénées. Bécotte des Englas,
Portillon du pic du Midi d'Ossau, col du Marcadau, Broussette, Lescun. Pelouses humides
des montagnes. — Juillet, août. — RR.
— **resedifolia** L. Pyrénées. Aucupat, Pembécibé,
Raillère du pic de Césy, deuxième cheminée
du Pic d'Ossau. Lieux humides des montagnes. — Juillet, août. — RR.

Dentaria pinnata Lam. Bas.-Pyr. St-Jean-Pied-de-Port, St-Christau, Arudy. Lieux ombragés. Bois montagneux. — Avril, mai. — RR.

Lunaria biennis Mœnch. Indiqué à Bayonne dans la *Flore Grenier Godron*, page 113. Nous ne l'avons pas trouvée.

Farsetia incana Bas.-Pyr. Bayonne. Terrain Molinié, camp St-Léon, où il s'est reproduit pendant plusieurs années. — Avril, mai.

Alyssum calycinum L. Land. et Bas.-Pyr. Mont-de-Marsan (Perris), Bazas, Beyris, Boucau (Laclau). Bayonne, lieux secs, pierreux, sablonneux. — Mai. — R.

— **campestre** L. Landes. Thore l'indique en Chalosse, page 279. Mont-de-Marsan (*Perris*), champs sablonneux. — Mai, juin. — RR.

-- **montanum** L. Land. et Bas.-Pyr. Sables maritimes d'Hendaye à La Teste. Se trouve aussi, mais plus rarement, sur les coteaux calcaires de notre région. — Mai, juin. — AC.

— **maritimum** Lam. Bas.-Pyr. Biarritz, Anglet, Bayonne, sur les dunes et les rochers, où il semble subspontané. — Mai, juillet.

- **Clypeola gracilis** Planc. Land. et Bas.-Pyr. A l'embouchure de l'Adour, des deux côtés, sur Anglet et Tarnos, dans le sable. — Mars, mai. — RR. AC. près de l'hippodrome et des Lacs.

Draba pyrenaica L. Pyrén. Salon du Pic de Ger, Gabisos, Aucupat, Pic d'Anie. Dans les rochers. — Juin, juillet. — RR.

— **aizoides** L. Pyrénées. Salon du Ger, Mont Couges, Québottes. Cols d'Iseye et de Lourdé, Lou Lacarras du pic d'Amoulat, Aucupat. — RR. Var. *A. Genuina*, crêtes de Mondeils et d'Eras taillades. Hauts sommets. — Avril, mai.

— **tomentosa** Wahl. Pyrén. Crêtes de Mondeils Pic, de Ger, Pembécibé, 2me cheminée du Pic d'Ossau, rochers. — Juillet. — R.

— **Muralis** L. Land. et Bas.-Pyr., Villeneuve-de-Marsan. — Bayonne. — Mai, juin. — R.

verna L. *Erophila vulgaris* DC. Land. Bas.-Pyr. Champs sablonneux. — Février, avril. — C.

Erophila tenuis Jord. Land. et Bas.-Pyr. Mont-de-Marsan, Dax, Saint-Vincent-de-Xaintes, Saint-Vincent-de-Paul, Tarnos, Boucau, Bayonne, champs sablonneux. — Février, avril. — C.

— **glabrescens** Jord. Land. et Bas.-Pyr. Dunes et pignadas du littoral. — Février, avril. — AC.

— **rurivaga** Jord. Land. et Bas.-Pyr. Dax, Narrosse, Yzosse, Saint-Vincent-de-Paul, Saint-Vincent-de-

Xaintes, Saint-Bernard, Boucau, mêmes lieux. — Février, avril. — C.

Erophila claviformis Jord. Land. et Bas.-Pyr. Mêmes lieux. — Février, avril. — C.

— **majuscula** (*) Jord. Landes, Saubusse, Josse, Saint-Jean-de-Marsacq. Mêmes lieux. — Mars. — AR.

Roripa nasturtioides Spach. Land. et Bas.-Pyr. Mont-de-Marsan, Dax, Aire,· Orx, Bayonne, Anglet, Peyrehorade, Ispoure, etc. Lieux humides, bords des eaux. — Mai, septembre. — AR.

— **pyrenaica** Spach. Land. et Bas.-Pyr. Mont-de-Marsan, Saint-Sever, Rion, Tartas, Raillère du Pic de Césy, prairies et pelouses sèches, sablonneuses. — Mai, juin. — R.

amphibia Bess. Land. et Bas.-Pyr. — Ruisseaux, rivières, étangs, lacs. — Juin. — AC.

Cochlearia officinalis L. Bas.-Pyr., Béhobie, Biriatou, bords de la Bidassoa. — Mai, juin. — R.

— **anglica** L. Land. et Bas.-Pyr. Sables du littoral. — Mai, juin. — RR.

— **danica** L. Land. et Bas.-Pyr. Même habitat, dans les lieux frais. — Boucau abondant sur la jetée en 1881 et 1882. — Avril, mai. — RR.

Kernera saxatilis Rchb. Pyrénées. Des Eaux-Bonnes aux Eaux-Chaudes. Gourzy (*Emile Desvaux*), mont Béhorléguy (*M. Richter*), col de Sallent, de Bedous à Aydius, sur les rochers. — Juin, août. — R.

Myagrum perfoliatum L. *Thore*, page 274, indique cette plante sur les bords de l'Adour. Laclau (Boucau), champs cultivés. — Mai. — RR.

Camelina sylvestris Walr. Landes, Mont-de-Marsan (*Perris*), jetée du Boucau en 1881, champs cultivés, moissons, quelquefois dans les champs de lin. — Juin, juillet. — RR.

— **Fœtida** Fries. Bas.-Pyr. Bayonne, terrain Molinié, 1880. — Juin, juillet. — RR.

Neslia paniculata Desv. Terrain Molinié, camp St-Léon, Laclau (Boucau) en 1879 et 1880, vient habituellement dans les moissons calcaires. — Juin, juillet.

Calepina Corvini Desv. Land., Péyrehorade, dans les vignes au-dessus du cimetière (*M. Ferraud*). Bayonne, Brassempouy. — Mai, juin. — RR.

Bunias erucago L. Land. et Bas.-Pyr. Environs de Saint-Sever. *Thore*, 289. Bats, Salies, Carresse, sur les éboulis des exploitations de gypse ; champs, terrains secs. — Juin, juillet. — RR.

(*) Ces différentes formes d'*Erophyla*, considérées comme variétés par plusieurs, mais admises comme espèces par Jordan et Boreau, ont été communiquées à ce dernier.

Biscutella cichoriifolia Lois. Pyrénées. Environs des Eaux-Chaudes, Bious-Artigue, sur les rochers. —Juin, juillet. — RR.

— **lævigata** L. Pyrénées: Counques, Mont Couges, Balour, Capéran, Raillère du Pic de Césy, Lescun. Mêmes lieux. — Juin, août. — R.

Iberis spathulata Berg. Pyrén. Salon du Pic de Ger, Pic d'Anie, Pic d'Eras taillades. Hauts sommets. — Juin, juillet. — RR.

— **Bernardiana** Gdr. et Gr. Pyrénées, Eaux-Bonnes, de Bouye à Cristaous, Louctores, Aucupat, Lac de Louesque, Pas de l'Ours, Urdos, Pènes blanques d'Eras taillades. — Juillet. — R.

— **Garrexiana** All. Pyrénées. Counques, Lavedan, fente des rochers. — Juin, juillet. — RR.

— **Amara** L. Land., Poyanne, Mugron, Lourquen, moissons calcaires. — Juin, juillet. — R.

Tesdalia nudicaulis R. Brown. Land. et Bas.-Pyr. Terrains sablonneux. — Avril, mai. — AC.

Thlaspi arvense L. Land. et Bas.-Pyr. Dans la Chalosse, Monfort, Nousse, Lourquen, Laurède, Mugron, Bayonne. Moissons calcaires, argileuses. — Mai, septembre. — R.

— **occitanum** Jord. Landes. Mont-de-Marsan (*Perris*). Avril, mai. — RR.

— **arenarium** Jord. Landes. Mont-de-Marsan (*Perris*). Souprosse, Tartas, St-Sever. — Avril, mai. — RR.

— **montanum** L. *Thore*, 278, indique cette plante d'Alsace et des Cévennes en Chalosse. Ne serait-ce pas une des deux précédentes qu'il aurait rencontrée bien avant que M. Jordan les eût érigées en espèces ?

— **perfoliatum** L. *Thore*, 278. A chercher dans les champs calcaires des environs de St-Sever et de Geaune, où Thore l'indique. Mont-de-Marsan (*Perris*).

— **bursa pastoris** L. Land. et Bas.-Pyr., partout. Toute l'année. — CCC.

Capsella rubella Reuter. Bas.-Pyr. Ispoure, Uhart-Cize, Bayonne. — Avril, mai. — AC.

Hutchinsia alpina R. Brown. Pyrénées. De Louvie à Laruns, Pènes Blanques d'Eras taillades, Salon du Ger, Counques au-dessous de la cascade de Duzious, Gabisos, sources du Pic de Ger, col de Lourdé, Pont de Lescun. Lieux pierreux et frais. — Avril, mai. — R.

Lepidium sativum L. Subspontané autour des habitations.

— **campestre** R. Brown. Land. et Bas.-Pyr. Mont-de-Marsan, Dax, Bayonne, St-Paul-lès-Dax,

St-Etienne, Boucau, etc. Bords des chemins,
champs, décombres, terrains calcaires. — Mai,
juin. — AR.

Lepidium heterophyllum Beuth. Land. et Bas.-Pyr. Dax,
Tarnos, Boucau, Biarritz, St-Jean-de-Luz, Mouguerre, Guéthary, Lahonce; même habitat
que le précédent. — Mai, juin. — R.

— **ruderale** L. Land. et Bas.-Pyr., Mont-de-Marsan
(*Perris*). Boucau, sur la jetée en 1881 et 1882
au-dessus de la commune, et au-dessous en
1889-90. Apportée de Bretagne dans le lest.
Lieux stériles et décombres, pied des murs. —
Juin, août. — RR.

— **virginicum** L. Land. et Bas.-Pyr. Tracé des chemins de fer et lieux voisins incultes. — Mai, juin.
— AC. — Naturalisé depuis quarante ans.

— **Graminifolium** L. Land. et Bas.-Pyr. Peyrehorade, Bayonne. Propriété Camiade, sur les murs.
Jetée du Boucau. — Juillet, octobre. — RR.

— **Draba** L. Bas.-Pyr. Bayonne. Bords du chemin
de fer de Bayonne au Boucau. — Mai, juin. — RR.

Senebiera coronopus Poir. Land. et Pas.-Pyr. Lieux cultivés
et incultes, bords des chemins, décombres, fos-
sés. — Printemps, automne. — AC.

— **pinnatifida** DC. Land. et Bas.-Pyr. Mêmes lieux
que le précédent, surtout dans la région maritime ou salée. — Juin, septembre. — AC.

Cakile maritima Scop. Land. et Bas.-Pyr. Sur les plages
— **serapionis** Lob. d'Hendaye à la Teste. — Juin,
octobre. — AC.

Rapistrum rugosum All. Land. et Bas.-Pyr. Bayonne, Saint-
Etienne, Saint-Pierre d'Irube, Anglet, Boucau,
Guéthary, Hendaye, etc., etc. Terrains vagues
et incultes, champs, levées. R. — Commun autour de Bayonne.

CISTINÉES

Cistus umbellatus L. Land. Environs de Roquefort. Bois sablonneux. Landes et bruyères. — Mai, juin. — RR.

— **alyssoides** Lam. Land. et Bas.-Pyr. Landes sablonneuses de toute la région, principalement dans le
département des Landes. Boucau, Biarritz, Anglet,
et gorge de Liqueta à Baïgorry dans les Bas.-Pyr. —
Mai, juin. — C.

— **salviæfolius** L. Land. et Bas.-Pyr. Habite principalement la contrée pinicole d'Hendaye à la Teste.
— Mai, juin. — AC.

Helianthemum vulgare Gœrtn. Land. et Bas.-Pyr., Mont-

de-Marsan, Roquefort, Dax, Bayonne, Irouléguy, etc. Prairies et landes sèches. — Mai,
juin. — AR.

Var. *B. virescens grandiflorum* D. Région
pyrénéenne, Pic de Ger, Anouilhas. — Juin,
juillet. — C.

Var. A *Tomentosum* vallée d'Aspe, Sarrance,
Bedous, Osse, Athas-Lées, etc.

Helianthemum canum Dunal. Piloselloides Lapeyr. Pyrén.
Géougue, Mont Couge, Balour, Raillère du
Pic de Césy, Capéran, Gabisos, Pic d'Eras
taillades, Bedous, Urdos.—Juin, juillet.—R.

— **guttatum** Mill. Land. et Bas.-Pyr. Terrains
sablonneux. — Mai, juillet. — CC.

Fumana Procumbens Gr. Gdr. Land. Collines arides, calcaires ou siliceuses en Chalosse. — Mai,
Juin. — R.

VIOLARIÉES

Viola palustris Lin. Pyrénées, Pic du Midi d'Ossau, Pic
d'Anie, Counques, Montagnot des Englas, dans les
marécages. Léon Dufour l'indique à Souprosse
(Landes). — Mai, juin. — RR.

— **hirta** L. Land. et Bas.-Pyr. Dax, Saugnacq, Mimbaste,
Igaas, Peyrehorade, Bayonne, Saint-Pierre d'Irube,
etc., coteaux herbeux et boisés. — Avril. — AR.

— **Propera** Jord. Bas.-Pyr. Saint-Jean-pied-de-port. (*M.
Richter*). — Avril, mai.

— **Scotophylla** Jord. Bas.-Pyr. Uhart-Cize, Lasse. (*M.
Richter*). — Avril, mai.

— **Permixta** Jord. Land. St-Sever, Peyrehorade. Sordes.
— Mars, avril.

— **odorata** L. —Mars, avril.—C. dans les Land. R. dans les
Bas.-Pyr. Les haies, les prés, les bois.—Mars et avril.

— **sylvatica** Fries. Riviniana Rchb. Landes et Bas.-Pyr.
Bords des haies, des bois, coteaux boisés. — Mars,
avril. — AC.

— **lancifolia** *Thore*, 257. Land. et Bas.-Pyr. Landes de
toute la région. — Mai, juin. — C.

— **canina** L. Land. et Bas.-Pyr. Haies, landes, bruyères,
talus et revers des fossés, lieux humides. — Mars,
avril. — C.

— **stricta** Hornem. Bas.-Pyr. Ispoure (*M. Richter*). —RR.

— **biflora** L. Pyrénées. Pic de Ger, Aucupat, Géougue,
Pènes blanques, Gazies, Mont Couges, Cajalat de Sesques, première et deuxième cheminée du Pic d'Ossau,
Gabisos, Montagnot des Englas, Pic d'Eras taillades,
rasure de Louesque. — Juin, juillet. — R.

Viola Timbali Jord. Bas.-Pyr. St-Jean-le-Vieux. (*M. Richter*).
— Avril, mai.

— **tricolor** L. Subspontanée près des habitations.

— **agrestis** Jord. Land. et Bas.-Pyr. Environs de Dax et
de Bayonne, dans les champs. — Mai, juin. — AR.

— **ruralis** Jord. Land. De Montfort à Mugron, dans les
moissons calcaires. — Mai, juin. — R.

— **segetalis** Jord. Land. Bas.-Pyr. Gàas, Cagnotte, Cazordite, Cambo. Mêmes lieux. - Mai, juin. — R.

— **lutea** Smith. Pyrénées. Environs des Eaux-Bonnes. —
Juin, juillet. — RR.

— **cornuta** L. Pyrénées. Anouilhas, Géougue, cabannes
de Gourziotte sur le Pic de Césy. — RR.

RESEDACÉES

Reseda phyteuma L. Land. et Bas.-Pyr. St-Sever, Puyóo,
Bellocq, Lahontan, Saint-Cricq, Sordes, Peyrehorade, Nousse, Mugron, Aire, Laurède, dans les
champs, les lieux cultivés, le lit du Gave. — Mai,
octobre. — R.

— **odorata** L. Subspontané.

— **lutea** L. Land. et Bas.-Pyr. Dax, Peyrehorade, Has-
tingues, Sordes, Pontonx, Boucaù, Bayonne.
Champs sablonneux ou pierreux, lieux incultes. —
Juin, juillet. — R.

— **Jacquini** Rchb. Bas.-Pyr. En 1878, dans le lest de
la jetée du Boucau, près du dépôt de pétrole. —
Mai.

— **glauca** L. Pyr. Col d'Aspe, Pont d'Esquite, de Bouye
à Cristaous, Counques, Gabisos, Eras taillades.
Sur les rochers. — Juillet, août. — R.

— **Luteola** L. Land. et Bas.-Pyr. Lieux incultes, bords
des chemins. — Mai, septembre. — C.

Asterocarpus Sesamoïdes Gay. Pyrénées, Pic du Midi,
d'Ossau et d'Anie, Counques, Bécotte des
Englas. — Juillet, août. — RR.

— **Clusii** Gay. Land. et Bas.-Pyr. Lieux arides,
principalement dans le sable. Monte jusqu'au sommet des pics. — Juin, juillet.—C.

DROSÉRACÉES

Drosera Rotundifolia L. Land. et Bas.-Pyr. Landes tourbeuses, bords des marais, des étangs, dans les
parties spongieuses avec les Sphagnum. — RC.

— **Intermedia** Hayn. Land. et Bas.-Pyr. Bords des
mares, des lacs, des étangs. Lieux humides des
Landes inondés l'hiver. —Juin, juillet. — C.

Var. *Ramosa*, mêmes lieux.

Parnassia Palustris L. Land. et Bas.-Pyr. Prairies et vallées marécageuses ou tourbeuses, base des versants, queues des étangs. — Août, septembre. —AC.

POLYGALÉES

Polygala Vulgaris L. Land. et Bas.-Pyr. Prés, pelouses, dunes, bois, landes, pignadas, collines et montagnes jusqu'aux sommets. — Avril, juin. — C.

— **Oxyptera** Reich. Land. et Bas.-Pyr. Mêmes lieux que le précédent. — Mai, septembre. — AR.

— **Calcarea** Schultz. Bas.-Pyr. Versants calcaires secs des montagnes. Mont Béhorléguy (*M. Richter*). — Mai, juin. — R.

— **Depressa** Wend. Land. et Bas.-Pyr. Landes et bruyères sèches ou humides, souvent près des étangs. — Avril, mai. — AC.

— **Austriaca** Crantz. Land. et Bas.-Pyr. Dax, Saint-Vincent-de-Xaintes, Narrosse, Candresse et vallées pyrénéennes. Lieux humides, ombragés. — Mai, juin. — R.

FRANKENIACÉES

Frankenia Lævis L. Land. et Bas.-Pyr. Littoral, au pied des falaises et des rochers, remonte sur les bords de l'Adour et de la Bidassoa. — Juin, juillet. — AR.

SILENÉES

Cucubalus Bacciferus L. Land. et Bas.-Pyr. Lieux frais, ombragés, humides, dans les haies et les buissons. — Juillet, août. — AC.

Silene Commutata Guss. Pyrénées. Sommet du Mondarrain. — Juin, juillet. — RR. (Vidit *Boreau.*)

— **Inflata** Sm. Land. et Bas.-Pyr. Champs, moissons, lieux cultivés. — Juin, septembre. — C.

— **Vesicaria** Schrad. Land. et Bas.-Pyr. Dax, St-Sever, Bayonne, Mouguerre, Villefranque, etc., champs. — Mai, septembre. — AR.

— **Oleracea** Bor. Land. et Bas.-Pyr. Dax, Saint-Vincent-de-Xaintes, Œyreluy, Bayonne, Bidart. Lieux cultivés. — Mai, octobre. — AR.

— **Thorei** L. Dufour. Land. et Bas.-Pyr. Sables maritimes d'Hendaye à la Teste. — Mai, juin. — C.

— **Conica** L. Bayonne. Trouvé une fois dans des terrains vagues, près des Allées-Marines. Ne semble pas appartenir à notre région. — Juin.

Silene conoïdea L. Boucau, propriété Laclau. Trouvé une seule fois sur les bords de la piste. *(Ut supra.)*

— **gallica** L. Land. et Bas.-Pyr. Moissons sablonneuses, champs cultivés. — Mai, juillet. — C.

Var. A *Genuina* Nob. (mêmes lieux, com-
quinque vulnera L.) mun dans la contrée pinicole.

— B *Divaricata* Nob. (mêmes lieux, mois-
Anglica Auctor.) sons, jardins, lieux cultivés.

— **nocturna** L. Bas.-Pyr. Jetées de l'Adour, où il a été apporté dans le lest probablement, et où il se reproduit chaque année. — Juin, juillet.

Var. B. *Brachypetala* Beuth. Land. et Bas.-Pyr. Mont-de-Marsan (Perris), Bayonne. Allées-Marines. — Juin, juillet. — CC. en 1881 et 1882, au pied des arbres.

— **ciliata** Pour. Pyr. Vallées d'Aspe et d'Ossau, sommets du Mondarrain. — Juillet. — R.

— **sericea** All. Nous n'avons pas trouvé cette plante, indiquée près Bayonne par nos prédécesseurs.

— **Borderi** Jord. Pyr. élevées. Pic d'Eras taillades, Eschala de hecha. M. de Bouillé. — Juillet. — RR.

— **Portensis** L. Land. et Bas.-Pyr. Sables maritimes d'Hendaye à La Teste. Çà et là dans le centre de la région. — Juin, septembre. — C.

— **Armeria** L. Land. et Bas.-Pyr. Champs et bois sablonneux. Roches schisteuses ou ophitiques. — Juin, août. — AC.

— **saxifraga** L. Pyr. Vallées d'Aspe et d'Ossau, Vallée de la Soule et environs de Saint-Jean-Pied-de-Port, sur les rochers, Pic de Lazive, Château Pignon, Odeicherraca, près d'Irati. — Juin, août. — AR.

— **quadrifida** L. Pyr. Vallées d'Aspe et d'Ossau, Balour, Eaux-Bonnes, Pic de Ger, Col de Sallent, du Marcadeau, de Bedous à Aydius, d'Esquite à Lescun, roches humides. — Août, septembre. — R.

— **Rupestris** L. Pyr. Pic du Midi d'Ossau, Eaux-Bonnes, Eaux-Chaudes, Gabas, Broussette, Accous, Col de Sallent. — Août. — R.

— **Acaulis** L. Pyr. Pic de Ger, Anouilhas, Pic d'Ossau à la deuxième cheminée, au Portillon et au sommet, Pic d'Anie, Aucupat, Pènes blanches d'Eras taillades, Gabisos, Louctores, Bécotte des Englas, Broussette, Col de Sallent, Fontaine de Lourdé, id. de Gesque, Lescun, Rochers humides. Juin, août. AC.

— **Cretica** L. \ Land. et Bas.-Pyr. Exclusivement
Annulata Thore / dans les champs de lin. — Mai, juillet. — AR.

Silene Muscipula L. Trouvé une seule fois entre Bayonne et Boucau, près Saint-Bernard. — Juin, juillet.

— **Pratensis** Nob. Land. et Bas.-Pyr. Lieux incultes, bords des chemins, des routes. — Mai, juillet. — C.

— **Diurna** Nob. Land. et Bas.-Pyr. Haies, bois. Lieux frais et couverts. — Mai, juillet. — C.

— **Nutans** L. Land. et Bas.-Pyr. Lieux secs et montueux, colines arides, rochers. — Juin, juillet. — AR.

— **Læta** Nob. A La Teste, sur les confins du département des Landes. Dans les landes et les bruyères. — Juin. — RR.

Viscaria Alpina Fries. Pyrénées élevées. Counques, col d'Aspe, d'Iseye, lac d'Aule. — Juillet, août. — RR.

Petrocoptis Pyrenaïca Braun. Pyr. Toute la chaîne et principalement la vallée d'Aspe, sur les vieux murs et les rochers, de la base au sommet. — Mai, octobre. — C.

Lychnis Flos cuculi L. Land. et Bas.-Pyr. Prairies basses. — — Mai, juillet. — C.

— **Flos-Jovis** Lam. Bayonne, bords de l'Adour (notes de Darracq), venue accidentellement sans doute.

— **Coronaria** Lam. Landes. Tartas, où elle est probablement naturalisée et sortie des cultures. — Juin.

Agrostemma Githago L. Land. et Bas.-Pyr. Dans les moissons. — Juin, juillet. — C.

Saponaria Officinalis L. Land. et Bas.-Pyr. Bords des champs, des haies, des fossés, des rivières. — Juin, août. — C.

— **Ocymoïdes** L. Trouvée par Darracq dans les Allées-Marines.

— **Cæspitosa** D. C. Pyr. Eaux-Bonnes, Pic de Ger, Anouilhas, Québotte, Aucupat, Aydius, Lescun. — Sur les rochers. — Août. — R.

Gypsophyla vaccaria Sibth. Land. et Bas.-Pyr., Saint-Sever, Bayonne, Saint-Pierre-d'Irube, Boucau. Moissons calcaires. — Juin, juillet. — R.

— **Muralis** L. Land. et Bas.-Pyr. Dax, Méés, Tercis, Bayonne, etc. Pâturages marécageux, sablonneux. — Juillet, août. — AR.

— **Repens** L. Pyr. Col d'Aubisque, Gabisos, Pas de l'Ours, Poursiugues, Balour, Pic de Césy, de Ger, d'Anie, Cirque de Louctores, Broussette. — Juin, août. — R.

Dianthus Prolifer L. Land. et Bas.-Pyr. Lieux arides, levées, bords des chemins. — Juin, septembre. — AC.

— **Barbatus** L. Pyr. Crêtes de Bréca, Pic de Césy, Urdos, Gabas. Nous l'avons trouvé une fois près de Dax, non loin de l'Adour, rive gauche, en

face de Boudigau. Prairies des montagnes. —
Juillet, août. — RR.

Dianthus Armeria L. Land. et Bas.-Pyr. Lieux arides, secs
ou sablonneux. Bords des bois, des chemins. —
Juillet, août. — AC.

— **Carthusianorum** L. Land. et Bas.-Pyr. Mont-de-
Marsan, Dax, Bayonne. Prairies, collines. — Mai,
septembre. — R.

— **Seguieri** Chaix Bas.-Pyr. Saint-Pé en Béarn. Flore
G^r G^{dr}, page 232. — Juin, août. — RR.

— **Deltoides** L.   / Land. et Bas.-Pyr.
Supinus Lam. et Thore, 170 \ La Teste, Eaux-Bonnes, Pembécïbé. Prairies des montagnes. — Juin,
septembre. — RR.

— **Caryophyllus** L. Land. et Bas.-Pyr. Dax, Sorde,
Bayonne, Sauveterre, sur les remparts et les
vieux murs. — Juin, juillet. — RR.
Les démolitions ont presque fait disparaître
cette plante de notre région.

— **Monspessulanus** L. Pyr. Eaux-Bonnes, Gourzy,
Pic de Ger, de Bouye à Cristaous, vallée d'Aspe,
vallée de la Soule, St-Jean-Pied-de-Port, Itsatsou,
Château de Pau, rochers, vieux murs. — Août.
— AC.

— **Superbus** L. Land. et Bas.-Pyr. Bats, Rébénac,
Sorde, Pau à la Basse-Plante, vallées d'Aspe et
d'Ossau, Mont Artza, St-Cristau, Bedous. Lieux
humides et ombragés. — Juillet, août. — AR.

— **Benearnensis** Timbal. Pyr. Vallées d'Aspe et d'Os-
sau, Eaux-Chaudes, Gabas, Case de Broussette,
Artouste, Montagne d'As, le Roumiga, Mont
Cabarous, Callongue d'Ayous, Aydius, Lescun.
— Juillet, août. — AR.

— **Gallicus** Pers.   , Land. et Bas.-Pyr. Pigna-
Arenarius Thore, 171 \ das et sables de toute la
région maritime et pinicole d'Hendaye à La
Teste. Toute l'année. — C.

ALSINÉES

Sagina Procumbens L. Land. et Bas.-Pyr. Lieux humides.
Pelouses, champs, falaises. — Avril, octob. — AC.

— **Apetala** L. Land. et Bas.-Pyr. Lieux cultivés et incultes, champs sablonneux, murs et moissons humides. — Mai, octobre. — AC.

— **Filicaulis** Jord. Bas.-Pyr. St-Bernard, entre Bayonne
et Boucau. Champs humides, lieux incultes. — Mai,
juin. — R.

— **Ciliata** Fries. (Land. et Bas.-Pyr. Environs de Dax,
Patula Jord. (où elle est commune. St-Bernard,
St-Pierre-d'Irube, Mouguerre, Guéthary, Esterençuby (M. Richter). Mêmes lieux que les précédentes. — Avril, juin. — AC.

— **Ambigua** Lloyd. Land. et Bas.-Pyr. Moulin de Cabanes
à St-Paul-lès-Dax, mur de la jetée du Boucau. Pâturages maritimes. — Mai. — R.

— **Densa** Jord. Bas.-Pyr. Marécages sablonneux du
Boucau. — Mai. — RR.

— **Stricta** Fries. Land. et Bas.-Pyr. Marécages sablonneux de la région maritime. Anglet, Cap-Breton,
et probablement ailleurs. — Mai, juin. — RR.

— **Maritima** Don Engl. Land. et Bas.-Pyr. Sables mari-
times frais et humides d'Hendaye à La Teste. —
Mai, juillet. — C.
Var. *B. Elongata Debilis* Jord. Mêmes lieux. — R.

— **Subulata** Wimm. Land. et Bas.-Pyr. Terrains humides, sablonneux ou vaseux. Lieux inondés l'hiver.
Bords des mares, des étangs, des lacs. Çà et là
dans toute la région. — Mai, juillet. — C.

— **Linnæi** Presl. Pyr. Saint-Jean-Pied-de-Port, Château
Pignon, Montagne d'Orisson et d'Astobiscar, Mont
Béhorléguy (M. Richter), vallées d'Aspe et d'Ossau,
Col de Bentarte, Lescun, sur les sommets. — Juillet,
août. — R.

— **Nodosa** Fenzl. Land. et Bas.-Pyr. St-Paul-lès-Dax,
Méés, Thétieu, Contis, Sanguinet, Tarnos, Boucau,
Anglet, Biarritz, Bidart, etc., etc., marécages sa-
blonneux. — Juin, août. — AR.

Alsine Tenuifolia Crantz. Land. et Bas.-Pyr. Champs sablonneux, dunes, pignadas. — Avril. — AC.
Var. *Viscida*. Mêmes lieux.

— **Laxa** Jord. Land. et Bas.-Pyr. Mont-de-Marsan, Roquefort, Sorde, Peyrehorade, Tarnos, Boucau,
champs sablonneux. — Juin. — R.

— **Setacea** M. et K. Pyr. Pic de Ger, d'Anie, Aucupat.
— Juillet. — R.

— **Verna** Barth. Pyr. Gourzy (Em. Desvaux). Pic d'Anie,
de Ger, Col de Sallent, Col des Marmousets. —
Juillet, août. — R.

— **Recurva** Wahl. Pyr. Pic de Ger, d'Anie, Pied du
Capéran. — Août. — RR.

— **Villarsii** M. et K. — Pyr. Gourzy. — Août. — RR.

— **Cherleri** Fenzl. Pyr. Près de la frontière espagnole,
au Col du Marcadeau. — Juillet, août. — RR.

— **Cerastiifolia** Fenzl. Eaux-Bonnes et Eaux-Chaudes,
source du pic de Ger. — Juillet, août. — RR.

Honkeneja Peploïdes Ehrh. Land. et Bas.-Pyr. Sables humides du littoral d'Hendaye à la Teste. —Juillet, septembre. — C.

Moekringia Muscosa L. Pyr. Versants humides et ombragés des montagnes. Lapeyrouse l'indique aux Eaux-Chaudes. — Mai, juin.

— **Trinervia** Clairv. Land. et Bas.-Pyr. Haies humides. Buissons, sur les vieux arbres. Lieux frais couverts. — Mai, juin. — AC.

Arenaria Montana C. Land. et Bas.-Pyr. Land. et pelouses sèches et sablonneuses jusque dans les Pyrénées. — Mai, juillet. — C.

— **Ciliata** L. Pyr. Vallées d'Aspe, d'Ossau et de la Soule, source du pic de Ger, Gourzy, Aucupat, Pembécibé, Eaux-Chaudes, Gabas, Broussette, Marcadeau, Bedous, Accous, Lescun, Anie, Irati, Saint-Jean-Pied-de-Port. — Août. — AC.

— **Leptoclados** Guss. Land. et Bas.-Pyr. Lieux secs et pierreux, pied des murs. — Avril, mai. — C.

— **Serpyllifolia** L. Land. et Bas.-Pyr. Murs et lieux pierreux dans toute la région. — Mai, octobre. — C.

Var. *A. et B.*, mêmes lieux.
Var. *G.*, hauts sommets.

— **Lloydii** Jord. Land. et Bas.-Pyr. Sables et murs de la région maritime. — Mai, juin. — AC.

— **Grandiflora** All. Pyr. Toute la chaîne sur les sommets. — Juin, août. — AC.

— **Purpurascens** Ramon. Pyr. Mêmes lieux que la précédente. — Juillet, août. — AC.

Stellaria nemorum L. Land. et Bas.-Pyr. Dax, Narrosse, Peyrehorade, Bayonne, Villefranque, etc. Bois humides et couverts de nos vallées. — Juin, juillet. — R.

— **Media** Vill. Land. et Bas.-Pyr. Lieux cultivés. — Toute l'année. — CC.

— **Neglecta** Weihe.) Land. et Bas.-Pyr. Lieux
Var. *B.* de la précédente) humides, fossés, ruisseaux. — Mars, mai. — AC.

— **Boræana** Jord. Land. et Bas.-Pyr. Pelouses sèches, sablonneuses, pied des murs. — Mars. — AC.

— **Holostea** L. Land. et Bas.-Pyr. Bois, haies, buissons. — Avril, mai. — CC.

— **Glauca** With. Land. et Bas.-Pyr. Saint-Sever (indication Perris), Bayonne, prés humides. — Juin. — RR.

— **Dilleniana** Mœnch.) Bayonne, dans les remblais
Mœnchii Magnier.) Molinié en juin 1878.

— **Graminea** L. Land. et Bas.-Pyr. Haies, bois, buissons. — Mai, juillet. — C.

Stellaria Uliginosa Murr. Land. et Bas.-Pyr. Lieux humides, fossés, ruisseaux. — Mai, juillet. — C.

Holosteum umbellatum L. Landes. Peyrehorade (indication Féraud). — Mai. — RR.

Cerastium Anomalum W. et K. Land. St-Justin (indication Léon Dufour). — Avril, mai. — RR.

— **Glaucum** Gren. Land. et Bas.-Pyr. Mont-de-Marsan, Dax, Capbreton, Soustons, Tarnos, Bayonne, Anglet, pelouses sablonneuses. — Avril, mai. — R.

— **Viscosum** L. Land. et Bas.-Pyr. Champs, bords des chemins. — Avril, mai. — AC.

— **Brachypetalum** Desp. Land. et Bas.-Pyr. Champs et lieux cultivés calcaires. — Avril. — AR.

— **Semidecandrum** L. Land. et Bas.-Pyr. Mont-de-Marsan, Dax, Bayonne, Anglet, etc., dans le sable. — Mars, mai. — AC.

— **Glutinosum** Fries. Land. et Bas.-Pyr. Mont-de-Marsan, Dax, Bayonne, etc., champs sablonneux et calcaires. — Avril, mai. — AC.

— **Pumilum** Curt. Land. et Bas.-Pyr. Plages sablonneuses de toute la région, plus commun sur les dunes. — Avril, mai.
Var. G. D. Mêmes lieux.

— **Vulgatum** L. Land. et Bas.-Pyr. Lieux cultivés et incultes. — Toute l'année. — CC.

— **Alpinum** L. Pyr. Pics de Ger, d'Ossau, d'Anie, d'Eras taillades, Anouilhas, col d'Aspe, d'Iseye, etc. — Août. — AR.
Var. A *Hirsutum* | avec le type sur les som-
— B *Lanatum* | mets.

— **Arvense** L. Land. et Bas.-Pyr. Mont-de-Marsan, Dax, Bayonne et région montagneuse, bords des chemins calcaires. — Avril. — AC.

Malachium Aquaticum Fries. Land. et Bas.-Pyr. Lieux frais, humides, haies, fossés, bords des rivières. — Juin, octobre. — AC.

Spergula Arvensis L. Land. et Bas.-Pyr. Moissons, champs sablonneux. — Toute l'année. — C.

— **Vulgaris** Boëng. Land. et Bas.-Pyr. Mêmes lieux que la précédente, dont elle diffère peu.

— **Pentandra** L. Land. et Bas.-Pyr. Champs sablonneux, cultivés et incultes. — Mars, Avril. — AR.

— **Morisonii** Boreau. Land. et Bas.-Pyr. Mêmes lieux que la précédente, mais plus rare.

— **Rubra** Pers. Land. et Bas.-Pyr. Champs sablonneux, lieux incultes, jetées de l'Adour. Mai. AC.
Var. A *Campestris* Fenzl. |
  B *Pinguis* id. | Mêmes lieux.

Spergula Salsuginea Fenzl. Trouvée une fois dans le les[t] de la jetée du Boucau. — Juillet 1879.
— **media** Pers. Land. et Bas.-Pyr. Dax, Briscous, Villefranque. Bords des ruisseaux, des salines. Marécages maritimes et salés d'Hendaye à La Teste. — Juin, juillet. — C.
Elatine hydropiper L. Land. Dax, St-Sever, Meilhan (Léon Dufour et Thore). — Juin, août.
— **campilosperma** Seub. Land. Peyrehorade (M. Feraud). Bords des mares. — Juin. — RR.
— **Paludosa** Seub. Land. et Bas.-Pyr. Mont-de-Marsan, Dax, Saint-Vincent-de-Xaintes, Peyrehorade, Saint-Étienne-d'Orthe, Pau, Orthez, marais peu profonds, bords des mares. — Juillet, septembre.
Var. *Hexandra*. Lac de Brindos, Soustons, Saint-Julien, Parentis, Mont-de-Marsan, St-Sever. Mêmes lieux. — R.
— **Alsinastrum** L. Land. Etangs de la contrée pinicole. Dax, St-Vincent. — Juin, septembre. — R.

LINÉES

Linum Gallicum L. Land. et Bas.-Pyr. Bords des champs, des chemins, coteaux calcaires.—Juin, juillet.—AC.
— **Viscosum** L. Bas.-Pyr. St-Palais. Bords des champs et coteaux boisés. Bords de la Joyeuse et coteaux environnants (M. Feraud). Lesauvage l'indique à Roncevaux. — Juin, juillet. — RR.
— **Strictum** L. Land. Indiqué en Chalosse, où nous n'avons pu le trouver.
— **Tenuifolium** L. Thore (118) l'indique à La Teste.
— **Suffruticosum** L. Pyr. Raillère du pic de Césy. — Juin, juillet. — RR.
— **Angustifolium** Huds. Land. et Bas.-Pyrén. Coteaux secs et pierreux de la région. C. dans la contrée maritime, sur les falaises d'Hendaye à la Teste, du printemps à l'automne.
— **Usitatissimum** L. Land. et Bas.-Pyr. Cultivé abondamment dans les Landes, subspontané dans les champs, les cultures et les prairies. — Juin, août. — C.
— **Alpinum** L.) subspontané dans les décombres
Austriacum DC) autour de Bayonne. — Juillet.
— **Catharticum** L. Land. et Bas.-Pyrén. Çà et là, les plaines, les prés, les bois, les coteaux. — Juin, août. — AC.
Radiola Linoides Gmel. Land. et Bas.-Pyr. Lieux sablonneux, humides et mouillés l'hiver, des landes, des bois, dans toute la région. — Juin, juillet. — AC.

TILIACÉES

Tilia Platyphylla Scop. Çà et là dans les parties boisées de nos vallées. — Juin, juillet. — R.
— **Sylvestris** Desf. R. Land. et Bas.-Pyr. Dans quelques bois, commun dans les vallées pyrénéennes. — Juillet, août.

MALVACÉES

Malva Alcea L. Land. et Bas.-Pyr. Mont-de-Marsan, Saint-Sever, Bayonne, vallées d'Aspe et d'Ossau, Baïgorry, etc., bords des bois, des chemins, coteaux. — Juillet, septembre. — AR.
    Var. *G. Fastigiata* Koch. Labenne, Boucau, Bayonne. — RR.
— **Moschata** L. Land. et Bas.-Pyr. Prés, haies, bois, levées. — Juin, Juillet. — C.
— **Altheoïdes** Cav. Bas.-Pyr. Allées-Marines (Lesauvage et Darracq); paraît avoir disparu depuis les changements opérés dans ce lieu.
— **sylvestris** L. Land. et Bas.-Pyr. Bords des chemins. — Mai, août. — C.
— **Ambigua** Guss. Land. et Bas.-Pyr. Mêmes lieux. Plus commune dans la contrée maritime. — Mai, juillet.
— **Nicæensis** All. Land. et Bas.-Pyr. Bords des chemins. St-Sever, Dax, Bayonne, Boucau, Biarritz, Bidart, Guéthary, St-Jean-de-Luz, Ahetze, Arbonne, Arcangues, Bassussarry, Villefranque. Montagnes. — Mai, octobre. — AC., non partout.
— **Rotundifolia** L. Land. et Bas.-Pyr. Lieux incultes. Bords des chemins, près des habitations. — Mai, octobre. — AC.
— **Parviflora** L. Land. Mont-de-Marsan (Perris). — Avril, mai. — RR.
Lavatera Arborea L. Bas.-Pyr. Boucau, Bidart, St-Pée, Espelette. Subspontanée et échappée des jardins. — Juin, juillet.
—   **Cretica** L. Bas.-Pyr. Lieux incultes de la Bidassoa à l'Adour, Boucau et Bayonne. Zone marine. — — Juin. R.
Althæa officinalis L. Land. et Bas.-Pyr. Fossés, lieux humides. Abonde dans la zone salée. — Juin, août.
— **Cannabina** L. Confins du département des Landes, près de la Gironde. — Juin, juillet. — RR.
— **Hirsuta** L. Bas.-Pyr. Coteaux de Mouguerre et de Villefranque dans le calcaire. — Mai, juin. — RR.
Hibiscus Roseus Thore. Land. et Bas.-Pyr. Dax, St-Paul-lès-Dax, St-Vincent, Thétieu, St-Pandelon, Cande-

resse, Seyresse, Siest, St-Etienne-d'Orthe, etc.,
Soustons, Vieux-Boucau, Bayonne, près des Pon-
tots. Marais, bords des fossés. — Août, octobre.
— R.

GERANIÉES

Geranium Pratense L. Pyr. Vallées d'Aspe et d'Ossau,
Mendibelza, Counques, Les Englas, Sarrance,
Bois et Prairies. — Juillet, août. — R.

— **Sylvaticum** L. Pyr. Louctores, Gazies, Pic de Ger,
de Bonnes à Gabas, d'Accous à Lescun, Pic de
Césy, d'Anie, Anouilhas, Mendibelza. Prairies
des montagnes. — Juillet, août. — R.

— **Nodosum** L. Land. et Bas.-Pyr. Bougue, près
Mont-de-Marsan (Perris), de Bonnes aux Eaux-
Chaudes, Sarrance. Bois des montagnes. —
— Juillet. — RR.

— **Phæum** L. Région des montagnes. Descend jusqu'à Cambo. Prairies montagneuses. — Mai,
juin. — AC.

— **Endressi** Gay. Pyr. Mauléon, St-Jean-pied-de-
port au Mont Béhorléguy. Marécages. — Juin,
juillet. — R.

— **Cinereum** Cav. Pyrén. Sur les sommets, les glaciers, les pics, près des neiges. — Juillet, août.
— AR.

— **Sanguineum** L. Land. et Bas.-Pyr. Roquefort,
montagne d'As. Bedous, Aydius, Osse, Lescun.
Bases calcaires des montagnes.
Var. *B. Prostratum* DC. Dunes et falaises de
la Chambre-d'Amour, Biarritz, Anglet. — Juin,
septembre. — R.

— **Columbinum** L. Land. et Bas.-Pyr. Champs,
haies, rochers, buissons. — Mai, juillet. — AC.

— **Dissectum** L. Land. et Bas.-Pyr. Champs frais,
lieux cultivés. — Mai, juillet. — AC.

— **Pyrenaicum** Land. et Bas.-Pyr. Mont-de-Marsan
(Perris). Toute la chaîne, dans les lieux frais,
jusqu'à la base. — Juin, septembre. — AC.

— **Molle** L. Land. et Bas.-Pyr. Bords des chemins.
Lieux incultes. — Mai, août. — C.

— **Pusillum** L. Land. et Bas.-Pyr. Bords des chemins, lieux incultes, sablonneux. — Juin, septembre. — AC.

— **Rotundifolium** L. Land. et Bas.-Pyr. Mêmes lieux
et coteaux. — Juin, septembre. — AC.

— **Lucidum** L. Land. et Bas.-Pyr. Rochers du château Pignon, St-Jean-Pied-de-Port (M. Richter),

au bas et à la pointe des grands rochers de Tercis, sur les bords de l'Adour. Rochers, lieux pierreux ombragés. — Mai, août. — AR.

— **Robertianum** L. Land. et Bas.-Pyr. Haies, bois, murs, lieux frais. — Mai, août. — C.

— **Lebelii** Bor. Land. et Bas.-Pyr. Mêmes lieux, Mont-de-Marsan, Dax, Bayonne. — Juin. —AC.

— **Modestum** Jord. Land. et Bas.-Pyr. Dax, chemin couvert près de l'hôpital. Bayonne, Anglet, etc. Lieux frais ombragés. — Juin, juillet. — AC.

— **Minutiflorum** Jord. Land. et Bas.-Pyr. Mêmes lieux que le précédent. Terrain sablonneux. — Juin, juillet. — AR.

Erodium Moschatum L'Hérit. Land. et Bas.-Pyr. Bords des chemins, des fossés, des murs, lieux incultes et cultivés, terrains siliceux et calcaires. — Février, octobre. – C.

— **Cicutarium** L'Hérit. ⎰ Mt-de-Marsan, Dax, Bayon-
Prætermissum Jord. ⎱ ne, etc. — Mai, août. —AC.

— **Commixtum** Jord. Land. et Bas.-Pyr. Dax, Saint-Paul, Magescq, Bayonne à Saint-Bernard, etc., lieux sablonneux. — Mars, avril. — AC.

— **Triviale** Jord. Land. et Bas.-Pyr. Dax, St-Vincent, Tarnos, Anglet, St-Bernard, etc., mêmes lieux. — Mars, avril. — C.

— **Tolosanum** Jord. Land. et Bas.-Pyr. Dax, Saint-Vincent-de-Xaintes, Bayonne, etc., mêmes lieux. — Mars, avril. — AC.

— **Hirsutum** Jord. Bas.-Pyr. Pelouses des jetées de l'Adour (Anglet). — Avril, mai. — RR.

— **Boræanum** Jord. Land. et Bas.-Pyr. Capbreton, St-Jean-de-Luz, Anglet, Bayonne, etc. Pelouses sablonneuses, principalement dans la région maritime. — Avril, mai. — AR.

— **Manescavi** Boubani. Pyr. Vallée d'Aspe jusqu'à Urdos, id. d'Ossau, de Louvie à Gabas. —Juillet, août. — AR.

HYPÉRICINÉES

Hypericum Perforatum L. Land. et Bas.-Pyr. Haies, bois, lieux incultes. — Mai, juillet. — C.

— **Microphyllum** Jord. Land. et Bas.-Pyr. Mêmes lieux. — Mai, juillet. — AC.

— **Quadrangulum** L. Land. et Bas.-Pyr. St-Sever, Peyrehorade, Villefranque, Guéthary, St-Pée, lieux frais des bois montagneux. — Juin, juillet. — R.

— **Tetrapterum** Fries. Land. et Bas.-Pyr. Prés

humides, bois, fossés, bords des eaux. — Juin, août. — C.

—   **Humifusum** L. Land. et Bas.-Pyr. Champs sablonneux frais. — Mai, septembre. — AC.
Var *B. Liottardi Vill.* Mêmes lieux, vallées boisées.

—   **Linearifolium** Vatel. Land. et Bas.-Pyr. Collinés sèches, coteaux schisteux. Mont-de-Marsan, Souprosse, Montaut, Roquefort, Salies, Carresse, Bayonne, Lahonce, St-Jean-pied-de-port, St-Jean-le-Vieux, Bidarray, Baïgorry, etc. — Juin, juillet. — R.

—   **Pulchrum** L. Land. et Bas.-Pyr. Bois sablonneux ou pierreux et sur le diluvium. — Juin, août. — AC.

—   **Nummularium** L. Pyr. Toute la région montagneuse. Au bas des rochers et sur les versants ombragés humides. — Juillet, septembre. — AC.

—   **Hirsutum** Land. et Bas.-Pyr. Mont-de-Marsan, Dax, Clermont, Urt, Bidache, La Bastide. Bois calcaires. — Juin, août. — R.

—   **Montanum** L. Land. et Bas.-Pyr. Mêmes lieux que le précédent, mais plus rare. Bois accidentés sur le calcaire et le diluvium, Roquefort, Urt. — Juin, août. — R.

—   **Burseri** Spach. Pyr. Vallées d'Aspe et d'Ossau jusqu'aux confins de la Navarre. Environs de St-J.-pied-de-port, Lasse. — Juin, juillet. R.

—   **Hircinum** L. Land. et Bas.-Pyr. Tarnos, St-Étienne, Bayonne, St-Pierre-d'Irube, Bidart, Bassussarry. Haies, bords des bois, des routes. — Mai, juin. — R.

—   **Calycinum** L. Bas.-Pyr. Urcuit. Près de la station. Sur une haute colline où il est naturalisé depuis quarante ans. — Mai, juillet.

—   **Androsæmum** L. Land. et Bas.-Pyr. Bords des haies, des bois, des fossés. Lieux humides. — Juin, juillet. — CC.

Elodes Palustris Spach. Land. et Bas.-Pyr. Fossés et rigoles des prairies marécageuses, siliceuses et principalement tourbeuses de toute la région. Juin, août. C.

Elodea Cañadensis Land. et Bas.-Pyr. Naturalisée à Soustons et à Bayonne, propriété *Ste-Croix*.

ACERINÉES

Acer Pseudoplatanus L. Cultivé et subspontané, se trouve dans quelques bois. — Mai, juillet.

Acer **Campestre** L. Land. et Bas.-Pyr. Dans les bois. — Mai,
juin. — AC.
— **Platanoïdes** L. Cultivé et subspontané.

AMPÉLIDÉES

Vitis **Vinifera** L. Land. et Bas.-Pyr. Cultivé et subspontané
dans les haies. — Juin. — AR.

HIPPOCASTANÉES

Æsculus hippocastanum L. Cultivé et subspontané.

BALSAMINÉES

Impatiens Noli Tangere L. Pyr. Le Valentin, Asperta, etc.
Lieux ombragés, vallées humides des montagnes
d'Aspe et d'Ossau. — Juillet, août. — RR.

OXALIDÉES

Oxalis Acetosella L. Land. et Bas.-Pyr. Au fond et dans la
plupart des vallées boisées, humides. — Mars, mai.
— AC.
— **stricta** L. Land. et Bas.-Pyr. Bords de la route de
Bayonne à Bordeaux, sur les talus et au bas des
haies, entre Tarnos et Bayonne. — Mai, juillet.
— RR.
— **Corniculata** L. Land. et Bas.-Pyr. Bords des chemins,
des routes, lieux cultivés. Toute l'année. — CC.

ZYGOPHYLLÉES

Tribulus Terrestris L. Indiquée sur les confins de la Gironde
et des Landes, près de la Teste, Gajac. Nous n'a-
vons pas vu cette plante sur place dans la région.
Nous ne l'avons récoltée qu'au Pouliguen (Loire-
Inférieure), en 1855.

RUTACÉES

Ruta Gravealens L. Land. et Bas.-Pyr. Dax. Sur les remparts, Bidart. Escarpements de l'ancienne route, près
du bourg, et sur les murs du cimetière; souvent subspontané autour des jardins. Lieux arides. — Juin,
juillet. — R.

CALICIFLORES

~~~~~~~

CÉLASTRINÉES

Evonymus Europæus L. Land. et Bas.-Pyr. Les haies, les bois. — Avril, mai. — C.

ILICINÉES

Ilex Aquifolium L. Land. et Bas.-Pyr. Les haies, les bois. — Mai, juin. — C.

RHAMNÉES

Rhamnus Cathartica L. Land. et Bas.-Pyr. Environs de Port-de-Lanne, Uhart-Cize, Tercis, les bois. — Mai, juin. — RR.

— **Alpina** L. Pyr. Pembécibé, Pic de Ger, Pic d'Anie, etc., parties boisées. — Mai, juin. — R.

— **Pumila** L. Pyr. Mont Couges, le Roumiga, Lescun, Château Pignon, Saint-Jean-Pied-de-Port, Col de Sallent, sur les rochers. — Mai, juin. — R.

— **Alaternus** L. Land. et Bas.-Pyr. Confins de la Gironde, rochers des bords de la Bidassoa, Biriatou, Béhobie, Hendaye, vallée d'Aspe, pont de Lescun. — AR.

— **Frangula** L. Land. et Bas.-Pyr. Les haies, les bois. — Avril, mai. — C.

TÉRÉBINTHACÉES

Pistacia Terebinthus L. Land. Mont-de-Marsan, sur les bords de la Douze, propriété *Labignotte* (M. Dive). — Avril. — RR.

Rhus Coriaria L. Trouvé dans la Gironde, sur nos confins. — Juin, juillet. — RR.

PAPILIONACÉES

Ulex Europæus Sm. { Land. et Bas.-Pyr. Landes, bruyères,
— **Vernalis** Thore. } pignadas, lieux incultes. — Janvier, mai. — CC.

— **Nanus** Sm. { Land. et Bas.-Pyr. Mêmes lieux.
Autumnalis Thore. } — Juillet, novembre. — CC.

Spartium Junceum L. Bas.-Pyr. Environs d'Oloron et de Pau, bords de la voie ferrée. — Juillet, septembre. — C.

Sarothamnus Vulgaris Wimm. Land. et Bas.-Pyr. Landes et Pignadas de toute la région. — Avril, juin. — CC.

Genista **Pilosa** L.   { Land. et Bas.-Pyr. Mont-de-Mar-
—   **Humifusa** Thore { san, Dax, St-Paul-lès-Dax, Mées, Rion, Soustons, Anglet, Biarritz, Bonnes, Louvie, Laruns, St-Jean-pied-de-port, Pic de Césy aux côtes de Bréca, de Bedous à Osse et Aydius. Landes sèches, coteaux stériles, rochers. — Mai, juin. — AR.

—   **Tinotoria** L. Land. et Bas.-Pyr. St-Sever, Igaas près Peyrehorade, Gaas, Cagnotte, St-Lon, Orthez, Anglet, bords des bois. Lieux incultes. — Mai, juillet. — R.

—   **Delarbrei** Lecoq et Lam. Pyr. Col de Tortes. — Juillet, août. — RR.

—   **Scorpius** DC. Bas.-Pyr. Trouvé jadis au Boucau par Lapeyrouse, des Eaux-Chaudes à Gabas, et vallée d'Aspe. — Mai, juillet. — R.

—   **Anglica** L. Landes arides ou humides et pignadas de toute la région maritime, où il est très commun; plus rare ailleurs. — Avril, juin.

—   **Hispanica** L. Pyr. Nos vallées, et principalement celle d'Aspe; sur les coteaux, les rochers. Mont Artza, Jardin d'Enfer. — Mai, juin, C.

—   **Linifolia** L. Trouvé dans les Allées-Marines par Lesauvage.

Cytisus **Laburnum** L. Cultivé.
—   **Supinus** L. Pyr. Vallées d'Aspe et d'Ossau; Louvie, Laruns, Eaux-Bonnes, Eaux-Chaudes, Gabas, Sarrance, Bedous, Osse, Lescun, etc. — Juin, septembre. — Lieux arides.

Argyrolobium **Linæanum** Walpers. Bas.-Pyr. Uhart-Cize (*M. Richter*). — Mai. — RR.

Adenocarpus **Complicatus** Gay. Land. Environs de Mont-de-Marsan, de St-Sever et de Dax. Çà et là dans tout le département. Bois, landes, bords des chemins. — Avril, mai. — AC.

Lupinus **Reticulatus** Desv. Land. et Bas.-Pyr. Mont-de-Marsan, Saint-Sever, Dax, St-Paul-lès-Dax à Castecrabe et Mandillot; St-Vincent-de-Xaintes, Seyresse, Œyreluy, Saint-Julien, Mézos, Bayonne, Boucau, etc., dans les champs sablonneux. — Mai, juillet. — AR.

—   **Augustifolius** L. Trouvée autrefois à Bayonne, où nous n'avons pu revoir cette plante.

Ononis **Natrix** L. Pyrénées. De Gabas à Panticosa. Sur le bord de la route. — Juillet, août. — R.

Var. *Arachnoidea* Lapeyrouse, vallée d'Aspe,

prairies des bords du Gave, Sarrance, Bedous, Accous, Osse, Athas-Lées, etc. — Juillet, septembre. — AR.

Ononis Ramosissima Desf. Bas.-Pyr. Jetées de l'Adour, au-dessous de Bayonne.

Var. *A. Vulgaris* Nob. Jetée nord sur Boucau.

Var. *G. Arenaria* Nob. Jetée sud sur Anglet, près du Lazaret. — Juillet, août. — R.

— **Reclinata** L. Bas.-Pyr. Dunes et falaises sablonneuses de la Bidassoa à l'Adour. —Avril, juin. — AR.

— **Campestris** Koch et Ziz. Land. et Bas.-Pyr. Çà et là dans les lieux stériles, les champs, les pâturages. — Juin, juillet. — R.

— **Procurrens** Wœllr. Land. et Bas.-Pyr. Lieux incultes. — Juin, juillet. — AC.

Var. *B. Maritima* Nob. Sur les sables maritimes d'Hendaye à la Teste. — AC.

— **Striata** Gouan. Pyr. Bonnes, Eaux-Chaudes, Mont Hourat, Gourzy, Anouilhas, Pas de l'Ours, Raillère du pic de Césy, Pla Cordoua, Col de Tortes. Ponts d'Escot et d'Esquite, sur les rochers. — Juillet, août. — R.

Anthyllis Montana L. Pyr. Géougue, Gabisos, Pic d'Anie, Amoulat, Salon du Ger, Pla Cordoua, Pènes blanques d'Eras taillades, Raillère, à l'ouest du pic de Césy. — Juin, juillet. — AR.

— **Vulneraria** L. Land. et Bas.-Pyr. Pelouses sèches calcaires, collines, et jusque dans les Pyrénées. Jardin d'Enfer, Eaux-Bonnes, Poursiugues. — Mai, juin. — AC.

Var. *B. Maritima* Koch. Dunes et falaises d'Hendaye à la Teste.

Var. *G. Rubriflora* DC. Eaux-Bonnes, Pic de Ger, Aucupat. Dunes d'Hendaye et d'Urrugne.

Var. *D. Allioni* DC. Pic de Gabisos.

Medicago Lupulina L. Land. et Bas.-Pyr. Prairies, bords des chemins. Toute l'année. — CC.

— **Falcata** L. Bas.-Pyr. Boucau, Bords du chemin de fer. — Eté, automne. — AR.

— **Sativa** L. Cultivée et subspontanée.

— **Suffruticosa** Ram. Pyr. Anouilhas, Eaux-Chaudes, Gabas, Accous. — Juin, juillet. — RR.

— **Striata** Bast. Land. et Bas.-Pyr. Sables maritimes et pignadas de la Bidassoa à l'Adour. — Plus rare au-delà. — Mai, juillet.

— **Polycarpa** Willd. Land. et Bas.-Pyr. Lieux cultivés, moissons. — Mai, juin. — AC.

Var. *B. Apiculata* Nob. Mêmes lieux.

— *G. Denticulata* Nob. id.

Medicago Lappacea Land. et Bas.-Pyr. Bidart, Anglet, Boucau, dunes et falaises. — Mai, juin. — RR.
    Var. *B. Pentacycla* Nob. Allées-Marines (Lesauvage et Darracq).

— **Maculata** Willd. Land. et Bas.-Pyr. Lieux herbeux, prairies. — Mai, juin. — C.

— **Minima** Lam. Land. et Bas.-Pyr. Lieux secs et sablonneux, Mont-de-Marsan, Dax, Labenne, Bayonne, Anglet, Bidart, etc. — Mai, juin. — AR.
    Var. *Mollissima* Spreng. Sur les dunes.

— **Marina** L. Land. et Bas.-Pyr. Sables maritimes, principalement de la Chambre-d'Amour à l'embouchure de l'Adour. — Mai, juillet. — AR.

— **Littoralis** Rhode. Land. et Bas.-Pyr. Sables maritimes, St-Jean-de-Luz, Bidart, Anglet, Boucau, Capbreton. — Mai, juin. — R.

— **Gerardi** Willd. Confins de la Gironde et des Landes. — Mai, juin. — R.

— **Tribuloides** Lam. Allées-Marines (Lesauvage).

— **Tuberculata** Willd. Allées-Marines (Lesauvage).
    Nous n'avons pas retrouvé ces deux plantes méditerranéennes.

— **Sphærocarpa** Bartol. Bas.-Pyr. Bayonne, autour de la ville dans des terrains vagues, le Glain, Mousserolle. — Mai, juin. — RR.

Trigonella Fœnum Græcum L. Cultivée et quelquefois subspontanée.

— **Ornithopodioides** D. C. Land. et Bas.-Pyr. Dax, dans les parties élevées des marais de Saint-Vincent-de-Xaintes, marécages de St-Bernard, près Bayonne; bords de l'étang d'Esbouc, entre Bayonne et Boucau; La Teste. — Mai, juin. — RR.

Melilotus Sulcata Desf. Bas.-Pyr. Bayonne, au-dessous de la ville. Boucau (champs de la propriété Laclau), Biarritz (quartier du Phare), bords des chemins, lieux cultivés et incultes. — Mai. — RR.

— **Parviflora** Desf. Bas.-Pyr. Bayonne, Boucau, St-Jean-de-Luz, Guéthary, Anglet, Allées-Marines, jetées Nord et Sud de l'Adour.— Mai, juin.— R.

— **Officinalis** Lam. | Land. et Bas.-Pyr. Moissons,
Arvensis Wall. (champs calcaires, levées, bords des chemins. — Juin, octobre. — AC.

— **Alba** Lam. Land. et Bas.-Pyr. Peyrehorade, Orthevielle, sur les bords du Gave, Allées-Marines, Barre de l'Adour, près de l'hippodrome, Boucau, sur la jetée. — Juillet, septembre. — R.

— **Macrorhiza** Pers. Land. et Bas.-Pyr. Lieux frais,

humides, bords des rivières, talus des levées de l'Adour, de Dax à Bayonne, Ascarat (M. Richter). — Juillet, octobre. — AC.

Melilotus Altissima Thuillier. Bas.-Pyr. Mêmes lieux que la précédente, au fond des Allées-Marines, près la scierie Léglise.

Cette plante a les plus grands rapports avec la précédente; mais sa gousse contient deux graines, tandis que le *Macrorhiza* n'en a qu'une.

Trifolium Stellatum L. Land. et Bas.-Pyr. Dax, Flore Gr. Gdr. 403. Allées-Marines (Lesauvage et Darracq). — Juin, juillet.— Nous n'avons pas trouvé cette plante.

— **Augustifolium** L. Land. et Bas.-Pyr. Lieux secs, coteaux arides, levées. — Juin, juillet. — AC.

— **Incarnatum** L. Subspontané dans les prairies. Cultivé en grand sous le nom de *Farouch*.

— **Molinerii** Balb. Land. et Bas.-Pyr. Çà et là dans les prairies. Lieux sablonneux. — Mai, juin.— R.

— **Rubens** L. Bas.-Pyr. Villefranque. Landes boisées. — Juin. — RR.

— **Alpestre** L. Pyr. Bonnes, Belvédère de l'Impératrice. — Juillet, août. — RR.

— **Cherleri** L. Trouvée autrefois dans les Allées-Marines (*Le Sauvage*). — Mai, juin.

— **Medium** L. Bas.-Pyr. Saint-Jean-Pied-de-Port (*M. Richter*), vient habituellement sur la lisière et dans les allées des bois. — Juin, juillet. — RR.

— **Pratense** L. Land. et Bas.-Pyr. Bords des chemins, prés, bois. — Printemps, automne. — C.

— **Ochroleucum** L. Land. et Bas.-Pyr. Prés secs, élevés, bords des bois, principalement dans le calcaire. — Juin, juillet. — AR.

— **Maritimum** Huds. Land. et Bas.-Pyr. Prés, bois humides de toute la région ; plus commun dans la zone salée. — Mai, juillet.— C.

Var. *V. Bastardinaum* D. C. — Mêmes lieux.

— **Panormitanum** Presl. Land. et Bas.-Pyr. Prairies de Dax et de Bayonne, où nous n'avons pu le rencontrer (Soyer-Willemet). — Mai, juin.

— **Lappaceum** L. Land. et Bas.-Pyr. Dax (au Sarrat), Saint-Pandelon, Nousse, Lourquen, Sordes, Peyrehorade, Bayonne (à St-Bernard), champs, moissons, lieux incultes. — Mai, juin. — R.

— **Arvense** L. Land. et Bas.-Pyr. Champs sablonneux. — Juin, septembre. — C.

— **Agrestinum** Jord. Land. et Bas.-Pyr. Mêmes lieux.

— **Sabuletorum** Jord. Bas.-Pyr. St-Bernard, mêmes lieux, de Bayonne au Boucau.—Juin, septembre.

Trifolium Gracile Thuil. Land. et Bas.-Pyr. Mêmes lieux. — Juin, septembre. — R.

— **Bocconi** Savi. Trouvée jadis sur le littoral près du Boucau; nous n'avons pu la rencontrer. — Juin, juillet.

— **Tenuiflorum** Ten. Bas.-Pyr. St-Jean-Pied-de-Port (Soyer-Willemet). — Mai, juin. — RR.

— **Striatum** L. Land. et Bas.-Pyr. Bords des champs, lieux herbeux, secs ou sablonneux.—Mai, juillet. — AC.

— **Scabrum** L. Land. et Bas.-Pyr. Lieux secs, pierreux ou sablonneux, dunes, falaises, bords des chemins. — Mai, juin. — AC.

— **Subterraneum** L. Land. et Bas.-Pyr. Lieux sablonneux, pelouses, champs, lieux incultes. — Avril, juin. — C.

— **Fragiferum** L. Land. et Bas.-Pyr. Prairies, pelouses, bords des chemins. — Mai, octobre. — AC.

— **Resupinatum** L. Land. et Bas.-Pyr. Peyrehorade, Castets (dans la propriété Dubourg), Bayonne, Anglet, Boucau. Lieux herbeux, prairies, pelouses. — Mai, juin. — R.

— **Clusii** Gdr. Gr. Bas.-Pyr. Bidart, pâturages des bords de l'Ouhabia, près de la route. Pelouses près de la plage de Ste-Barbe (St-Jean-de-Luz). — Mai, juin. — RR.

— **Tomentosum** L. Bas.-Pyr. Saint-Jean-de-Luz, pelouses près de l'établissement (quartier Ste-Barbe). Bayonne (le Glain, Saint-Esprit), lieux incultes. — Mai. — RR.

— **Glomeratum** L. Land. et Bas.-Pyr. Lieux incultes, secs ou sablonneux, pelouses sèches, bords des chemins, des champs. — Mai, juin. — C.

— **Suffocatum** L. Landes. Capbreton, sur les parties herbeuses des deux chemins conduisant de la commune à la mer. — Avril, mai. — RR. Indiqué aussi à la Teste et à Labouheyre.

— **Montanum** L. Pyrénées et région montagneuse. Eaux-Bonnes, Aucupat, Pic de Ger, Pic d'Anie, Lescun, Urdos, Uhart-Cize (M. Richter), landes du Socoa (M. Foucaud). — Juillet. — R.

— **Alpinum** L. Pyr. Aucupat, Pic de Ger, Gourzy, Pic de Lazive, Gazies, première Cheminée du pic d'Ossau, Col de Sallent, Pic d'Anie. Les hauts sommets près des neiges. — Juin, août. — R.

— **Thalii** Vill. Pyr. Anouilhas, Pic de Ger, Case de Broussette, Mont Laid, Col de Tortes, Raillère de Césy, Col de Lourdé, Col d'Iseye. — Juillet, août. — RR.

Trifolium Repens L. Land. et Bas.-Pyr. Prairies, pelouses. — Mai, octobre. — AC.

— **Elegans** Savi. Land. et Bas.-Pyr. Dax, anciens fossés de la ville, Bidart. Prairies entre l'Ouhabia et la station du chemin de fer. Biarritz à la Négresse, près du lac. Ispoure (M. Richter). Prés frais, humides. — Juin, juillet. — R.

— **Parviflorum** Ehrh. Landes. St-Sever, St-Vincent-de-Xaintes, Dax (métairie du Sarat et lieux émergés des marais de St-Vincent-de-Xaintes). Terrains sablonneux, dans les lieux dénudés. — Mai, juillet. — RR.

— **Perreymondi** Gren. Land. et Bas.-Pyr. La Teste (Soyer-Willemet). Ychoux, Pissos, Mimizan, Sore, Mézos, Dax, St-Vincent-de-Xaintes. Métairie de Joannet sur les pelouses bordant le chemin de Dax à Yzosse. Marais de St-Vincent-de-Xaintes sur des pelouses émergées. Biarritz. — Mai, juillet. — RR.

— **Filiforme** L. Land. et Bas.-Pyr. Mont-de-Marsan, Dax, St-Vincent-de-Xaintes, Yzosse, Narrosse, Labenne, Tarnos, Boucau, St-Bernard de Bayonne, Anglet. Lieux sablonneux, pâturages, anciennes dunes. — Mai, juin. — R.

— **Procumbens** L. Land. et Bas.-Pyr. Marais desséchés. Lieux herbeux, prairies. — Mai, septembre. — C.

— **Patens** Schreb. Land. et Bas.-Pyr. Prairies humides. — Juin, août. — AC.

— **Agrarium** L. Land. et Bas.-Pyr. Les champs, les prés, les bois. — Mai, septembre. — AC.
Var. *A. Majus* Koch. *Campestre* Schreb. Mêmes lieux.
Var. *B. Minus* Koch. *Pseudo procumbens* Gmel. Mêmes lieux.

— **Badium** Schreb. Pyr. Eaux-Bonnes, Anouilhas. — Lieux herbeux. — Juillet. — RR.

Dorycnium suffruticosum Vill. Land. et Bas.-Pyr. St-Sever (Léon Dufour). Tarnos, près de l'ancien lac de la Baleine (Darracq), Larceveau, Irouléguy (M. Richter). — Juin, juillet. — RR.

Tetragonolobus siliquosus Roth. Land. et Bas.-Pyr. Route de Toulouse, haut de la côte Sainte-Marie (M. Feraud), Biarritz, St-Jean-de-Luz à Ste-Barbe. Prés humides. — Mai, juin. — R.

Lotus Rectus L. Bas.-Pyr. Biarritz (Port des Pêcheurs). Sur les versants humides. — Mai, juin. — RR.

— **Hirsutus** L. Bas.-Pyr. Piste de l'Hippodrome d'Anglet, près de la Barre. — Juin, juillet. — RR.

Lotus Augustissimus L. Land. et Bas.-Pyr. Mont-de-Marsan, Dax, Boucau, Bayonne, Ispoure, Ascarat, etc., etc. Champs, pelouses, marais desséchés, terrains sablonneux. — Avril, juin. — AR.

Var. *A. Vulgaris* Nob. *Diffusus* Solander. Mêmes lieux; abondant autour de Dax et Boucau.

— **Hispidus** Desf. Land. et Bas.-Pyr. Mont-de-Marsan, Dax, Bayonne, Biarritz, Ispoure, Ascarat. Terrains sablonneux; plus commun dans la région maritime d'Hendaye à La Teste. — Mai, juillet. — AC.

— **Decumbens** Pour. Land. et Bas.-Pyr. Dax, Bayonne, etc. Prairies et champs humides, marais, bords des fossés, principalement dans la zone salée. — Mai, juin. — AR.

— **Corniculatus** L. Land. et Bas.-Pyr. Champs, prés, bois, falaises. — Mai, octobre. — C.

— **Tenuis** Kit. Land. et Bas.-Pyr. Prairies humides de toute la contrée maritime. — Juin, juillet. — AC.

— **Uliginosus** Schkuhr. Land. et Bas.-Pyr. Prairies humides, fossés, haies, ruisseaux des vallées dans toute la région. — Juin, août. — AC.

— **Allioni** Desv. Landes. Dunes de Capbreton. — Mai, juin. — RR.

— **Ornithopodioides** L. Thore, 321, indique cette plante dans les environs de Saint-Séver. Darracq et Lesauvage l'indiquent dans les Allées-Marines. — Avril, Mai.

Astragalus Bœticus L. Lesauvage a trouvé cette plante de Corse dans les herbes des bosquets des Allées-Marines. Elle a probablement disparu avec les bosquets.

— **Glycyphyllos** L. Trouvée autrefois par Darracq dans les Allées-Marines. Cette plante volumineuse vient habituellement sur le bord des bois.

— **Baionensis** Lois. } Land. et Bas.-Pyr. Sables
Austriacus Thore. } maritimes de tout le littoral. — Mai, juin. — AC.

— **Monspessulanus** L. Pyr. Versants herbeux des vallées pyrénéennes. — Avril, juin. — AR.

— **Depressus** L. Pyr. Eaux-Bonnes, Anouilhas, Pic du Midi d'Ossau, d'Anie. Pâturages des montagnes. — Mai, juin. — RR.

— **Aristatus** L'Hér. Pyrénées élevées. Anouilhas, Pic de Ger, de Roumiga à la frontière espagnole. — Mai, juin. — RR.

Oxytropis Campestris D. C. Pyr. Col d'Arbase, Col de Tortes, Mont Laid, Counques des Englas, lieux herbeux. — Juillet, août. — RR.

— **Pyrenaica** Gdr. Gr. Pyr. Vallées d'Aspe et d'Os-

7

sau, Aucupat, Salon du Ger, Lescun, Pic d'Anie, Col d'Arbase, Col de Gabisos, Escala de Magnabatch, Raillère à l'ouest du pic de Césy. — Juillet. — AR.

Oxytropis Montana D. C. Pyr. Cols d'Arbase et de Tortes, pâturages élevés. — Juillet, août. — RR.

Colutea Arborescens L. Pyr. De Gabas à Panticosa. — Mai.

Robinea Pseud-Acacia L. Cultivé et subspontané.

Galega Officinalis L. Bas.-Pyr. Plante naturalisée. Mouguerre, entre l'Adour et le chemin de fer de Pau (à Doyénard); Bayonne, au dessous du chemin de fer d'Hendaye (à la Floride); St-Pée-sur-Nivelle, marécages. — Juillet, août.

Psoralea Bituminosa L. Trouvé par Lesauvage dans les Allées-Marines. — Juillet, août.

Phaseolus Vulgaris L. Cultivé et subspontané.

Vicia Sativa L. Land. et Bas.-Pyr. Les champs, les prés. — Mai, juin. — C.

Var. *A. Vulgaris* Nob. — Mêmes lieux.

Var. *B. Macrocarpa Moris*, mêmes lieux, plus rare.

— **Augustifolia** Roth. Land. et Bas.-Pyr. Champs, moissons, lieux cultivés. — Mai, juin. — C.

Var. *A. Segetalis* Koch, mêmes lieux.

Id. *B. Bobartii* Koch; mêmes lieux, pignadas et landes du littoral.

— **Uncinata** Desv. Land. et Bas.-Pyr. Tarnos, Bayonne, Guéthary. Moissons, lieux incultes. — Mai, juin. — R.

— **Lathyroides** L. Land. et Bas.-Pyr. Mont-de-Marsan, Dax, Bayonne, Dunes et Pignadas, Pelouses sablonneuses. — Avril, mai. — AR.

— **Pyrenaica** Pourr. Pyr. Anouilhas, Pembécibé, le Roumiga, Broussette, Crêtes de Bréca, Col d'Aphanice, Château-Pignon, pâturages. — Juin, juillet. — R.

— **Lutea** L. Land. et Bas.-Pyr. Moissons de toute la région. — Mai, juin. — AC.

— **Faba.** Cultivée et subspontanée.

— **Bithynica** L. Land. et Bas.-Pyr. Çà et là, principalement dans les moissons et les prairies. — Mai, juin. — AC.

— **Sepium** L. Land. et Bas.-Pyr. Prairies, haies, buissons. — Mai, octobre. — AC.

— **Syrtica** Dub. Land. Indiquée par Duby et M. Feraud dans les moissons des environs de Dax, où nous n'avons pu la rencontrer. — Juin.

— **Sylvatica** L. Landes. Mont-de-Marsan (Perris). Plante de montagne. — Juin, août. — RR.

— **Orobus** DC. Pyr. Vallée d'Ossau. Environs des Eaux-Bonnes. — Mai, juin. — RR.

Cracca Major Frank. Land. et Bas.-Pyr. Haies, buissons, bois, bords des eaux. — Mai, juillet. — AC.

Cracca Gerardi Gdr. Gr. Land. et Bas.-Pyr. Dax, Bayonne, Mouguerre, Lahonce, Urcuit, Guéthary, St-Jean-de-Luz, Eaux-Bonnes, Col de Tortes et d'Arbase, haies, buissons, coteaux, montagnes. — Juin, juillet. — AC.

— **Tenuifolia** Godr. Gr. Land. et Bas.-Pyr. St-Cricq-Chalosse, Dax, Bayonne, Anglet, Biarritz, Bidart, Guéthary, St-Jean-de-Luz, etc., buissons, bords des bois, moissons. — Juin, août. — AC.

— **Varia** Godr. Gr. Land. et Bas.-Pyr. Mont-de-Marsan (Perris), Dax, Bidart, Bayonne, Boucau, St-Jean-de-Luz, Villefranque, moissons, bords des champs, des chemins. — Mai, juin. — R.

— **Atropurpurea** God. Gr. Bas.-Pyr. Boucau (propriété Laclau). Bayonne, terrains vagues autour de la ville (au Glain et à Jacquemin), etc., chemin de fer de St-Jean-pied-de-port. — Mai, juillet. — R.

— **Minor** Riv. Land. et Bas.-Pyr. Champs sablonneux, moissons. — Avril, juillet. — C.

Ervum Tetraspermum L. Land. et Bas.-Pyr. Lieux cultivés, champs, moissons. — Mai, juin. — AC.

— **Gracile** DC. Land. et Bas.-Pyr. St-Sever, Peyrehorade, Dax, Bayonne, Guéthary, Boucau, etc. Moissons des terrains calcaires. — Mai, juillet. — AR.

Ervilia Sativa Link. Bas.-Pyr. Terrains vagues du Boucau, près du pétrole. Cette plante ségétale ne paraît pas appartenir à notre région.

Lens Esculenta Mœnch. Cultivée et subspontanée.

Pisum Arvense L. Land. et Bas.-Pyr. Dax, St-Vincent-de-Xaintes, Tercis, Clermont, Garrey, Boucau, Donzacq, Bassussarry, etc. Moissons des bords de la Nive. — Mai, juillet. — AR.

Lathyrus Articulatus L. Bas.-Pyr. Boucau (champs de la propriété Laclau). — Juin, juillet. — RR.

— **Aphaca** L. Land. et Bas.-Pyr. Lieux cultivés, moissons. — Mai, juillet. — C.

— **Nissolia** L. Land. et Bas.-Pyr. St-Sever, Dax, St-Vincent, Bayonne, Mouguerre, Guéthary, Boucau, Cambo, etc., etc. Moissons, bois, et surtout les prairies. — Mai, juillet. — AC.

— **Hirsutus** L. Land. et Bas.-Pyrén. St-Sever, Dax, Montfort, Nousse, Bayonne, St-Etienne, Guéthary, Boucau, etc. Bords des moissons, des champs. — Mai, juillet. — AR.

— **Cicera** L. Land. Mont-de-Marsan (Perris). — Moissons. — Mai, juin. — RR.

— **Sativus** L. Cultivé et subspontané.

— **Sylvestris** L. Land. et Bas.-Pyr. Peyrehorade, Hastingues, Bonnes, St-Jean-Pied-de-Port, St-Michel, Lahonce, Anglet. R. — C. d'Oloron à

Bedous, vallée d'Aspe, dans les haies. Bois, buissons. — Juin, septembre.

Var. *B. Latifolius* Peterm. Anglet, près de la Barre. — RR.

Lathyrus Latifolius L. Bas.-Pyr. Bords buissonneux d'une haute colline d'Urcuit, haies, broussailles. — Juillet. — RR.

Var. *Angustifolius* Nob. Mêmes lieux.

— **Tuberosus** L. Land. et Bas.-Pyr. Dax, Aire, Bayonne, Guéthary, etc. Moissons calcaires. — Juin, juillet. — R.

— **Vernus** Wimmer. Bas.-Pyr. Mont-de-Marsan (Perris), St-Jean-pied-de-port, forêt d'Irati (M. Richter). — Avril, mai. — RR.

— **Montanus** Gdr. Gr. Pyr. De Bouye à Cristaous, Balour, Louctores, Montagnes d'Aas, Mendibelza, St-Jean-pied-de-port, Bonnes, Eaux-Chaudes, Mont Artza, Cambo, etc. Parties boisées. — Mai, juin. — R.

— **Palustris** L. Land. Marais d'Orx en 1863.—Juillet, août. — RR.

Ces marais ont été desséchés depuis, et mis en culture; la plante a disparu presque complètement.

— **Macrorhizus** Wimmer. Land. et Bas.-Pyr. Les bois. — Avril, juin. — C.

Ejus varietates. Mêmes lieux. Prairies.

Var. *D. Tenuifolius* DC. C. dans la région sous-pyrénéenne. Mouguerre, Villefranque, Arbonne, Bidart.

— **Niger** Wimm. Land. et Bas.-Pyr. St-Pandelon, Peyrehorade, Hastingues, Igaas, Sorde, Ahetze, Esterençuby (M. Richter). Terrain calcaire, les bois. — Mai, juillet. — R.

— **Pratensis** L. Land. et Bas.-Pyr. Haies, bois, buissons, prairies. — Mai, juillet. — C.

— **Canesceus** Gdr. Gr. Pyr. Col de Tortes, Eaux-Bonnes, Baïgorry.— Avril, mai. — RR. Gdr. Gr.

— **Angulatus** L. Land. et Bas.-Pyr. Mont-de-Marsan, Dax, St-Sever, Bayonne, Boucau, Guéthary, St-Jean-de-Luz, etc., etc. Terrains sablonneux, plages, pignadas. — Mai, juin. — AC.

— **Sphæricus** Retz. Land. et Bas.-Pyr. Mêmes lieux. moissons, lieux cultivés. — Mai, juin. — AR.

Scorpiurus Subvillosa L. Land. Sur les confins de la Gironde. Samadet (M. Foucaud). — Mai, juin. — R.

Coronilla Emerus L. Pyr. Des Eaux-Chaudes à Panticosa. — Mai, juin. — R.

— **Varia** L. Land. St-Sever, Dax. — Mai, juin. — R.

Coronilla Scorploïdes Koch. Bas.-Pyr. Çà et là autour de
Bayonne. Terrains vagues. — Mai, juin. — Accidentellement.
Ornithopus Ebracteatus Brot.   (Land. et Bas.-Pyr.
—   **Exstipulatus** Thore, 311 (Lieux sablonneux,
cultivés et incultes. C. sur les dunes herbeu-
ses, les pignadas. — Avril, juin. — AC.
—   **Perpusillus** L. Land. et Bas.-Pyr. Lieux sablon-
neux. — Mai, juillet. — C.
—   **Sativus** Brot. Land. et Bas.-Pyr. Mont-de-Marsan,
Roquefort, Dax, St-Paul-lès-Dax, St-Vincent-
de-Xaintes, Capbreton, Boucau, Bayonne, An-
glet. Lieux sablonneux, dunes, marais dessé-
chés de la contrée sablonneuse.— Mai, juillet.
— AR.
—   **Compressus** L. Land. et Bas.-Pyr. Lieux sablon-
neux, cultivés et incultes. Bords des champs.
— AC.
Hippocrepis Comosa L. Bas.-Pyr. Monticule d'Etchevers à
Uhart-Cixe, Lasse (M. Richter). — Avril, mai.
— RR.
Var. *Prostrata.* — Mêmes lieux.
Onobrychis Sativa Lam. Saint-Pierre-d'Irube, Mouguerre,
Briscous, Guéthary, Bayonne. Probablement
subspontanée. — Mai, juin.
Var. B. *Montana* Gaud. — Col de Tortes.
—   **Supina** D. C. Pyr. Geougues, Aucupat (Pic de
Ger), Raillère du pic de Césy. — Juin, juillet.
— R.

AMYGDALÉES

Amygdalus Persica L. Cultivé.
Prunus Armeniaca L. Cultivé.
—   **Domestica** L. Cultivé.
—   **Insititia** L. Land. et Bas.-Pyr. Mont-de-Marsan,
Dax, Saint-Paul-lès-Dax, St-Vincent-de-Xaintes,
Bayonne, etc. Les haies. — Mars, septemb.— AR.
—   **Fruticans** Weihe. Land. et Bas.-Pyr. Dax, Bayon-
ne, Anglet, St-Jean-Pied-de-Port, etc. Landes et
pignadas. — Avril, septembre. — AR.
—   **Spinosa** L. Land. et Bas.-Pyr. Haies, buissons. —
Avril, octobre. — CC.
—   **Avium** L. Land. et Bas.-Pyr. Mont-de-Marsan, Dax,
St-Pandelon, Tercis, Bayonne, St-Jean-Pied-de-
Port, bois. — Avril, juillet. — AR.
—   **Cerasus** L. Cultivé et subspontané dans les bois.
—   **Mahaleb** L. Cultivé et parties boisées des vallées
pyrénéennes. — Mai, juin. — R.

Prunus Padus L. cultivé et subspontané, autour des propriétés. Pyrén., montagnes d'Aas, Gazies, grande Raillère du pic d'Ossau. Dans les parties boisées. — Mai. — R.

ROSACÉES

Spiræa Filipendula L. Land. et Bas.-Pyr. Mont-de-Marsan (Perris), Castelnau, Ahetze. Prairies basses et humides, vallée d'Ossau. — Juin, juillet. — RR.

— **Ulmaria** L. Land. et Bas.-Pyr. Bords des eaux, haies, fossés. — Juin, juillet. — CC.

— **Aruncus** L. Pyr. Versants humides, ombragés ou boisés des vallées pyrénéennes. Descend sur les bords de la Nive jusque au dessous de Cambo (fontaine d'Urcudoy). — Juin, juillet. — AR.

Dryas Octopetala L. Pyr. Bonnes, Pic de Ger, Gourzy, Anouilhas, Pembécibé, Aucupat, Gasc, Gabisos, de la latte de Bazen au Col de Tortes, Mont Couges, Pic d'Eras taillades, Cirque de Louctores, Grande Raillère du pic de Césy, Irati, Lescun, Anie, Accous, Aydius, etc. — Juillet, août. — C.

Geum Urbanum L. Land. et Bas.-Pyr. Haies, bois. — Juin, août. — AC.

— **Rivale** L. Pyr. Louctores, Mont Couges, Balour, les Québottes, Col de Tortes, Escala de la Québotte, Pic de Césy, vallée d'Aspe, prés humides. — Mai, juin. — AR.

— **Pyrenaicum** Willd. Pyr. Eaux-Bonnes, Anouilhas, Pic de Ger, Aucupat, Counques, Fontaine de Besou, Grande Raillère du pic de Césy, vallée d'Aspe, du pont d'Escot à Urdos. — Juillet. — AC.

— **Montanum** Pyr. Anouilhas, Louctores, sommet du Pic d'Ousilietche, Balour, Pic de Césy, Escala de la Québotte, Fontaine de Lourdé, Lescun, Pic d'Anie. — Juillet, août. — AC.

Potentilla Fragariastrum Ehrh. L. Bas.-Pyr. Bords des haies, des bois. — Février, mai. — CC.

— **Splendens** Ram. Land. et Bas.-Pyr. Bois, landes, bruyères. — Mars, mai. — CC.

— **Nivalis** Lap. Pyr. Pics, aiguilles et sommets élevés de la plupart des montagnes des vallées d'Aspe et d'Ossau. Du Ger, du Midi, d'Eras Taillades, d'Anie, de Gabisos, Col d'Aspe, Col de Gabisos de Tortes, Gazies, Aucupat, Sesques, Pla Segoune, Col de Marcadau, etc., etc. Près des neiges. — Juillet, août. — AC.

— **Alchemilloides** Lap. Pyr. Vallées d'Aspe, d'Ossau, de la Soule, à un niveau moins élevé que la

précédente, du pont d'Escot à Urdos, de Bonnes
au Col de Sallent. Gourzy, Roumiga, Gesque,
Bouy, Sarrance, Accous, St-Jean-pied-de-port,
Béhorléguy, etc. — Juillet, août. — AC.

Potentilla Opaca L. Pyr. Raillère à l'ouest du pic de Césy.
Fontaine et Col de Lourdé. — Avril, mai. — RR.

— **Verna** L. Bas.-Pyr. Environs des Eaux-Bonnes et
de Saint-Jean-pied-de-port. Coteaux pierreux.
— Avril, mai. — RR.

— **Alpestris** Hall. Pyr. Gabas (M. Loret). — Juin,
juillet. — RR.

— **Aurea** L. Pyr. Gourzy. — Juillet, août. — RR.

— **Tormentilla** Nestl. Land. et Bas.-Pyr. Les Bruyères, les bois, jusque sur les montagnes. — Juin,
juillet. — C.

— **Procumbens** Sibth. Bas.-Pyr. Lasse, Uhart-Cize
(M. Richter). Guéthary. Lieux frais, humides.
— Juin, juillet. — RR.

— **Reptans** L. Land. et Bas.-Pyr. Bords des champs,
des chemins, des fossés. — Juin, août. — C.

— **Anserina** L. Land. et Bas.-Pyr. Prairies et vallées
humides, bords des eaux. — Mai, juillet. — C.

— **Rupestris** L. Pyr. Géougue, col de Tortes, col d'Aubisque, Col d'Iseye de Sieste.—Juin, juillet.— R.

— **Fruticosa** L. Pyr. Bonnes, Pic de Ger, au dessous du Capéran, Col de Sieste, Poursiugues,
de Bouye à Cristaous, Eaux-Chaudes, Broussette, Gabas. — Juillet, août. — AR.

Fragaria Vesca L. Land. et Bas.-Pyr. Bois, bords des haies,
des chemins. Avril, juin. — AC.

— **Magna** Thuill. Bas.-Pyr. Près d'Esbouc (Boucau).
— Mai, juin. — RR.

Rubus Saxatilis L. Pyr. Montagnes d'Aas, Roumiga.— Mai,
juin. — RR.

— **Cæsius** L. Land. et Bas.-Pyr. Champs humides, haies
et buissons des bords des eaux. — Mai, juillet. AC.
Var. *A. Umbrosus* Wallr. Mont-de-Marsan, Dax.
Id. *G. Vestitus* (Dax) à Saubagnac.

— **Memorosus** Hayn. Land. et Bas.-Pyr. St-Sever, Peyrehorade, Bayonne, collines boisées. — Juin. —AR.

— **Glandulosus** Bell. Land. et Bas.-Pyr. Région montagneuse, les bois. Peyrehorade (près du cimetière),
haies de Guéthary. — AC.

— **Hirtus** Weih. Land. et Bas.-Pyr. Bayonne, Guéthary,
Saint-Jean-de-Luz, Peyrehorade (à la métairie La-
pouyade), Saint-Jean-Pied-de-Port. Haies. — Juillet,
août. — AR.

— **Tomentosus** Borekh. Land. et Bas.-Pyr. Haies de
la contrée calcaire de la région. — C.

Rubus Collinus D. C. Land. et Bas.-Pyr. La plupart des cô-teaux arides, région sous-pyrénéenne. — Juin, août. -- AR.

— **Discolor** Weih. Land. et Bas.-Pyr. Mont-de-Marsan, Saint-Sever, Dax, Peyrehorade, Bayonne, Guéthary, St-Jean-Pied-de-Port. Haies et buissons. — Juin, août. AC.

— **Thyrsoideus** Wimm. Landes. Peyrehorade. Haies près du chemin de fer, route de Bayonne. Juin, juillet. — R.

— **Sylvaticus** Weih. Landes. Bois d'Igaas, près Peyre-horade. — Juillet. — RR.

— **Fruticosus** L. Land. et Bas.-Pyr. Les haies et les bois de la contrée calcaire de la région. — Juin, août. — C.

— **Idæus** L. Lieux boisés et élevés de toute la chaîne. Çà et là jusqu'à la frontière. — Juillet, août.

Rosa Gallica L. Landes. Mont-de-Marsan, Dax, St-Vincent-de-Xaintes, derrière le Pouy d'Euse. — Mai, juin. — R.

— **Pimpinellifolia** Ser. Land. et Bas.-Pyr. Pignadas, dunes et falaises du littoral, Anglet, Boucau, Tarnos, Saint-Bernard de Bayonne, etc. Pyrénées, Gazies, Crêtes de Bréca, Pic de Césy. — Juin, juillet. — AR.
Ejus varietates. Mêmes lieux.

— **Arvensis** Scuds. Land. et Bas.-Pyr. Mont-de-Marsan, Dax, Saint-Vincent, Bayonne, Guéthary, Saint-Jean-Pied-de-Port. Haies, buissons, bois. — Juin, juillet. — AC.
Var. *Acutiflora.* Mêmes lieux.

— **Sempervirens** L. Land. et Bas.-Pyr. Mout-de-Marsan, Dax, Guéthary, Saint-Jean-de-Luz, Bayonne, Saint-Jean-Pied-de-Port. Haies. — Juin, août. — AC.

— **Terebinthinacea** Bess. Pyrénées. Des Eaux-Chaudes à Panticosa. — Juin. — R.

— **Tenuiglandulosa** Merat. Land. St-Vincent-de-Xaintes, dans les haies. — Juin, août. — R.

— **Alpina** L. Pyr. Montagnes d'Aas, Gazies, Géougue, Louctores, Pas de l'Ours, Pic de Ger. — Juin, août. — AR.
Var. *D. Vestita.* Mêmes lieux.

— **Opaca** Gren. Pyr. Des Eaux-Chaudes à Panticosa. — Juin, juillet. — R.

— **Sphærica** Gren. Mêmes lieux. — Id., id.

— **Dumalis** Bechst. Land. et Bas.-Pyr. Dax, Bayonne, Mouguerre, dans les haies. — Juin, août. — C.

— **Canina** L. Land. et Bas.-Pyr. Haies, buissons. — Juin, août. — C.

— **Dumetorum** Thuillier. Bas.-Pyr. Des Eaux-Chaudes à Panticosa. — Juin, juillet. — RR.

Rosa **Hudegavensis** Bast. Land. et Bas.-Pyr. Dans les haies.
— AC.

— **Stylosa** Desv. St-Jean-Pied-de-Port. — Juin, août. —
AR.

— **Pouzini** Tratt. Uhart-Cize (M. Richter).

— **Sarmentosa** Woods. Land. Dax, haies et bois de St-
Vincent-de-Xaintes. — Juin, août. — R.

— **Urbica** Leman. Land. Haies de St-Vincent-de-Paul. —
Juin, août. — R.

— **Scandens** Mill. Bas.-Pyr. Bayonne, Guéthary, St-Jean-
de-Luz, haies. — Juin, août. — AC.

— **Podolica** Tratt. Bas.-Pyr. Bayonne (Lissague, Hureaux),
Briscous, haies. — Juin, août. — AC.

— **Glabella** Gdr. Gr. Bas.-Pyr. Bayonne, bois de Cou-
mer (St-Etienne). — Juin, août. — AR.

— **Ficta** Gdr. Gr. Bas.-Pyr. Bayonne (entre Jacquemin
et les Hureaux), haies. — Juin, août. — AR.

— **Sepium** Thuill. Land. Dax, haies. — Juin, août. — C.

— **Comosa** Rip. Bas.-Pyr. Urt, Briscous, Guéthary, Saint-
Jean-de-Luz, haies. — Juin, août. — AC.

— **Chambardiana** Gdr. Gr. Bas.-Pyr. Guéthary, St-Jean-
de-Luz, haies. — Juin, août. — AC.

— **Cessacii** Gdr. Gr. Bas.-Pyr. Bayonne, St-Pierre-d'I-
rube (les Hureaux), haies. — Juin, août. — AC.

— **Æstuans** Gdr. Gr. Bas.-Pyr. Mouguerre (à Doyenard),
collines de Lahonce, haies, buissons. — Juin, août.
— AC.

— **Rubiginosa** L. Land. et Bas.-Pyr. Mont-de-Marsan,
Dax, St-Vincent-de-Xaintes, Odei Cherraca, Forêt
d'Irati, haies. — Juin, août. — AC.
Var. *B. Sepium.* — Mêmes lieux.
Les deux genres *Rubus* et *Rosa,* dont on a, depuis
quelques années, multiplié considérablement les
espèces, permettront certainement aux spécialistes
de nombreuses modifications ou découvertes nouvelles dans notre région.

Agrimonia **Eupatoria** L. Land. et Bas.-Pyr. Lieux incultes.
Bords des haies. — Mai, août. — C.

Poterium **Dictyocarpum** Spach. Land. et Bas.-Pyr. Prés
secs, pelouses. — Juin, août. — AC.

— **Platylophum** Jord. ⎰ Land. et Bas.-Pyr. — Mêmes
Muricatum Spach. ⎱ lieux que la précédente. AC.

— **Guestphalicum** Bœnng. ⎰ Bas.-Pyr. Mouguerre,
Glaucum Spach. ⎱ Lahonce, Urcuit. Collines calcaires arides. — Mai, juillet. — AR.

Sanguisorba **Officinalis** L. ⎰ Land. et Bas.-Pyr. Mont-de-
— **Serotina** Jord. ⎱ Marsan, Dax, St-Paul-lès-Dax
(à Abesse), Bayonne, Arbonne, Ahetze, Guéthary, dans les prairies humides. Très abon-

dante à Bidart, près de la station et sur les
bords de l'Ouhabia. Juillet, septembre. AR

Alchemilla Alpina L. Pyr. Rochers et pelouses de toutes les
montagnes élevées jusqu'à la frontière, Col de
Tortes, Pics de Gabisos, d'Eras taillades, d'Ossau, du Ger, de Césy, d'Anie, Lescun, Gourzy,
Géougue, Balour, Louctores, Col d'Iseye, Artzamendi, Mont d'Arrain, Saint-Jean-Pied-de-Port,
Château Pignon, Lecumberry, Béhorléguy, Château d'Orison, etc., etc. — Juin, août. — C.

— **Vulgaris** L. Pyr. Toutes les vallées pyrénéennes,
la Terrasse de la Québotte, près d'Anouilhas,
Pas de l'Ours, Cirque de Louctores, Col d'Aphanice, Mont Oli, près d'Irati, la Rhune, Plateau
d'Orisson, Artzamendi, Biriatou, pâturages. —
Mai, août. — AC.

— **Arvensis** Scop. Land. et Bas.-Pyr. Champs sablonneux. — Mai, juillet. — C.

POMACÉES

Mespilus Germanica L. Land. et Bas.-Pyr. Les haies, les
coteaux boisés, surtout dans la région montagneuse. — Mai, septembre. — AR.

Cratægus Oxyacantha Land. et Bas.-Pyr. Haies, bois, buissons. — Mai, septembre. — C.

— **Monogyna** Jacq. Land. et Bas.-Pyr. Mêmes lieux.
— R.

Cotoneaster Pyracantha Spach. Land. et Bas.-Pyr. Dax,
Bayonne, Saugnac, Mimbaste, dans quelques
bois. — Mai, septembre. — R.

— **Vulgaris** Lindl. Pyr. Bonnes, de Bouye à Cristaous, Lescun, Aydius, Jardin d'Enfer. — Mai,
septembre. — R.

— **Tomentosa** Lindl. Pyr. Pic d'Anie, Pas de
de l'Ours. — Mai, septembre. — R.

Cydonia Vulgaris Pers. Cultivé et subspontané dans les
haies. — Mai, septembre.

Pyrus Communis L. Land. et Bas.-Pyr. Environs de Dax,
de Saint-Sever, de Bayonne. etc. Esterençuby
(M. Richter). Les bois. — Mai, septembre. — R.

— **Malus** L. Land. et Bas.-Pyr. Dans quelques bois des
environs de Dax et de Bayonne. — Mai, septembre. — R.

— **Acerba** D. C. Land. et Bas.-Pyr. Mêmes lieux. Les
bois. — Mai, septembre. — AR.

Sorbus Domestica L. Thore, 221, indique cet arbre dans
les fourrés de Contis sur le littoral. Prés de Saint-
Julien-en-Born.

Sorbus Aucuparia L. Parties boisées des montagnes, Pic de Ger, Eaux-Chaudes, Gabas, Broussette, Bedous, Osse, Lescun, Mont Artza, près le Jardin d'Enfer, etc. — Juillet, septembre. — AR.

— **Aria** Crantz. Vallées d'Aspe, d'Ossau, de la Soule, environs de St-Jean-Pied-de-Port, etc. Lieux boisés. — Juillet, septembre. — RR.

— **Torminalis** Crantz. Bas.-Pyr. Saint-Pée, Saint-Jean-de-Luz, Mont Arudoy. Dans les bois. — Mai, septembre. — R.

— **Chamæmespilus** Crantz. Pyr. Bonnes, Pembécibé, Sarrance, Bedous, Aydius, Lescun, Gesc, Montagne d'Aas, Plateau de Mondeils, etc. — Juin, septembre. — AR.

Amelanchier Vulgaris Pyr. Mont Artza, Jardin d'Enfer, Vallées d'Aspe et d'Ossau, et sur les collines et les rochers. — Mai, septembre. — R.

ONAGRARIÉES

Epilobium Alpinum L. Pyr. Ossès, Col de Marcadeau, frontière Espagnole. — RR.

— **Palustre** L. Land. et Bas.-Pyr. Prairies tourbeuses, ruisseaux. — Juin, juillet. — AC.

— **Virgatum** Fries. Land. et Bas.-Pyr. Sarrance, Bedous, Esterençuby (M. Richter), frontières de la Navarre, Fossés de Dax en 1863, Marais. — Juillet. — RR.

— **Tetragonum** L. Land. et Bas.-Pyr. Fossés, marécages, lieux humides. — Juin, juillet. — AC.

— **Lamyi** F. Schultz. Bas.-Pyrén. Bidart, Ciboure, Guéthary, Anglet, Biarritz, etc. Lieux cultivés, frais. — Juin, juillet. — R.

— **Sylvaticum** Bor. Bas.-Pyr. De Béhobie à Biriatou, Cambo, coteaux boisés de la Nive, versants couverts. — Juin, juillet. — RR.

— **Montanum** L. Land. et Bas.-Pyr. Gibret, Peyrehorade, Bayonne, St-Sever, Hendaye, de Larressore à Cambo, d'Espelette à Ainhoa. Lieux montueux, frais. — Juillet, août. — R.

— **Collinum** Gmel. et Koch. Vallées pyrénéennes, Bedous, Aydius, Accous, Lescun, plateau de Mondeils, Pas de l'Ours, de Bouye à Cristaous, Pènes blanches, Gabisos, Pic de Ger, d'Anie, Capéran, Aucupat. — Juillet, août. — AR.

— **Lanceolatum** Sebast. Land. et Bas.-Pyr. Dax, Mées, Tartas, entre Tarnos et Ondres, sur les bords de la route. Espelette, Itsatsou, Béhobie,

Ainhoa, Cambo. Bords des bois, des haies.
— Juillet, août. — R.

— **Parviflorum** Schreb. Land. et Bas.-Pyr. Lieux humides, fossés, marécages. — Juin, août. — C. Var. *Intermedium* Mérat. — Mêmes lieux.

— **Hirsutum** L. Land. et Bas.-Pyr. Lieux humides, fossés, ruisseaux, bords des rivières. Juin, août. C.

— **Spicatum** Lam. Pyr. Plateau de Mondeils, Eaux-Chaudes, Broussette, bois montueux. — RR.

Œnothera Biennis L. Land. et Bas.-Pyr. Lieux sablonneux, bords des rivières, des chemins. Juin, août. C.

— **Suaveolens** Desf. Land. et Bas.-Pyr. Bayonne, Mousserole, Urcuit. Souvent avec la précédente. Lieux sablonneux, bords de la voie ferrée. — Juin, août. — R.

— **Parviflora** L. Land. et Bas.-Pyr. Dunes et falaises, sables maritimes, Biarritz, Chambre-d'Amour, etc. — Juillet, août. — AR.

— **Longiflora** Jacq. Land. et Bas.-Pyr. Mêmes lieux. Abonde au dessous de Bayonne. — Mai, septembre. — C.

— **Stricta** Ledeb. Land. et Bas.-Pyr. Dax, Castets, Capbreton, Bayonne, Boucau, Biarritz, Guéthary, Anglet, Saint-Jean-de-Luz, Saint-Pée. Terrain sablonneux. — Juillet, août. — AR.

— **Rosea** Ait. Bas.-Pyr. Bayonne (Saint-Léon, Glacis Lachepaillet et de Mousserolle, Allées-Marines), abondante à la propriété du Glain, d'Hendaye à Biriatou, vieux murs, prairies, pâturages. Plante naturalisée. — Mai, août. — R.

Isnardia Palustris L. Land. et Bas.-Pyr. Marais, ruisseaux, fossés, bords des étangs, des rivières. — Juin, septembre. — AC.

Circæa Lutetiana L. Land. et Bas.-Pyr. Lieux frais, couverts, les haies, les bois, voisinage des habitations. — Juin, juillet. — AR.

— **Intermedia** Ehrh. Bas.-Pyr. Forêt d'Irati, forêts humides. — Juillet, août. — RR.

— **Alpina** L. Pyr. Gesc. Forêts humides des montagnes, bases des rochers élevés et humides. Juillet. RR.

Jussiæa Grandiflora. Cultivée depuis plusieurs années à Sainte-Croix (Bayonne), cette plante s'est naturalisée et répandue dans les cours d'eau et les prairies de la propriété.

HALORAGÉES

Myriophyllum Verticillatum L. Land. et Bas.-Pyr. Etangs, marais, fossés. — Juin, juillet. — AC.

Myriophyllum Spicatum L. Land. et Bas.-Pyr. Mêmes lieux que le précédent, étangs, lacs. — Juin, juillet. — AC.

—   **Alterniflorum** D. C. Land. et Bas.-Pyr. Mêmes lieux, souvent dans les eaux vives. — AC.

Trapa Natans L. Land. et Bas.-Pyr. La plupart des étangs ou lacs de la région, principalement dans la contrée maritime d'Hendaye à la Teste. Très abondant dans l'étang de Garros. Eaux tranquilles, profondes. — Juin, juillet. — AC.

CALLITRICHINÉES

Callitriche Stagnalis Scop. Land. et Bas.-Pyr. Mares, fossés, ruisseaux. — Mars, septembre. — C.

—   **Platycarpa** Kützing. Land. et Bas.-Pyr. — Mêmes lieux. — C.

—   **Verna** Kützing. L. Bas.-Pyr. — Mêmes lieux. — C.

—   **Hamulata** Kützing. Land. et Bas.-Pyr. Dax, St-Vincent-de-Xaintes, Bayonne, autour de la ville, etc. Mêmes lieux. — Mars, septembre. — AC.
     Var. *A. Genuina.* — Mêmes lieux.
     Var. *B. Homoiophylla.* — Id.

CÉRATOPHYLLÉES

Ceratophyllum Submersum L. Land. et Bas.-Pyr. Dax, Lannes, Mont-de-Marsan, Saint-Etienne-d'Orthe, Villefranque, Bayonne. Etangs, lacs, marais, eaux paisibles, petites mares. — Juin, août. — R.

—   **Demersum** L. Land. et Bas.-Pyr. Etangs, fossés, rivières, eaux paisibles et courantes. — Juin, août. — C.

LYTRHARIÉES

Lythrum Salicaria L. Land. et Bas.-Pyr. Haies et prés humides, fossés, bords des eaux. — Juin, septemb. — C.

—   **Grefferi** Ter. Bas.-Pyr. Biarritz, Bidart, Arbonne, St-Jean-de-Luz, Ciboure. Sur les falaises et dans les vallées, lieux humides, marécages, ruisseaux, fossés peu profonds. — Juin, septembre. — R.
     Bornée à Biarritz, il y a trente ans, cette plante s'étend lentement.

—   **Hyssopifolie** L. Land. et Bas.-Pyr. Lieux humides

dés champs sablonneux où argileux, bords des
chemins, des fossés. — Mai, septembre. — AC.

Lythrum Thymifolia L. Bas.-Pyr. Les Hureaux (St-Pierre-
d'Irube). Indiquée au Boucau, par Lesauvage.
Lieux humides. — Juin, août.

— **Geminiflorum** Bertol. Bas.-Pyr. Itsatsou (Dᵣ Gillot).
— Juillet, août. — RR.

— **Peplis Portula** L. Land. et Bas.-Pyr. Lieux inondés l'hiver, bords des mares, allées humides des
bois. — Juin, août. — AR.

— **Erecta** Req. Bas.-Pyr. Saint-Pée. Bords de la Nivelle. — Juin, juillet. — RR.

— **Timeroyi** Jord. Bas.-Pyr. Ispoure (M. Richter).
Lieux humides. — Mai, septembre. — RR.

TAMARISCINÉES

Tamarix Anglica Web. Çà et là sur le littoral d'Hendaye
à La Teste. — Juin. — R. Très cultivé.

Myricaria Germanica Desv. Trouvée autrefois par L. Dufour
sur les bords du Gave. Elle borde nos contrées
sur les montagnes du Bastan. — Juillet.

CUCURBITACÉES

Bryonia Dioica Jacq. Land. et Bas.-Pyr. Dans les haies.
— Mai, juillet. — AC.

Ecballium Elaterium Rich. Land. et Bas.-Pyr. Dax, dans
les anciens fossés, au-dessous du château où
sont maintenant les bains que nous avons fondés. Boucau, bords de la jetée nord, décombres, lieux incultes. — Mai, août. — RR.

PORTULACÉES

Portulaca Oleracea L. Land. et Bas.-Pyr. Lieux cultivés.
Jardins. — Mai, août. — C.

Montia Minor Gmel. Land. et Bas.-Pyr. Champs sablonneux.
Lieux humides. — Mars, mai. — AC.

— **Rivularis** Gmel. Land. et Bas.-Pyr. Ruisseaux, fossés peu profonds à eau courante. Juin, août. AC.

PARONYCHIÉES

Polycarpon Tetraphyllum L. Land. et Bas.-Pyr. Lieux cultivés ou incultes. Bords des chemins. Terrains
sablonneux. — Avril, août. — AC.

Telephium Imperati L. Land. Thore (p. 112) indique cette
plante à St-Sever. — Juillet, août.

Paronychia Polygonifolia DC. Pyr. Pic de Ger, au pied d'Aucupat. — Juillet, septembre. — RR.

— **Capitata** Lam. Pyr. Vallées d'Aspe, d'Ossau, de la Soule, et environs de St-Jean-Pied-de-Port. Sur les bords des torrents, et descend quelquefois sur les bords des Gaves, entre les galets. Rochers et lieux pierreux.—Mai, juillet. — AC.

Var. *Serpyllifolia*. Crêtes d'Anouilhas, Capéran, Géougue, de Bouye à Cristaous, Raillère du Pic de Césy, Case de Broussette, Col d'Iseye, Lescun. — R.

Illecebrum Verticillatum L. Land. et Bas.-Pyr. Champs sablonneux humides, lieux tourbeux. — Juin, septembre. — C.

Herniaria Glabra L. Land. et Bas.-Pyr. Champs, pelouses, falaises, dunes. — Juin, août. — C.

— **Hirsuta** L. Land. et Bas.-Pyr. Mont-de-Marsan, la Chalosse, Nousse, Dax, Bayonne, Orthez, etc. Champs sablonneux. — Juin, août. — AR.

— **Latifolia** Lapeyr. Pyr. Case de Broussette, Col de Sallent, de Gabas à la frontière. Juillet, août. RR.

Corrigiola Littoralis L. Land. et Bas.-Pyr. Champs, lieux sablonneux. — Mai, septembre. — C.

Scleranthus Annuus L. Land. et Bas.-Pyr. Champs et moissons. — Printemps, automne. — C.

— **Polycarpus** DC. Land. Dax (champs sablonneux du Sarat). — Juin. -- RR.

— **Perennis** L. Land. et Bas.-Pyr. Dax, St-Vincent-de-Xaintes, Anglet, Tarnos, St-Michel. Terrains granitiques ou siliceux. — Juin, septembre. — RR.

Polycnemum Minus Jord. Land. St-Sever, Cazères et environs (M. Foucaud). —Juillet, septemb. — R.

CRASSULACÉES

Tillæa Muscosa L. Land. et Bas.-Pyr. Champs sablonneux, landes humides, principalement sur le bord des sentiers et des allées. C. dans les Landes. — Mai, juillet. — AC.

Sedum Telephium L. Land. et Bas.-Pyr. Dax, Narrosse, Mouguerre, Anglet, Bayonne, Ispoure, Lescun, etc. Lieux frais, bords des bois, des haies. — Juillet, septembre. — R.

— **Fabaria** Koch. Pyr. Lescun, Bonnes, Esterençuby. — Juillet. — RR.

— **Cepæa** L. Land. et Bas.-Pyr. Bords des haies, lieux couverts. — Mai, juillet. — AC.

Sedum Rubens L. Land. et Bas.-Pyr. Dax, Peyrehorade, Tercis, Bayonne, Ossès, vignes, lieux cultivés. — Mai, juin, — R.

— **Atratum** L. Pyr. Pic de Ger au Salon, Aucupat, Pembécibé, Capéran, Gabisos, Col de Sesques, Pic d'Anie, Saint-Jean-Pied-de-Port, sur les cimes. — Juillet, août. — R.

— **Annuum** L. Pyr. Deuxième Cheminée du Pic d'Ossau, Pics d'Anie et d'Ousilietche, Raillère du Pic de Césy. — Juillet. — RR.

— **Villosum** L. Landes. Capbreton, parties basses et humides des dunes, à gauche en allant de la commune à la mer. — Juin, juillet. — RR.

— **Hirsutum** All. Pyr. Pas de Roland (Itsatsou), Crêtes de Bréca (Pic de Césy). — Juillet. — RR.

— **Album** L. Land. et Bas.-Pyr. Dunes, vieux murs, et rochers des montagnes jusqu'au Roumiga. — Juin, août. — AC.

— **Micranthum** Bast. Land. et Bas.-Pyr. Sorde, Peyrehorade, Anglet, Boucau, Bayonne. Et dans les Pyrénées, Pic de Ger, Capéran, Col de Suzon, Rochers d'Irati. — Juin, juillet. — R.

— **Anglicum** Huds. Bas.-Pyr. Bayonne, Boucau, Hendaye, Cambo et dans les Pyrénées, Louvie, Laruns, Bidarray, Itsatsou, Biriatou, St-Jean-Pied-de-Port, Béhobie, etc. — Juin, juillet. — AR.

— **Dasyphyllum** L. Pyr. Pic de Ger, sous le Capéran, Vallée d'Aspe, Itsatsou, Hendaye, Occos, Château Pignon, St-Jean-Pied-de-Port, etc. — Juillet. — AR.

— **Brevifolium** D. C. Pyr. Deuxième Cheminée du Pic d'Ossau, sur les rochers. — Août, septemb. — RR.

— **Alpestre** Will. Pyr. Pic d'Ousilietche. — Juillet. — RR.

— **Acre** L. Land. et Bas.-Pyr. Falaises, dunes, vieux murs. — Juin, juillet. — CC.
Var. *B. Sexangulare.* Labenne, mêmes lieux.

— **Reflexum** L. Land. et Bas.-Pyr. Lieux sablonneux, coteaux pierreux. — Juin, août. — AC.

— **Albescens** Haw. Bas.-Pyr. Vallées d'Aspe et d'Ossau, Urdos, Laruns. — Juillet. — R.

— **Altissimum** Poir. Pyrénées. Vallées d'Aspe et d'Ossau, sur les rochers. — Juin, juillet. — AR.

Sempervivum Tectorum L. Land. et Bas.-Pyr. Vieux murs, toits, rochers. — Juillet, août. — AR.

— **Boutignanum** Billot et Gr. Bas.-Pyr. Lac d'Estaës (M. Loret). — Juillet. — RR.

— **Montanum** L. Pyr. Géougue, Col de Tortes, Pic de Césy, Col du Marcadeau. Versant espagnol. — Juillet, août. — R.

Sempervivum Arachnoideum L. Pyr. Sur les rochers, dans
toute la chaîne. — Juillet, août. — AC.
Umbilicus Pendulinus DC. Land. et Bas.-Pyr. Vieux murs,
rochers, bords des haies, sur les talus. — Mai,
juin. — AC.

CROSSULARIÉES

Ribes Uva Crispa L. Land. et Bas.-Pyr. Çà et là dans les
haies. — Mars, mai. — AR.
— **Alpinum** L. Pyr. Pentes buissonneuses de nos vallées
pyrénéennes. — Juin, août. — R.
— **Petræum** Wulff. Pyr. Mêmes lieux, plus rare que le
précédent. — Mai, septembre.

SAXIFRAGÉES

Saxifraga Stellaris L. Pyr. Lac d'Aule, Lac d'Artouste, Plateau de Mondeils, Rasure de Louesque. Lieux
marécageux. — Juillet, août. — R.
— **Cuneifolia** L. Pyr. Vallée d'Ossau, environs des
Eaux-Bonnes. — Juin, juillet. — R.
— **Umbrosa** L. Pyr. Bouye, Col d'Arbase, les Qué-
bottes de Césy, Balour, Pic de Ger, Puits des
Crêtes d'Anouilhas, Broussette, de Bonnes au
Gourzy, Eaux-Chaudes, vallée d'Aspe. — Juin,
juillet. — AR.
— **Hirsuta** L. Bas.-Pyr. Toute la chaîne et plusieurs
cours d'eau des nombreuses vallées sous-pyrénéennes jusqu'à Bayonne et Guéthary. — Mai,
juillet. — AC.
— **Aspera** L. Pyrénées. Louctores. Hauts sommets.
— Juillet. — RR.
Var. *B. Bryoides*. Gabisos, deuxième Che-
minée du Pic d'Ossau, Col du Marcadeau, frontière espagnole.
— **Aizoides** L. Pyr. Rochers et pentes de toute la
chaîne dans les parties humides, Eaux-Bonnes,
Eaux-Chaudes, Col d'Aubisque, d'Arbase, Géougue, Broussette, Ousilietche, Anouilhas, Louctores, Aucupat, Mont Couge, Sarrance, Lourdios, Osse, Accous, Lescun, Cette-Eygun, St-
Jean-Pied-de-Port, etc., etc. — Juillet, août.
— AC.
— **Granulata** L. Pyr. Bords des chemins, lieux secs
des vallées. — Juin, juillet. — AR.
— **Tridactylites** L. Land. et Bas.-Pyr. Vieux murs,
toits, rochers, dunes et région montagneuse. —
Mars, avril. — AC.

Saxifraga Petræa L. Pyr. Sur les confins des Bas.-Pyr. et de la Navarre. — Juillet, août. — RR.

— **Ajugæfolia** L. Pyr. Pènes Blanques, Gabisos, Salon du Ger, Louctores, Gazies, Broussette, Lescun, Capéran, Montagne de La Rhune, Rasure et Lac de Louesque. Lieux humides. — — Juillet. — AC.

— **Capitata** Lap. Pyr. Lac des Englas.—Juillet. RR.

— **Groenlandica** L. Pyr. Salon du Ger, deuxième Cheminée et Portillon du Pic d'Ossau, Lazaret de Mondeils, Pic d'Anie, Amoulat, Lescun, Sesques, Pènes Blanques et Pic d'Eras taillades. Hauts sommets. — Juin, août. — AC.

— **Exarata** Will. Pyr. élevées. Deuxième cheminée du pic d'Ossau ; Sesques, Lazaret de Mondeils, Bécotte des Englas, Crêtes de Bréca. Rochers humides. — Juillet, août. — R.

— **Intricata** Lacp. Pyr. élevées. Lac d'Aule, Lac de Louesque, Pic d'Eras taillades, d'Anie. · Juin, juillet. — R.

— **Muscoides** Wulf. Vallées d'Aspe et d'Ossau, près du sommet des hautes montagnes. Pics d'Ossau, du Ger, d'Anie, d'Eras taillades, de Gabisos, de Césy, d'Ousilietche, Aiguilles d'Accous, Géougue, Pla Ségouné, Escala de Magnabatch, Lac d'Aule, Anouilhas, Gourzy, Lescun, Urdos, etc. — Juillet, août. — AC.
Ejus varietates. Mêmes lieux.

— **Sedoides** L. Pyr. Pic de Ger. — Juillet. — RR.

— **Aizoon** Jacq. Pyr. Toute la chaîne, de la base au sommet. Sur les rochers frais, ombragés ou humides. — Juin, juillet. — AC.

— **Longifolia** Lap. Pyr. Mêmes lieux que le précédent. — Juin, juillet. — AC.

— **Aretioides** Lap. Pyr. Mêmes lieux. — AC.

— **Diapensoides** Bell. Pyr. De Laruns aux Eaux-Chaudes (Léon Duf.), Lapeyr. (page 54 du supplément). — Juillet. — RR.

— **Cæsia** L. Pyr. Pic de Ger, Col de Gabisos, Louctores, Pla Segouné, de Bouye à Cristaous. — Juillet, août. — R.

— **Oppositifolia** L. Pyr. Escala et Salon du Pic de Ger, Aucupat, Pembécibé, Col d'Aubisque, Col d'Arbase, la Cantine près le Col de Tortes, Pic d'Eras taillades et de Pènes Blanques à Gabisos, Pla Segouné, Amoulat, Col d'Aspe, Montagnot des Englas, Pic d'Anie. — Juin, juillet. — AC.

Chrysosplenium Alternifolium L. A rechercher dans notre région, où on l'a indiqué peut-être à tort.

Chrysosplenium Oppositifolium L. Land. et Bas.-Pyr. Lieux
ombragés et humides, sur les bords des
cours d'eau de la plupart de nos vallées,
dans les terrains siliceux, granitiques ou
ophitiques. — Avril, juin. — AC.

OMBELLIFÈRES

Daucus Carota L. Land. et Bas.-Pyr. Prés, champs, pâturages. — Du printemps à l'automne. — CC.
Gummifer Lam. Bas.-Pyr. Falaises du littoral, d'Hendaye à Biarritz et Chambre-d'Amour. — Juin, août.
— AC.
Var. *Maritimus* With. Mêmes lieux.
Turgenia Latifolia Hoffm. Bas.-Pyr. Boucau (dans la propriété Laclau) et Camp Saint-Léon (Bayonne), où
elle nous a paru apportée dans des semis ou des
fourrages. — Juin, juillet. — R.
Caucalis Daucoides L. Bas.-Pyr. Au moulin d'Esbouc. Avec
la précédente, et due probablement à la même
cause. — R.
Ces deux plantes des moissons calcaires ne pa-
raissent pas appartenir à notre région.
Torilis Anthriscus Gmel. Land. et Bas.-Pyr. Mont-de-Mar-
san, Saint-Sever, Dax, Lit, Capbreton, Bayonne,
Baïgorry, Boucau, bords des haies, des chemins. —
Mai, juin. — R.
— **Helvetica** Gmel. Land. et Bas.-Pyr. Les champs, les
haies, bords des chemins. — Juin, août. — C.
— **Nodosa** Gœrtn. Land. et Bas.-Pyr. Bords des che-
mins, pied des murs, décombres. — Avril, mai. —
AC.
Coriandrum Sativum L. Bas.-Pyr. Jetée du Boucau, arsenal
maritime. — Juin, juillet. — Subspontanée,
apportée probablement dans le lest.
Laserpitium Latifolium L. Pyr. Mont Hourat, Pic de Ger,
Pembécibé. — Juillet, août. — R.
— **Nestleri** Soy.-Will. Pyr. Poursiugues, Gabisos,
Col de Tortes, près d'Arbase, Plateau du
Goust, Eaux-Chaudes. — Juin, juillet. — R.
— **Gallicum** C. Bauh. Pyr. Rochers entre les
Eaux-Chaudes et Gabas. — Juillet. — RR.
— **Siler** L. Darracq indique cette plante dans les
Pyrénées, sans préciser. — Juillet.
— **Prutenicum** L. Land. et Bas.-Pyr. Les Bruyè-
res, les landes et les bois de toute la région.
— Juillet, août. — C.
Var. B. *Glabratum* DC. Mêmes lieux, plus
commun que le type.

Angelica Sylvestris L. Land. et Bas.-Pyr. Prés, bois humides, bords des eaux. — Juin, août. — C.

Var. *B. Elatior* Wahl. Région sous-pyrénéenne et pyrénéenne. Montagne d'Aas.

— **Razulii** Gouan. Pyr. Vallée d'Aspe, Sarrance, Bedous, Aydius, Lescun, près de la Cascade, St-Michel, Arnéguy, St-Jean-Pied-de-Port (M. Richter), prairies. — Juillet. — R.

— **Pyrenæa** Spreng. Pic de Ger, Callongues d'Ayous, pâturages. — Juillet, août. — R.

Peucedanum Officinale L. Bas.-Pyr. Mouguerre, Villefranque, Bidart (à Mouligna), Hendaye, Urrugne, etc. Landes humides. — Août, septembre. — R.

— **Cervaria** Lap. Thore (page 98) indique cette plante dans les Landes, sans préciser. Elle vient habituellement sur les collines calcaires boisées et dans les bruyères. — Juillet, août.

— **Oreoselinum** Mœnch. Thore. Même indication. Vient dans les mêmes lieux, mais plus découverts et plus sablonneux.

Nous recommandons ces deux belles ombellifères, qui s'élèvent à 1 mètre environ, et qu'on retrouvera sans doute, bien que nous n'ayons pu les découvrir dans la région.

— **Carvifolium** Vill. (Bas.-Pyr. Du Socoa à

Selinum Chabræi Gaud. (Hendaye. Prairies humides des Falaises (M. Foucaud). — Juillet, août. — R.

Pastinaca Sativa L. Land. et Bas.-Pyr. Collines, vallées, lieux incultes. — Juillet, août. — AC.

— **Urens** Req. Bas.-Pyr. Bayonne, Biarritz, St-Jean-Pied-de-Port, Uhart-Cize (M. Richter). — Juillet, août. — R.

— **Opaca** Bernh. Land. et Bas.-Pyr. Mont-de-Marsan, Ascarat, St-Jean-Pied-de-Port (M. Richter), Biarritz, Bayonne. Mêmes lieux que la précédente. — Juillet. — R.

Heracleum Sphondylium L. Land. et Bas.-Pyr. Bois et prairies. — Mai, octobre. — AR.

— **Æstivum** Jord. Pyr. Laruns (M. Loret). — Juillet, septembre. — RR.

— **Pyrenaicum** Lam. Land. et Bas.-Pyr. Peyrehorade, Sorde, Bayonne, Anglet (quartier de la Chambre-d'Amour), Bidart, Guéthary, principalement sur les talus de la voie ferrée. Abonde à Biarritz. Région montagneuse. — Mai, septembre. — AC.

Tordylium Maximum L. Land. et Bas.-Pyr. St-Sever, Billère (vallée d'Ossau), bords des haies, des chemins, lieux pierreux. — Juin, août. — RR.

Crithmum Maritimum L. Land. et Bas.-Pyr. D'Hendaye à la Teste, sur les rochers, les falaises et les plages. — Juillet, août. — C.

Meum Athamanticum Jacq. Pyr. Col d'Iseye, d'Anéou, Lescun, Urdos, le Roumiga (près de la roche de Fluorina. — Juillet, août. — R.

Sileus Pratensis Besser. Land. et Bas.-Pyr. Prairies humides des bords de l'Adour et du Gave, Hastingues, Uhart-Cize, Bayonne, Lahonce, Peyrehorade, Orthevielle. — Juillet. — R.

Ligusticum Pyrenæum Gouan. Pyr. Lescun, Lées, Urdos. — Août. — RR.

Dethawia Tenuifolia End. L. Pyr. Çà et là, sur les rochers des vallées et des montagnes. — Juillet, août. — AC.

Seseli Tortuosum L. Land. Environs de Saint-Sever, coteaux, rochers. — Juillet, août. — RR.

— **Montanum** L. Land. Bas.-Pyr. Peyrehorade, Sorde, Puyoo, Bellocq, Salies, vallées pyrénéennes, Eaux-Bonnes, Pènes Blanques, Saint-Jean-Pied-de-Port, Lescun, Béhobie, Hendaye, St-Jean-de-Luz. Coteaux calcaires. — Août. — RR.

— **Libanotis** Koch. Pyr. Rochers des vallées d'Aspe, d'Ossau et de la Soule; Saint-Jean-Pied-de-Port. — Juillet, septembre. — R.

— **Sibthorpii** Gdr. Gr. Bas.-Pyr. Biarritz, sur les rochers et les falaises, principalement à la Chambre-d'Amour et à la Chinaougue. — Juillet. — RR.

Fœniculum vulgare Gœrtn. Land. et Bas.-Pyr. Montagnes et coteaux arides, pierreux ou sablonneux. — Juillet, août. — C.

Æthusa Cynapium L. Land. et Bas.-Pyr. Environs de St-Sever, Dax et Bayonne. Champs, lieux cultivés. — Juin, octobre. — R.

Œnanthe Crocata L. Land. et Bas.-Pyr. Marécages, bords des fossés, des rivières, dans toute la région. — Juin, juillet. — CC. à Bayonne.

— **Pimpinelloides** L. Land. et Bas.-Pyr. Prairies élevées et versants des collines. Çà et là, mais plus commun dans la région maritime. — Mai, juin. — AC.

— **Lachenalli** Gmel. Landes et Bas.-Pyr. Prairies humides bordant les cours d'eau de toute la région; plus commun dans les marécages maritimes. Juin, juillet. — AC.

— **Peucedanifolia** Poll. Land. et Bas.-Pyr. Prés bas

et humides, bords des eaux, Saint-Sever, Dax, Bayonne, etc. — Juin, juillet. — Moins commune que les précédentes.

Œnanthe Fistulosa L. Land. et Bas.-Pyr. Fossés, Marais, Etangs, dans les parties marécageuses. Eaux stagnantes. — Juin, juillet. — AR.

— **Phellandrium** Lam. Land. et Bas.-Pyr. St-Sever, Peyrehorade, Dax et environs, Bayonne, Orx, etc. Fossés profonds, lacs, étangs du littoral. — Juillet, septembre. — AC.

Bupleurum Rotundifolium L. Trouvée çà et là dans des terrains vagues et dans des prairies artificielles, où elle ne se maintient pas.

— **Protactum** Linck. Dans les mêmes conditions que la précédente. Ces deux plantes ségétales semblent ne pas appartenir à la région.

— **Augulosum** L. Pyr. Pic de Ger, Anouilhas, Balour, Aucupat, Pics du Midi d'Ossau, d'Anie et de Lazive, Louctores, Col de Tortes, Château Pignon, Mont Orion à Irati. — Juillet, août. — AR.

— **Ranuncaloïdes** L. Pic de Ger, Crêtes d'Anouilhas, Counques, Pic de Césy, Col de Tortes, Fontaine de Gabisos, Lescun. Pâturages. — Juillet, août. — AR.

Var. *Caricinum* DC. Pic de Ger, près d'Aucupat.

— **Gramineum** Vill. Pyr. Mont Hourat, Pic de Ger, entre Bouye et le Capéran. Pic de Césy, Pont d'Escot, Accous. — Juillet, août. — R.

— **Affine** Sadler. Bas.-Pyr. Ispoure (M. Richter). — Juillet, août. — RR.

— **Tenuissimum** L. Land. et Bas.-Pyr. St-Sever, Dax, Bayonne, Guéthary, St-Jean-de-Luz, etc. Coteaux, pelouses, falaises. — Juillet, septembre. — AC.

— **Aristatum** Bartling. Land. et Bas.-Pyr. La Teste, Anglet (dunes herbeuses près du lavoir de l'Hippodrome et de la Barre), Bidart, falaises d'Ilbaritz, entre le gypse et le four à chaux. Coteaux, lieux rocailleux ou sablonneux incultes. — Juillet. — RR.

— **Falcatum** L. Pyr. Vallées d'Aspe, d'Ossau, de la Soule, etc. Environs de St-Jean-Pied-de-Port, sur les rochers, les versants. — Août, septembre. — AR.

Berula Augustifolia Koch. (Land. et Bas.-Pyr. Ruisseaux,
Sium Angustifolium L. (fossés, étangs. — Juillet, août. — C.

Pimpinella Magna L. Land. et Bas.-Pyr. Dax, Bayonne, Mont-de-Marsan, Mouguerre, St-Sever, etc. Prés, bords des haies, des bois, lieux frais. — Mai, juillet. — R. Commune dans la vallée d'Aspe.

Var. *Dissecta* Retz. Mêmes lieux.

— **Saxifraga** L. Land. et Bas.-Pyr. Lieux secs, incultes, bords des chemins, coteaux. — Juillet, septembre. — AC.

On trouve sur les falaises une variété à feuilles très découpées.

Bunium verticillatum Godr. Gr. (Land. et Bas.-Pyr. Prés
Carum verticillatum Koch. (marécageux de toutes nos vallées, bois et landes humides des terrains tourbeux ou granitiques. - Juin, septembre. — C.

— **Alpinum** Waldst. et Kit. Pyr. Callongues d'Ayous, Col d'Iseye, Pic d'Anie, Grande Raillère du Pic d'Ossau, sur les rochers. — Mai, juin. — RR.

Anem Majus L. Bas.-Pyr. Bayonne, Boucau, St-Jean-de-Luz. Lieux cultivés ou stériles, champs de luzerne. — Juin, juillet. - R.

B. *Intermedium* Nob. Champs de luzerne sur le plateau du camp Saint-Léon. — RR.

— **Visnaga** Lam. Indiquée à St-Sever, et par Lapeyrouse dans le Pays Basque, croit comme la précédente dans les champs, les lieux cultivés, où elle se maintient difficilement.

Sison Amoneum L. Land. Labatut. Lieux frais, bords des chemins, des haies, dans les buissons des terrains argileux ou calcaires. — Juillet. — RR.

Ptychotis Heterophylla Koch. Pyr. Des Eaux-Chaudes à Gabas. — Juillet. — RR.

— **Thorei** Gdr. Gr. Land. et Bas.-Pyr. Pâturages marécageux, lieux inondés une partie de l'année, Dax, Izosse, Narrosse, Lit, St-Julien, Mézos, Seignosse, Sanguinet, Gazinet, Aureilhan, Mimizan, Parentis, la Teste, et près de la Négresse, sur les bords du lac de Brindos, etc. — Août, septembre. — R.

Helesciadium Nodiflorum Koch. Land. et Bas.-Pyr. Fossés, marais, ruisseaux, eaux stagnantes.—Juillet, septembre. — C.

— **Repens** Koch. Land. et Bas.-Pyr. St-Sever, Dax, Tercis, Narrosse, Mugron, Bayonne, etc. Prairies tourbeuses, marécageuses. — Juillet, septembre. — R.

— **Leptophyllum** DC. Bas.-Pyr. Plante d'Amérique naturalisée à Orthez (M. Loret). — Juillet. — RR.

Helesciadum Inundatum Koch. Land. et Bas.-Pyr. St-Sever,
Dax, St-Vincent-de-Xaintes, de Paul, Té-
thieu, Pontonx, Bayonne, St-Etienne d'Or-
the, Esbouc, Négresse, etc., etc. Marais,
étangs, fossés tourbeux, eaux stagnantes. —
Juin, juillet. — AC.
Trinia Vulgaris DC. Bas.-Pyr. Pic de Ger au-dessous du
Capéran, Crêtes du Courzy, Mouguerre, Lahonce.
Plante des coteaux calcaires. — Avril, mai. — RR.
Petroselinum Segetum Koch. Land. Environs de St-Sever.
Champs calcaires ou argileux. — Juillet,
août. — RR.
— **Sativum** Hoffm. Cultivé et subspontané.
Apium Graveolens L. Land. et Bas.-Pyr. Marais, prairies
humides. Abonde dans les pâturages maritimes. —
Juillet, septembre. — C.
Cicuta Virosa L. Land. Etangs de la contrée maritime, Léon,
Soustons, Lit, St-Julien, etc. Très abondante, il y a
quelques années, dans les marais d'Orx. — Juillet,
août. — R.
Scandia Pectens-Veneris L. Land. et Bas.-Pyr. St-Sever,
Dax, St-Vincent, Œyreluy, Bayonne, St-Etienne,
Boucau, Guéthary, Arnéguy, champs, moissons.
— Mai, juin. — AC.
Anthriscus Vulgaris Pers. Land. et Bas.-Pyr. St-Sever, Dax,
St-Vincent, Tercis, Lit, Capbreton, Bayonne,
Boucau, bords des chemins, lieux incultes, dé-
combres. — Mai, juin. — AR.
— **Sylvestris** Hoffm. Land. et Bas.-Pyr. Mongelos,
Esbouc, Gabas. Thore (105) l'indique en Cha-
losse. Bords des haies, des bois. — Juin. —RR.
Conopodium Denudatum Koch. Land. et Bas.-Pyr. Bois,
haies, buissons, prés, bruyères sèches, terrain
sablonneux. — Mai, juillet. — AC.
Charophyllum Hirsutum L. Pyr. Vallée d'Aspe (près du
Gave), Arnéguy, Esterençuby (M. Richter).
— Juin, juillet. — R.
— **Temulum** L. Land. et Bas.-Pyr. Dans les
haies. — Mai, juin. — AC.
Myrrhis Odorata Scop. Pyr. Asperta, Plateau de Mondeils,
etc. Pâturages pyrénéens. — Juin, juillet. — R.
Smyrnium Olusatrum L. Bas.-Pyr. Bayonne, Anglet, Biar-
ritz, Bidart, Guéthary, etc. Lieux frais, pâtura-
ges, bords des haies, des chemins, surtout dans
la région maritime; abondant à Bayonne, autour
de la ville. — Avril, juin.
Conium Maculatum L. Land. et Bas.-Pyr. St-Sever, Tartas,
St-Julien-en-Born, Cauneille, Orthevielle, Ascarat
(M. Richter), Boucau (sur la levée nord de l'Adour

et à l'entrée des pignadas), Biarritz (au Port des
Pêcheurs), bords des chemins, décombres. — Juillet,
août. — AR.

Hydrocotyle Vulgaris L. Land. et Bas.-Pyr. Bords des étangs,
marais sablonneux et tourbeux. — Juin, août.
— AC.

Astrantia Major L. Pyr. Bonnes, de Bouye à Cristaous;
Lescun, Callongues d'Ayous, Poursiugues, Mont
d'Arrain, etc., pâturages. — Juin, août. — R.

— **Minor** L. Pyr. Pic de Ger, Col du Marcadeau,
frontière espagnole, pâturages. — Juillet. — RR.

Eryngium Bourgati Gouan. Pyr. Pâturages, plateaux et versants des montagnes, dans toute la chaîne. —
— Juillet, septembre. — AC.

— **Campestre** L. Land. et Bas.-Pyr. Lieux arides,
stériles, bords des chemins, falaises. — Juin,
août. — C.

— **Maritimum** L. Land. et Bas.-Pyr. Sables maritimes d'Hendaye à la Teste. — Juin, août. — AC.

Sanicula Europæa L. Land. et Bas.-Pyr. Bois humides, lieux
frais couverts. -- Mai, juin. — AC.

ARALIACÉES

Hedera Helix L. Land. Bas.-Pyr. Murs, rochers, haies,
vieux arbres. — Août, octobre. — CC.

CORNÉES

Cornus Sanguinea L. Land. et Bas.-Pyr. Haies, bois. — Mai,
septembre. — AC.

LORANTHACÉES

Viscum Album L. Land. et Bas.-Pyr. Sur les pommiers, les
poiriers et les peupliers. — Mars, août. — AC.

CAPRIFOLIACÉES

Sambucus Ebulus L. Land. et Bas.-Pyr. Bords des haies,
des chemins et des fossés. Terrains calcaires
et argilo-calcaires. — Juin, septembre. — C.

— **Nigra** L. Land. et Bas.-Pyr. Bois frais, haies.
— Juin, septembre. — AC.

— **Racemosa** L. Pyr. Pic de Ger, Poursiugues,
Eaux-Chaudes, Sarrance, Bedous, etc. — Mai,
septembre. — R.

Viburnum Tinus L. Bas.-Pyr. Subspontané depuis 40 ans
sur une colline élevée d'Urcuit, près de la halte.

10

Viburnum Lantana L. Land. et Bas.-Pyr. St-Sever, Puyoo, Labatut, Cauneille, Peyrehorade, Larceveau, Uhart-Cize, vallée d'Aspe. Haies et bois, terrain calcaire. — Mai, août. — AR.

— **Opulus** L. Land. et Bas.-Pyr. Bords des eaux, taillis, bois humides. — Mai, septembre. — C.

Lonicera Periclymenum L. Land. et Bas.-Pyr. Les haies, les bois. — Juin, août. — AC.

— **Xylosteum** L. Land. et Bas.-Pyr. Bords des bois, haies et buissons de la région montagneuse. Béhérobie (M. Richter). — Mai, juin.   R.

— **Nigra** L. Pyr. parties boisées des montagnes. — Mai, juin. — R.

— **Pyrenaica** L. Pyrénées élevées. Pics de Ger, de Gabisos, de Lazive, de Césy, d'Anie. Cols d'Anéou, de Sallent, de Bonnes à Bages, Pembécibé, Mont Couges, Mont Laid, Lescun, Urdos, etc. — Juin, juillet. — AR.

RUBIACÉES

Rubia Peregrina L. Land. et Bas.-Pyr. Çà et là, dans les haies de toute la région. — Mai, août. — AR.

   Var. *A Latifolia.* ⎱ Mêmes lieux.
   — *B Intermedia.* ⎰

   — *G Augustifolia.* Dunes et pignadas, contrée maritime.

— **Tinctorum** L. Land. et Bas.-Pyr. Haies et bords des chemins. Mt-de-Marsan, Dax, Peyrehorade, Bayonne, Bassussarry, Arraunx, Ustaritz, Boucau, etc. — Mai, juin. — AR.

Galium Cruciata Scop. Land. et Bas.-Pyr. Bords des bois, des haies, les buissons et les prés. — Mars, mai. — C.

— **Vernum** Scop. Land. et Bas.-Pyr. Lieux incultes, bords des haies, des bois, des chemins et des bruyères de la plaine et de la montagne. — Mai, juillet. — AC.

   Var. *A Bauhini.* ⎱ Mêmes lieux.
   — *B Halleri.* ⎰

— **Rotundifolium** L. Pyr. Pic de Ger, Aucupat. Lieux boisés. — Mai, juin. — RR.

— **Boreale** L. Bas.-Pyr. Mouguerre, Bayonne, du Socoa à la pointe Sainte-Anne (Ciboure, M. Foucaud). Terrains incultes, humides. — Juin. — R.

— **Glaucum** L. Land. et Bas.-Pyr. Peyrehorade, sur les bords du Gave, piste de l'Hippodrome (Anglet). — Juin, juillet. — RR.

— **Arenarium** Lois. Land. et Bas.-Pyr. Sables maritimes d'Hendaye à la Teste. — Juin, septembre. — C.

Gallium Verum L. Land. et Bas.-Pyr. Prairies, landes, bords, des haies. — Juin, juillet. — AC.
Var. *G. Littorale* Brebis. Dunes et falaises.
— **Decolorans** Gr. Gdr. Land. et Bas.-Pyr. Mont-de-Marsan, Dax, Bayonne, Boucau, Bidart, Guéthary. Mêmes lieux que le précédent; plus commun dans la contrée maritime et les pignadas. — Juin, juillet. — R.
— **Sylvaticum** L. Land. et Bas.-Pyr. Dax, Mont-de-Marsan, St-Jean-Pied-de-Port (M. Richter), Saint-Michel, forêt d'Irati, Esterençuby, le long de l'Oubeltcha allant au Château, vallée d'Aspe, Peyrehorade. — Juin, juillet. — R.
— **Elatum** Thuill. (Land. et Bas.-Pyr. St-Sever, Bayon-
Mollugo L. (ne, Bidart, Arbonne, etc., etc. Sables maritimes, dans les haies, les buissons.—Juin, août. — C.
— **Erectum** Huds. Land. et Bas.-Pyr. Peyrehorade, sur la colline d'Apremont (Flore I. Léon', 63), Dax en 1864 (sur les quais, au bas du vieux Château), Bayonne. — Mai, juin. — R.
— **Cinereum** All. Land. St-Sever (Perris). Lieux secs, pierreux. — Juin, juillet. — RR.
— **Scabridum** Jord. Bas.-Pyr. Saint-Jean-Pied-de-Port (M. Richter). — Juin. — RR.
— **Timeroyi** Jord. Bas.-Pyr. St-Jean-pied-de-port, Bidarray. — Juin, juillet. — RR.
— **Commutatum** Jord. Pyr. Urdos, Cette-Eygun, pâturages des montagnes. — Juin, juillet. — RR.
— **Sylvestre** Poll. Land. et Bas.-Pyr. St-Paul-lès-Dax, dans les prairies de Quillac, Ossès (M. Richter). — Mai, juin. — RR.
— **Montanum** Vill. Pyr. Pic de Ger, Aucupat, Lasse. — Juin, juillet. — RR.
— **Lapeyrousianum** Jord. Pyr. Rochers du Col de Sallent, frontière espagnole. — Juillet. — RR.
— **Cæspitosum** Ram. Pyr. Vallées d'Aspe et d'Ossau, Louvie, Laruns, Bonnes, Pic de Ger, pied d'Aucupat, Anouilhas, Case de Broussette. — Juillet.—R.
— **Pyrenaicum** Gouau. Pyr. Vallées d'Aspe et d'Ossau, Louvie, Laruns, Pic de Ger, Anouilhas et pied d'Aucupat, Bécotte des Englas.—Juin, juillet. AR.
— **Saxatile** L. Pyr. Anouilhas, Mont Isey, St-Jean-pied-de-port, St-Michel (M. Richter), la Rhune, le mont d'Arrain, etc. — Juin, août. — R.
— **Palustre** L. Land. et Bas.-Pyr. Fossés, marécages, lieux fangeux. — Mai, juillet. — AC.
— **Elongatum** Presl. Land. et Bas.-Pyr. Mêmes lieux que le précédent. — Juin, juillet. — AR.

Galium Debile Desv. Land. et Bas.-Pyr. Mont-de-Marsan, Sanguinet, Dax, St-Vincent-de-Xaintes, Bayonne. — Juillet, août. — AC.

— **Uliginosum** L. Land. et Bas.-Pyr. Marécages, fossés, prés tourbeux. — Mai, août. — C.

— **Parisiense** L. | L. Land et Bas.-Pyr. Dax, Saint-
Anglicum Huds. | Sever, Peyrehorade, Mont-de-
Ruricolum Jord. | Marsan (Perris), Boucau, Pissos, Gamarthe. Lieux secs, collines. — Juin, juillet. — RR.

— **Aparine** L. Land. et Bas.-Pyr. Haies et buissons. — Juin, septembre. — C.

— **Tricorne** With. Land. et Bas.-Pyr. St-Sever, Dax, Bayonne, Mouguerre, Briscous, Guéthary, etc. Moissons calcaires ou argilo-calcaires. — Juillet, septembre. — AR.

Asperula Odorata L. Bas.-Pyr. Saint-Jean-Pied-de-Port (Darracq), dans les bois. — Mai, juin. — RR.

— **Cynanchica** L. Land. et Bas.-Pyr. Dunes du littoral, collines sèches, et dans les montagnes. Bonnes, Pas de l'Ours, Lescun, Raillère du Pic de Césy, etc. — Mai, juillet. — C.
Var. *Capillacea* Béhorléguy (M. Richter).
— *Glabra* Orisson   Id.
— *B. Densiflora.* Sables maritimes.

— **Hirta** Ram. Pyr. Salon du Ger, Cujalat du Ger, Anouilhas, Pas de l'Ours, de Bouye à Cristaous, Raillère du Pic d'Ossau, Raillère du Pic de Césy, dans les rochers. — Juin, juillet. — AR.

— **Arvensis** L. Land. et Bas.-Pyr. Tarnos (sur la piste établie par M. Guilhou), Boucau (propriété Laclau), Bayonne (au bas de la citadelle et emplacement de l'ancien camp St-Léon). — Mai, juin. — R.
Plante des moissons calcaires, venue accidentellement dans les lieux ci-dessus.

Sherardia Arvensis L. Land. et Bas.-Pyr. Champs, jardins, lieux cultivés. — Mai, septembre. — C.

VALÉRIANÉES

Centranthus Ruber DC. Land. et Bas.-Pyr. Mont-de-Marsan, Dax, Bayonne, Bidart, Guéthary, etc., etc. Sur les vieux murs. — Mai, août. — AC.

— **Calcitrapa** Dufr. Bas.-Pyr. Bayonne, remparts et murs des fortifications, empierrements des quais, banquettes et vieux murs. St-Jean-Pied-de-Port (M. Richter). — Mai, juin. — R.

Valeriana Officinalis L. Land. et Bas.-Pyr. Bords des eaux, des fossés. Bois humides. — Juillet, août. — C.

— **Pyrenaica** L. Pyr. Bious-Artigue, forêt de Gabas, Aydius, forêt d'Irati, aux bords de l'Ourbeltcha (rivière noire). Bois humides. — Juin, juillet. — R.

— **Sambucifolia** Mill. Bas.-Pyr. Ispoure (M. Richter). Vallée d'Ossau (de Louvie à Laruns), vallée d'Aspe (de Sarrance à Urdos). — Juin, juillet. — R.

— **Dioica** L. Land. et Bas.-Pyr. Prairies marécageuses. Bois humides. — Mai, juin. — C.

— **Tuberosa** L. Pyr. Le Roumiga, Mont Anéou, au-dessus de Gabas, col d'Iseye, Broussette. — Mai, juin. — RR.

— **Globulariæfolia** Ram. Pyr. Salon et Cujalat du Ger, Anouilhas, Aucupat, Sesques, Escala de Magnabatch, Pic d'Anie, Raillère à l'est du pic de Césy, vallées d'Aspe et d'Ossau. — Juin, août. — AC.

— **Montana** L. Pyr. Géougues, Crêtes d'Anouilhas, Pas de l'Ours, Balour, Louctores, Pics de Ger et d'Anie, grande Raillère et pic de Césy, Mont Artza, Béhérobie. — Juin, juillet. — AR.

Valerianella Olitoria Poll. Land. et Bas.-Pyr. Lieux cultivés. — Mars, avril. — C.

— **Carinata** Lois. Land. et Bas.-Pyr. Lieux cultivés, bords des chemins. — AC.

— **Auricula** DC. Land. et Bas.-Pyr. Moissons, terrains sablonneux et calcaires. — Juin, juillet. — AC.
     Var. *Rimosa Bast.* — Mêmes lieux.
     Var. *Dusycarpa.* — Mêmes lieux.

— **Microcarpa** Lois. Land. Tarnos (Perris). Moissons. — Mai. — RR.

— **Morisonii** D. C. Land. et Bas.-Pyr. Bayonne, Boucau, Biarritz, Samadet, Ascarat, Ispoure, St-Jean-Pied-de-Port (M. Richter), Itsatsou. — Juin, août. — AR.

— **Eriocarpa** Desv. Land. et Bas.-Pyrén. Mont-de-Marsan (Perris). Bayonne, dans le camp Saint-Léon, bords de la route de Biarritz sur Anglet, Boucau. Champs. — Avril, mai. — RR.

— **Coronata** DC. Land. Mont-de-Marsan (Perris). Roquefort, St-Justin (Léon Dufour). Moissons. — Juin, juillet. — RR.

DIPSACÉES

Dipsacus Sylvestris Mill. Land. et Bas.-Pyr. Lieux incultes, bords des chemins. — Juin, août. — C.

Cephalaria Leucantha Schrad. Lesauvage indique cette plante de Bayonne à Pampelune, sans préciser. — Juillet, août.

Knautia Arvensis Koch. Land. et Bas.-Pyr. Bords des chemins, prairies, champs calcaires. — Juin, août. — AR.

—   **Dipsacifolia** Host.   ) Land. et Bas.-Pyr. La plu-
        Scabiosa Sylvatica L.) part des vallées basses et humides de la région, dans les parties boisées, vallée d'Ossau, environs des Eaux-Bonnes, Saint-Pée-sur-Nivelle. — Juin, juillet. — AR.

—   **Longifolia** Koch. Pyr. St-Jean-Pied-de-Port (M. Richter), de Bedous à Aydius. Pâturages humides. — Juin, juillet. — RR.

Scabiosa Maritima L. Land. et Bas.-Pyr. Capbreton, Tarnos, Bayonne, St-Jean-de-Luz, Ciboure, Anglet, Biarritz. Dunes, bords des pignadas, contrée maritime. — Juin, juillet. — AR.

—   **Columbaria** L. Land. et Bas.-Pyr. Mont-de-Marsan, Peyrehorade, Bayonne, etc. Prairies sèches, collines. — Juin, septembre. — R.
        Var. *B. Vestita*. Château Pignon, contrée montagneuse.

—   **Lucida** Vill. Pyr. Bonnes, Pembécibé. — Août. — RR.

—   **Gramuntia** L. Pyr. Fontaine de Lourdé, Pic de Césy. — Juillet, août. — RR.

—   **Succisa** L. Land. et Bas.-Pyr. Prairies humides, pâturages, landes, bois. — Juillet, octobre. — CC.

—   **Rubescens** Jord. Pyr. Col d'Aspe (herbier Darracq). — Juillet, août. — RR.

SYNANTHERÉES

Eupatorium Cannabinum L. Land. et Bas.-Pyr. Bords des eaux, bois, fossés, ruisseaux. — Juin, août. — CC.

Adenostyles Albifrons Rchb. Pyr. Eaux-Bonnes, Gazies, Pic d'Anie, St-Jean-pied-de-port, forêt d'Irati. — Juillet, août. — R.

Homogyne Alpina Cass. Pyr. Eaux-Bonnes (promenade Jacqueminot), Crêtes d'Anouilhas, Bécotte des Englas, Pic de Césy, Col de Sallent. — Juillet, août. — R.

Petasites Fragrans Presl. Land. et Bas.-Pyr. Mont-de-Marsan, Dax, Bayonne, St-Jean-pied-de-port, etc. Lieux frais, humides, près des habitations. Abondant sur les bords du chemin de fer à Bayonne. — Décembre, mars. — C.

Tussilago Farfara L. Land. et Bas.-Pyr. Terrains humides, argileux, champs, vignes, falaises et montagnes. — Février, avril. — AC.

Solidago Virga Aurea L. Land. et Bas.-Pyr. Bois, coteaux, jusque dans les Pyr. Pic de Ger, Aucupat.—Juin, août. — C.

    Var. *A. Vulgaris* Koch. Mêmes lieux.

    Var. *B.* { *Reticulata* DC. et Lapeyrouse.
           { *Macrorhiza* Lange Flor. Hispan.(p. 39).
           { *Minuta* Thore.

    Dunes et falaises, d'Hendaye à la Teste, et dans les Pyr. — C.

— **Canadensis** L. Land. et Bas.-Pyr. Çà et là près des habitations, où cette plante est naturalisée.

— **Glabra** Desf. Land. et Bas.-Pyr. Naturalisée sur les bords de l'Adour et du chemin de fer.

Linosyris Vulgaris DC. Bas.-Pyr. Biarritz (au dessus de la Chambre-d'Amour), Socoa. — Juillet, septembre. — RR.

Conyza Ambigua DC. Land. et Bas.-Pyr. Lieux cultivés, bords des chemins. — Juin, août. — C.

Erigeron Canadensis L. Land. et Bas.-Pyr. Dans tous les terrains. — Juin, octobre. — CC.

— **Acris** L. Land. et Bas.-Pyr. Lieux secs, arides, incultes, murs, coteaux. — Juin, août. — AC.

— **Alpinus** L. Pyr. De Louctores à Aucupat, Gabisos, Accous, Mont Laid, case de Broussette.—Juillet, août. — AR.

— **Uniflorus** L. Pyr. Gourzy (Em. Desvaux), le Capéran, de Bouye à Cristaous, Col de Gabisos, deuxième Cheminée du Pic d'Ossau, montagnes d'Aas, le Roumiga. — Juillet, août. — AC.

Vittadinia Trilobata Bas.-Pyr. Naturalisé à Sainte-Croix, Camiade et Jacquemin (Bayonne). Sur les vieux murs et les rochers.

Aster Alpinus L. Pyr. Pic de Ger, Crêtes d'Anouilhas, Pas de l'Ours, de Bouye à Cristaous, Col d'Arbase, du Col de Saucède au Col de Tortes, Cabane de Gourziotte, Grande Raillère du Pic de Césy, Col de Sallent, Lescun, Pic d'Anie. — Juillet, août. — AC.

— **Tripolium** L. Land. et Bas.-Pyr. Abondant dans les lieux salés humides du littoral, remonte assez haut sur les bords des cours d'eau dans l'étendue des marées. — Août, septembre. — C.

Aster Brumalis Nees. Sur nos confins. La Teste de Buch. Gr. Gdr. 102. — Août, septembre. — RR.

— **Acris** L. Trouvé par Darracq dans les Allées-Marines, paraît avoir disparu. — Juillet, août.

Bellis Perennis L. Land. et Bas.-Pyr. Praïries, pelouses, bords des chemins. Toute l'année. — CCC.

Aronicum Doronicum Rchb. Pyr. Anouilhas, Aucupat, Louctores, Mont Couges, Pas de l'Ours, Crêtes de Bréca, Bécotte des Englas, Rasure de Louesque, Pic d'Eras taillades, Pic de Césy, Col d'Iseye, Pic d'Anie. — Juillet, août. — AC.

— **Scorpioides** DC. Louctores, Mont Couges, Pas de l'Ours, Capéran, Plateau de Mondeils, Bécotte des Englas, Lac de Louesque, la Scaletta d'Eras taillades. — Juillet, août. — AC.

Var. *B Pyrenaica* Gay. Capéran.

Arnica Montana L. Pyr. Mont Izey, Gazies, montagne verte, Aas, pâturages et marécages. — Juin, juillet. — R.

Var. *B. Augustifolia* Dub. *Cineraria Cernua* (Thore, 344). Landes, Dax, St-Paul, Mées, St-Vincent-de-Xaintes, St-Vincent-de-Paul, Buglose, Téthieu, Pontonx, etc. Dans les parties basses et marécageuses des Landes, où cette plante est très abondante. — Mai, juillet.

Senecio Vulgaris L. Land. et Bas.-Pyr. Lieux cultivés; toute l'année. — CC.

— **Viscosus** L. Bas.-Pyr. Bayonne, Boucau, Bonnes, St-Jean-Pied-de-Port. — Juin, septembre. — R.

— **Sylvaticus** L. Land. et Bas.-Pyr. Bois sablonneux, champs, bruyères. — Juin, août. — AC.

— **Lividus** L. Land. et Bas.-Pyr. Littoral, sable maritime et pignadas du rivage de Biarritz à la Teste. — Avril, mai. — AR.

— **Adonidifolius** Lois. Land. et Bas.-Pyr. Mont-de-Marsan (Perris). Vallées d'Aspe et d'Ossau, Ispoure, Aincille (M. Richter). De Bonnes à Bagès, Montagne verte, Baïgorry, sommet du Mont d'Arrain, Sarrance, Bedous, Lescun. — Juillet, août. — AC.

— **Aquaticus** Huds. Land. et Bas.-Pyr. Prés, bois humides, bords des eaux, marécages. — Juin, août. — C.

— **Erraticus** Bertol. Land. et Bas.-Pyr. Dax, Peyrehorade, Bayonne, Guéthary, Arcangues, Ahetze, St-Jean-de-Luz, St-Jean-Pied-de-Port, Bonnes, etc. Prés, bois humides. — Juin, août. — AR.

— **Jacobæa** L. Land. et Bas.-Pyr. Prés, bords des chemins. — Juin, juillet. — C.

— **Erucifolius** L. Land. et Bas.-Pyr. Mont-de-Marsan,

Dax, Boucau, Bayonne, Lahonce, Bassussarry,
Hendaye, etc. Lieux humides, buissonneux ou
boisés. — Juin, août. — AR.

Senecio Saracenicus L. Land. et Bas.-Pyr. Peyrehorade,
Orthevielle, Arbonne, Ahetze, Ascain, St-Jean-
de-Luz, moulin de Brindos sur Anglet, Bayonne,
vallée de St-Etienne, près du Cimetière des
Anglais. Terrain argileux, landes et bois. — Juin,
août. — R.

— **Tournefortii** Lapeyr. Pyr. Vallées d'Aspe et d'Ossau,
Col de Lourdé, lac de Louesque, Pic d'Eras tailla-
des, grande Raillère du pic d'Ossau, pic d'Anie.
Pâturages humides. — Juillet, août. — AR.

— **Doronicum** L. Pyr. Eaux-Bonnes, Mont Laid, Col
de Tortes, Col d'Arbase, Saint-Jean-Pied-de-Port,
Urdos, Lées, pâturages des montagnes. — Juillet,
août. — AR.

— **Spathulæfolius** D. C. Bas.-Pyr. Prairies de la région sous-montagneuse, jusqu'au bord de la mer.
— Mai, juin. — AR.

— **Pyrenaicus** Godr. Gr. Pyr. Bagès, près des Eaux-
Bonnes, Mont d'Arrain, Mont Laid, Col de Tortes,
Château Pignon. — Juillet. — R.

— **Brachychætus** D. C. Pyr. Bidarray, Itsatsou, à la
base du Mont Artza, coteaux boisés de la Nive
entre Cambo et Larressore, Arnéguy, Béhérobie
(M. Richter). — Mars, avril. — R.

Artemisia Absinthium L. Subspontanée autour des habitations. Bayonne, sable des Docks. — RR.

— **Mutellina** Vill. Pyr. Deuxième Cheminée du Pic
d'Ossau, Pènes Blanques d'Eras taillades, Sesques, Mondeils, Gabisos, Col de Peyrotte, Col
d'Iseye, Col d'Aspe. — Juillet, août. — AR.

— **Glacialis** L. Pyr. Pic de Gabisós, base du sommet
du Pic d'Eras taillades, Pics d'Anéou, d'Anie,
Roumiga, Col d'Arbase, hauts sommets. —
Juillet, août. — R.

— **Vulgaris** L. Land. et Bas.-Pyr. Mont-de-Marsan,
Dax, Bayonne, Levée du Boucau, Guéthary,
St-Jean-de-Luz, Ispoure, haies, clôtures, bords
des chemins. — Juillet, août. — AR.

— **Spicata** Wulf. Pyrénées. Pic de Sourins, près des
Englas, vallée d'Aspe. — Juillet, août. — RR.

— **Campestris** L. Land. et Bas.-Pyr. Mont-de-Marsan, Roquefort, Dax, Bayonne, dans le sable.
— Juillet. — AR.

    Var. G. *Maritima* Lloyd. (Sables maritimes
    — *Crithmifolia* D. C. (d'Hendaye à la
Teste. — CC.

Artemisia Glutinosa Gay. Land. et Bas.-Pyr. Dax, Saint-Vincent-de-Xaintes, dans des champs qu'inonde l'Adour lors des crues. Anglet, dunes du littoral, — Août. — RR.

— **Gallica** Wild. Indiquée sur notre littoral (Gr. Gdr. p. 136), nous ne l'y avons pas vue.

Tanacetum Vulgare L. Land. et Bas.-Pyr. Dax, Bayonne, St-Jean-de-Luz, etc. Bords des routes, des levées, lieux frais. — Juin, août. — AR.

— **Balsamita** L. Subspontanée çà et là près des habitations. Bords de la route de Tarnos à Bayonne. — Juillet, août.

Leucanthemum Vulgare Lam. Land. et Bas.-Pyr. Prés, bois. — Juin, juillet.

— **Delarbrei** Timb. Bas.-Pyr. Biarritz, St-Jean-de-Luz, Hendaye. — Juillet. -- RR.

— **Maximum** DC. Pyrén. Mont Artza, Jardin d'Enfer (M. Vidal). — Juin, juillet. —RR.

— **Graminifolium** Lam. Pyr. Pic de Ger, au-dessous d'Aucupat. — Juin, juillet. —RR.

— **Alpinum** Lam. Pyr. deuxième cheminée et portillon du pic d'Ossau, Sesque, Pla Segouné, du Pic d'Eras taillades au lac de Louesque, Col des Englas, Col d'Aspe, grande Raillère du Pic de Césy, Col du Marcadeau, hauts sommets. — Juillet, août. —R.

— **Corymbosum** Gdr. Gr. Pyr. Eaux-Bonnes, Mont Hourat, de Balour à Anouilhas; Pas de l'Ours, Pic de Césy, Saint-Jean-Pied-de-Port. — Juin, août.— R.

— **Parthenium** Gdr. Gr. Land. et Bas.-Pyr. St-Sever, Dax, Garrey, Clermont, Tercis, Peyrehorade, Bayonne, St-Jean-Pied-de-Port, Guéthary, etc. Bords des chemins pierreux, décombres, graviers. — Juin, août. —AR.

Chrysanthemum Segetum L. Land. et Bas.-Pyr. Mont-de-Marsan, Peyrehorade, Tarnos, Boucau, Bayonne. — Moissons, champs en friche. —Juin, août. — R.

Matricaria Chamomilla L. Land. et Bas.-Pyr. Mont-de-Marsan, Dax, Bayonne, etc. Moissons, champs. — Juin. juillet. —AR.

Var. *Suaveolens* L. Le Glain (Bayonne).

— **Inodora** L. Land. et Bas.-Pyr. Champs, moissons. — Juin, septembre. — C.

Matricaria Maritima L. Land. et Bas.-Pyr. Biarritz, Anglet, Boucau, Tarnos, etc. Sables maritimes. — Juillet, septembre. — AR.

Chamomilla Nobilis Gdr. Land. et Bas.-Pyr. Mont-de-Marsan, Dax, Bayonne, St-Jean-Pied-de-Port, etc., etc. Bords des chemins, des landes, pelouses argileuses, pâturages, moissons. — Juin, août. — AC.

— **Mixta** Gdr. Gr. Land. et Bas.-Pyr. Champs sablonneux, moissons, dunes. — Avril, juin. C.

Anthemis Arvensis L. Land. et Bas.-Pyr. Champs, lieux cultivés, printemps et automne. — C.

— **Cotula** L. Land. et Bas.-Pyr. Champs, moissons. — Mai, septembre. — C.

Anacyclus Radiatus Lois. Bas.-Pyr. Trouvée par Darracq et Lesauvage, dans les Allées-Marines et St-Jean-Pied-de-Port; paraît avoir disparu. — Juillet, août.

Diotis Candidissima Desf. Land. et Bas.-Pyr. Sables maritimes du littoral, abondant des deux côtés de l'embouchure de l'Adour jusqu'à la Chambre-d'Amour; plus rare ailleurs. — Juin, août.

Achillea Millefolium L. Land. et Bas.-Pyr. Bords des chemins, lieux incultes. — Juin, septembre. — C.
Var. *B. Setacea* Koch. Mêmes lieux.

— **Ptarmica** L. Bas.-Pyr. Lieux couverts incultes, au bas du coteau St-Bernard, près de l'étang d'Esbouc; Cambo, au bord de la Nive. — Juin, août. — AR.

Bidens Tripartita L. Land. et Bas.-Pyr. Lieux humides, fossés, bords des étangs. — Juin, octobre. — C.

— **Cernua** L. Land. et Bas.-Pyr. Mêmes lieux que le précédent, moins commun. — Juillet, octobre.

Corvisartia Helenium Merat. Indiquée sur la rive gauche de la Nive par Lesauvage, cette grande plante a probablement disparu.

Inula Conyza DC. Land. et Bas.-Pyr. Lieux arides, incultes, coteaux; bords des murs, des chemins, talus des routes. — Juin, août. — AC.

— **Spiræifolia** L. Bas.-Pyr. St-Michel (M. Richter). — Juillet, août. — RR.

— **Crithmoides** L. Land. et Bas.-Pyr. Lieux humides du littoral, marécages maritimes d'Hendaye à la Teste. — Août, septembre. — AC.

— **Montana** L. Bas.-Pyr. Au pied du mont Orisson (M. Richter). — Juin, août. — RR.

Pulicaria Dysenterica Gœrtn. Land. et Bas.-Pyr. Lieux humides, marais, bords des chemins. — Juin, août. — C.

Pulicaria Vulgaris Gœrtn. Land. et Bas.-Pyr. Lieux humides, inondés l'hiver; marais, fossés, ornières des chemins. — Juillet, septembre. — C.

Cupularia Graveolens Gdr. Gr. Land. et Bas.-Pyr. Champs humides, lieux cultivés, frais; plus commun dans le département des Landes. — Août, octobre. — AR.

— **Viscosa** Gr. Gdr. Land. Champs, lieux incultes. — Août, octobre. — RR.

Helichrysum Stœchas DC. Land. et Bas.-Pyr. Commun dans la contrée maritime d'Hendaye à la Teste, sur les falaises et les dunes. Se retrouve çà et là, dans l'intérieur des deux départements, sur les coteaux arides.—Juin, août. — C.

Gnaphalium Lutheo-Album L. Land. et Bas.-Pyr. Sables et champs siliceux humides, bords et lits des étangs lorsque l'eau s'est retirée. — Juin, août. — AC.

— **Sylvaticum** L. Land. et Bas.-Pyr. Çà et là dans les bois montagneux.—Juin, septemb.—AR.

— **Uliginosum** L. Land. et Bas.-Pyr. Bords des eaux, lieux sablonneux, humides, souvent inondés; marécages, vases douces et salées. — Juin, août. — AR.

— **Supinum** L. Pyr. Bords du lac des Englas, Rasure de l'Ouesque, Col du Marcadeau, Pic d'Eras taillades. — Juillet. — RR.

Antennaria Carpatica Bluff et Fing. Pyr. Pic de Ger, pied d'Aucupat, Crêtes d'Anouilhas, Pic de Césy, Col de Tortes, Col d'Aspe. — Juillet, août. R.

— **Dioica** Gœrtn. Pyr. Pic de Ger, aux bords de la source et au pied d'Aucupat, Pics de Césy et d'Anie, Crêtes d'Anouilhas, deuxième Cheminée du Pic d'Ossau, Col de Tortes, Col de Géougue, le Roumiga. — Mai, juin. — R.

Leontopodium Alpinum Cass. Pyr. Gourzy, Col d'Arbase, Géougue, Asperta, de Bouye à Cristaous, Louctores, Mont Couges, Pas de l'Ours, Portillon du Pic d'Ossau, de Balour, Anouilhas, Gesque, Grande Raillère du Pic de Césy, Pic d'Anie, pâturages des sommets. — Juillet, août. — R.

Filago Spathulata Presl. Land. et Bas.-Pyr. St-Sever, Dax, Clermont, Pomarez, Hagetmau, Tarnos, Bayonne, Urt, etc. Dans les champs calcaires, bords des chemins. — Juillet, août. — AR.

— **Germanica** L. Land. et Bas.-Pyr. Mont-de-Marsan, Dax, Bayonne, Esterençuby, etc., etc. Champs sili ceux. — Juillet, août. — Plus commun que le précédent.

Filago Canescens Jord. Var. B. du précédent *Auctorum*, mêmes lieux, surtout en Chalosse, Montfort, Donzacq, St-Cricq, St-Michel. — Juillet, août. — AR.

— **Arvensis** L. Land. et Bas.-Pyr. Moissons, champs siliceux. — Juin, août. — AC.

— **Minima** Fries. Land. et Bas.-Pyr. Champs, moissons, sables incultes et arides de la région pinicole, où cette plante abonde. — Juillet. — C.

Logfia Subulata Cass. Land. et Bas.-Pyr. Mêmes lieux que le précédent. — Juin, août. — C.

Calendula Arvensis L. Land. et Bas.-Pyr. Mont-de-Marsan, Dax, Peyrehorade, Bayonne. Lieux cultivés, vignes. — Mai, septembre. — R.

DIVISION DES CYNAROCÉPHALES

Galactites Tomentosa Mœnch. Nous avons trouvé en 1877, près Blanc Pignon, sur les bords de la jetée nord de l'Adour, cette belle plante, qui n'avait pas encore été signalée dans notre région; elle a été détruite depuis par les dépôts de terre.

Silybum Marianum Gœrtn. Land. et Bas.-Pyr. St-Paul-lès-Dax (chemin du moulin de Cabanes, près de la route de Bordeaux, et chemin d'Abesse entre la même route et Poustagnac). Peyrehorade (au Sablot), Bayonne, Allées-Marines (Darracq), Hendaye (sur les bords du chemin de fer entre la gare et la commune), Boucau, jetée près du dépôt de pétrole. — Juillet, août. — R.

Onopordum Acanthium L. Land. et Bas.-Pyr. Mont-de-Marsan, St-Sever, Tartas, Dax, Boucau, Bayonne, et çà et là dans la région sous-pyrénéenne, lieux incultes, arides, bords des chemins. — Juillet, août. — R.

— **Illyricum** L. Pyr. Dans les anfractuosités de la Raillère d'Aucupat. — Juillet, août. — RR.

Cirsium Lanceolatum Scop. Land. et Bas.-Pyr. Bords des chemins, des routes, lieux incultes, jusque dans les Pyrénées. — Juin, septembre. — C.
Var. B. *Hypoteucum* DC. Mêmes lieux.

— **Eriophorum** Scop. Land. et Bas.-Pyr. Dax, Peyrehorade, Cauneille, Sordè, Bidache, Bidart, Bayonne, Mouguerre, St-Jean-Pied-de-Port, Roncevaux, Géougue, etc., lieux incultes jusque dans les Pyrénées, bords des routes. — Juillet, août. — AR.

— **Richterianum** Gillot. Bas.-Pyr. Mont Orisson,

Château Pignon (M. Richter). — Juillet, août. — RR.

Cirsium Palustre Scop. Land. et Bas.-Pyr. Lieux humides ou marécageux, bois, fossés. — Juillet, août. — C.

— **Palustri-Anglicum** Bas.-Pyr. Environs de St-Jean-Pied-de-Port (M. Richter).

— **Rivulari-Palustre** Nœg. Bas.-Pyr. Urdos, Gabas (M. Loret). — Juillet, août. — RR.

— **Carmolicum** Scop. (Pyr. Eaux-Bonnes (promenade **Rufescens** Ram. (Valentin), Cirque de Leye, cascade de Hèches, Eaux-Chaudes, Bedous, Accous, Gabas, Broussette, parties boisées. — Juillet, août. — R.

— **Monspessulana-Palustre** Philip. et de Jouffr. Pyr. Urdos, Cette-Eygun, Borce. — Juillet. — RR.

— **Monspessulanum** All. Pyr. Vallées d'Aspe et d'Ossau, lieux humides, bords des courants. — Juillet, août. — AR.

— **Bulbosum** DC. Land. et Bas.-Pyr. Mont-de-Marsan, Dax, Peyrehorade, Bayonne, etc. Landes humides, prés, bois marécageux. — Juin, août. — R.

— **Filipendulum** Lange. Mêmes lieux que la *Bulbosum,* dont il paraît être une variété plus commune dans notre région.

— **Anglicum** Lob. Land. et Bas.-Pyr. Mont-de-Marsan, Dax, St-Julien, Mézos, Estibeaux, Habas, Bayonne, Anglet, etc., etc. Pâturages, prés marécageux. — Juillet, août. — AC.

— **Rivulare** Link. Pyr. Vallée d'Ossau et vallée d'Aspe, Urdos, Gabas, etc. — Juin, juillet. — R.

— **Glabrum** DC. Pyr. Pic de Ger au pied d'Aucupat, le Roumiga, Urdos. — Juillet. — RR.

— **Heterophyllum** All. Pyr. Vallées d'Aspe et d'Ossau. — Juin, juillet. — R.

— **Acaule** All. Land. et Bas.-Pyr. Pic de Césy, crêtes de Bréca, Bedous, Osse, Peyrehorade (M. Feraud). — Juillet, août. — R.

— **Anglico-Acaule** Gdr. Gr. Bas.-Pyr. Pau, Espelette (Bernard). - Juillet, août. — RR.

— **Arvense** Scop. Land. et Bas.-Pyr. Lieux cultivés et incultes. Moissons, bords des chemins. — Juillet, août. — CC.

Carduus Tenuiflorus Curt. Land. et Bas.-P. Mont-de-Marsan, Dax, Bayonne, Bidart, etc. Lieux incultes, bords des routes, falaises. —Juin, août. — AR.

— **Pycnocephalus** L. Bas.-Pyr. Bayonne, Boucau, Anglet (à St-Bernard et à la scierie Léglise). Levées de l'Adour, bords des chemins. — Juin, août. — AR.

Carduus Acanthoides L. Land. Grenade - sur - l'Adour (Perris). — Juillet, août. — RR.

— **Nutans** L. Land. et Bas.-Pyr. Mendibelza, Mont-de-Marsan, Dax, St-Sever, Bayonne, etc., bords des chemins. — Juillet, août. — AC.

— **Nigrescens** Will. Bas.-Pyr. Bayonne, en 1880 (quartier St-Léon). — Juin, juillet.

— **Carlinæfolius** Lam. Indiqué vaguement par Darracq aux environs des Eaux-Bonnes. — Juillet, août. — Nous ne l'y avons pas vu, et M. le comte de Bouillé ne le mentionne pas.

— **Medius** Gouan. Pyr. Vallées d'Aspe, d'Ossau, etc, Louvie, Laruns, Gourzy, Balour, Broussette, Col de Sallent, Sarrance, Bedous, St-Jean-Pied-de-Port, etc. — Juillet, août. — AC.

— **Carlinoides** Gouan. Pyr. Pic de Ger, au pied et à la Raillère d'Aucupat, Clot Ardoun, Pic de Césy, Pic d'Amoulat, le Roumiga, Rasure de l'Ouesque sur le Pic d'Eras taillades, lacs d'Arrious et d'Artouste, lac d'Aule, Lescun, Pic d'Anie. — Juillet, août. — AR.

Thaponticum Cynaroides Less. Pyr. Eaux-Bonnes, Mont Laid (Grenier). — Août, septembre. — RR.

Centaurea Amara L. Serotina Bor. Land. et Bas.-Pyr. Landes et bruyères, bords des bois, lieux secs. — Août, octobre. — AC.

— **Duboisii** Bor. Bas.-Pyr. Lieux incultes, sablonneux entre Bayonne et Boucau. — Juillet. R.

— **Jacea** L. Bas.-Pyr. Bidart, St-Jean-Pied-de-Port, Mouguerre, prairies. — Juin. — AR.

— **Decipiens** Thuil. Land. et Bas.-Pyr. Bords des champs, des bois. — Juin, août. — AC.

— **Microptilon** Gdr. Gr. Land. et Bas.-Pyr. Saint-Loubouer, Eugénie-les-Bains (Perris), St-Jean-Pied-de-Port. Bords des bois et des chemins. — Août, septembre. — R.

— **Debeauxii** Gdr. Gr. Land. et Bas.-Pyr. Dax, Saint-Vincent, Yzosse, Narrosse, Bayonne, Bidart, Guéthary, Saint-Jean-Pied-de-Port, etc. Coteaux secs, landes et falaises.—Août, septemb.—AR.

— **Nigra** L. Land. et Bas.-Pyr. Mont-de-Marsan, Dax, Bayonne, Boucau, St-Jean-Pied-de-Port, Bonnes, le Roumiga. Prairies, bords des bois. — Juillet, août. — AC.

— **Montana** L. Pyr. Mendibelza, Arhansus, près Saint-Palais, vallée de la Soule, Col de Tortes, parties boisées. — Juillet, août. — RR.

— **Cyanus** L. Land. et Bas.-Pyr. Çà et là, dans les moissons, surtout en Marensin. — AR.

Centaurea Scabiosa L. Land. et Bas.-Pyr. Dax, Bayonne, Bidart, Arbonne, Pas de l'Ours, Balour, Rochers du Hourat, Lescun, Lées, Cette-Eygun. Bords des champs, lieux stériles. — Juin, août. — R.

— **Leucophæa** Jord. Bas.-Pyr. Piste de l'hippodrome (Anglet), en 1881. — Juillet, août. — RR.

— **Aspera** L. Land. et Bas.-Pyr. Roquefort (Perris), Boucau, Anglet (piste Guilhou et de l'hippodrome), Saint-Jean-de-Luz, Allées-Marines. Sur les levées, les talus. — Juin, août. — R.

— **Aspero-Calcitrapa** Gdr. Gr. Bas.-Pyr. St-Jean-de-Luz (quartier Sainte-Barbe). — Juin. — RR.

— **Calcitrapo-Aspera** Gdr. Gr. Bas.-Pyr. Hippodrome de la Barre. — Juillet, août. — RR.

— **Calcitrapa** L. Land. et Bas.-Pyr. Lieux incultes, bords des chemins, des routes. — Juillet, août. — CC.

— **Solstitialis** L. Land. et Bas.-Pyr. Aire, St-Sever, parties herbeuses de la piste de l'hippodrome, à la Barre (Anglet). — Juillet, octobre. — R.

Microlonchus Salmanticus D. C. Bas.-Pyr. Piste de l'hippodrome (Anglet), en 1881. Juillet, août. RR.

Kentrophylium Lanatum D. C. Land. et Bas.-Pyr. Mont-de-Marsan, Dax, Bayonne, etc. Lieux secs, stériles, bords des chemins. — Juillet, août. — AC.

Serratula Tinctoria L. Land. et Bas.-Pyr. Bois, landes, bruyères, pâturages buissonneux. — Juin, août. — AC.

Carlina Vulgaris L. Land. et Bas.-Pyr. Lieux arides, incultes, principalement calcaires. — Juillet, août. — C.

— **Corymbosa** L. Trouvée autrefois à Bayonne; nous ne l'avons pas rencontrée. — Juillet, août.

— **Acaulis** L. Pyr. Eaux-Bonnes, Gourzy, Case de Broussette, Pic de Césy, Col de Sallent, Saint-Jean-Pied-de-Port, Aydius, Bedous, Lescun, Orisson, Arola (M. Richter), Ascarat. — Juillet, août. — R.

— **Acanthifolia** All. Pyr. Case de Broussette, de Gabas au lac d'Artouste, Col de Sallent, Jatxou, pied d'Orisson (M. Richter), Bedous, Osse, Lourdios, Lées, Lescun, etc. Pas de Roland, dans les pâturages élevés. — Juin, août. — AC.

Lappa Minor D. C. Land. et Bas.-Pyr. Lieux incultes, bords des chemins, voisinage des habitations. — Juin, août. — C.

— **Major** Gœrtn. Land. et Bas.-Pyr. Mêmes lieux. — C.

— **Tomentosa** Lam. Land. et Bas.-Pyr. Dax, Peyrehorade, Sordes, Hastingues, Bayonne, Saint-Jean-le-Vieux, etc. Mêmes lieux. — Juillet, août. — R.

Xeranthemum Cylindraceum Sibth. et Sm. Land. (en Chalosse). Castelnau, Donzacq, Bats. Lieux
arides. — Mai, juin. — R.

CHICORACÉES ou LIGULIFLORES

Cichorium Intybus L. Land. et Bas.-Pyr. Bords des chemins,
lieux incultes. — Toute l'année. — CC.
Var. *B. Glabratum*. Falaises.
Tolpis Barbata Willd. Land. et Bas.-Pyr. De Peyrehorade à
Orthevielle (M. Féraud, 1847), Igaas, à Bardey et à
Beylocq (Flore J. Léon, 77), vignes de la métairie
Houcas sur Tarnos (Darracq), Allées-Marines (id. et
Lesauvage), Boucau (propriété Laclau), Souprosse,
Mont-de-Marsan. — Mai, juillet. — RR.
Rhagadiolus Stellatus D. C. Land. Saint-Sever (Perris). —
Juin. — RR.
Var. *D. Edulis* D. C. Mêmes lieux.
Arnoseris Pusilla Gœrtn. Land. et Bas.-Pyr. Champs sablon-
neux, moissons, pâturages. — Juillet, août. —
AC.
Lampsana Communis L. Land. et Bas.-Pyr. Lieux cultivés,
bords des haies. — Juin, août. — C.
Hypochæris Glabra L. Land. et Bas.-Pyr. Mont-de-Marsan,
Dax, Saint-Vincent-de-Xaintes, Saint-Vincent-
de-Paul, Téthieu, Capbreton, Labenne, Tar-
nos, Boucau, Bayonne, Anglet, Bidart, Saint-
Jean-Pied-de-Port, etc. Champs sablonneux.
— Mai, août. — C.
— **Radicata** L. Land. et Bas.-Pyr. Prés, bords des
chemins. — Juillet, août. — C.
Thrincia Hirta Roth. Land. et Bas.-Pyr. Pelouses, pâturages,
bords des chemins, lieux incultes. — Juin, août.
— AC.
Var. *B. Arenaria* D. C. Sur les sables maritimes.
— **Hispida** Roth. Bas.-Pyr. Bayonne, St-Jean-Pied-
de-Port. — Juin, juillet. — R.
Leontodon Autumnalis L. Land. et Bas.-Pyr. Mont-de-Mar-
san, Dax, Bayonne, etc. Pâturages, lieux incul-
tes. — Juillet, septembre. — AC.
— **Pyrenaicus** Gouan. Pyr. Anouilhas, Pembé-
cibé, Salon du Ger, Capéran, deuxième che-
minée du Pic d'Ossau, Col de Sallent, Sarrance,
Pic d'Eras taillades. — Juillet, août. — AR.
Var. B. *Aurantiacus* Koch. Pic de Ger.
— **Proteiformis** Vill. Land. et Bas.-Pyr. Pâtura-
ges, versants des collines. Lieux incultes. —
Juin, septembre. — AC.
Var. *A. Glabratus* Koch. Lieux humides.

Var. *B. Vulgaris* Koch. — Mêmes lieux
que le type.

Leontodon Crispus Vill. Pyr. Pic de Ger. — Juillet. — R.

Picris Hieracioides L. Land. et Bas.-Pyr. Lieux incultes,
haies, champs, vignes. — Juin, septembre. — C.

— **Pyrenaica** L. Pyr. Béhérobie (M. Richter). —Juillet,
septembre. — RR.

Helminthia Echioides Gœrtn. Land. et Bas.-Pyr. Lieux
incultes, bords des champs, des chemins,
haies, etc. — Juillet, septembre. — C.

Scorzonera Humilis L. Land. et Bas.-Pyr. Prés humides,
pâturages marécageux. — Mai, juillet.— AC.

— **Aristata** Ram. Pyr. Pic de Ger. Anouilhas, le
Roumiga. — Juin, juillet. — RR.

Podospermum Laciniatum D. C. Land. et Bas.-Pyr. Samadet, des Eaux - Chaudes à Panticosa
jusqu'à la douane, près du col de Sallent,
bords des champs calcaires.—Juin, juillet.

Tragopogon Pratensis L. Land. et Bas.-Pyr. Prairies humides, pâturages. — Mai, juin. — AC.

— **Orientalis** L. Land. et Bas.-Pyr. Bayonne, Espelette, Mont-de-Marsan, Ainhoa. Prairies.
— Mai, juin. — R.

— **Porrifolius** L. Cultivée et subspontanée dans
les prairies. Bayonne, Mouguerre. — Juin,
juillet. — R.

— **Australis** Jord. Land. et Bas.-Pyr. Samadet,
Bayonne, Bidart, Guéthary. Sur les côtés et
les talus de la voie ferrée.

— **Major** Jacq. Land. et Bas.-Pyr. Mont-de-Marsan, Dax, Bayonne, Mouguerre, Bidart, Guéthary, Ahetze, etc. Prairies humides. — Juin,
juillet. — AR.

— **Dubius** Vill. Land. et Bas.-Pyr. Mont-de-Marsan (Perris), Mouguerre. — Juin, juillet. — R.

Geropogon Glabrum L. Trouvé une fois à Bayonne, près de
la Citadelle. — Mai 1885.

Chondrilla Juncea L. Land. et Bas.-Pyr. Champs sablonneux et pignadas; abonde dans les sables de la
région maritime. — Juin, septembre. — AC.

Taraxacum Officinale Wigg. Land. et Bas.-Pyr. Prés, lieux
cultivés. Toute l'année. — CC.

— **Lævigatum** DC. Bas.-Pyr. Lasse (M. Richter).
Lieux secs. — Mars, octobre.

— **Erythrospermum** Andrz. Bas.-Pyr. Anglet,
près de la jetée de l'Adour. — Juin. — R.

— **Udum** Jord. Land. Gaas, St-Vincent-de-Xaintes, prairies humides. — Mars, octobre.

— **Palustre** DC. Land. et Bas.-Pyr. Prairies hu-

mides, bords des eaux. — Mars, octobre.
— AC.

Lactuca Chondrillæflora Bor. Bas.-Pyr. Lecumberry (M.
Richter). Boucau, sur la voie ferrée dans le lieu où
l'on dépose le minerai; débris volcaniques, décombres, lieux incultes. — Août, septembre. — RR.

— Saligna L. Land. et Bas.-Pyr. Mont-de-Marsan, Dax,
St-Sever, Bayonne, Mouguerre, Lahonce, Bidart,
Villefranque, Orthevielle, Boucau, etc. Terrain
calcaire, lieux pierreux. — Juillet, septembre.
— AC.

Var. *B. Runcinata* Nob. Avec le type.

— Scariola L. Land. et Bas.-Pyr. Mont-de-Marsan,
Dax, Lanne, Orthevielle, Bayonne, Hendaye,
Bedous, etc. Lieux pierreux, décombres, vieux
murs. — Juin, septembre. — AC.

— Virosa L. Land. et Bas.-Pyr. Dax, Peyrehorade,
Mouguerre, Lahonce. Coteaux, lieux pierreux incultes. — Juillet, septembre. — R.

— Muralis Fresenius. Land. et Bas.-Pyr. St-Sever,
Gibret, vallées d'Aspe et d'Ossau; Bonnes, Pic de
Ger, Eaux-Chaudes, Gamarthe, Bedous, Accous,
etc., les bois et les murs. — Juillet, août. — AR.

— Plumieri Gr. Gdr. Pyr. Lescun, Marcadeau, crêtes
de Bréca voisines du Col de Lourdé (Pic de Césy),
route de Bious-Artigue à Bious, Asperta, montagnes d'Aas, Gazies, cascade du Valentin.—Juillet,
août. — AR.

Prenanthes Purpurea L. Bas.-Pyr. Val de Broussette, prés
de la frontière espagnole. — Juillet. — RR.

Senchus Oleraceus L. Land. et Bas.-Pyr. Lieux cultivés,
toute l'année. — CC.

— Asper Vill. Land. et Bas.-Pyr. Comme le précédent. — C.

— Arvensis L. Land. et Bas.-Pyrén. Saugnacq, Dax,
Mouguerre, Bayonne, dans les champs.— Juillet,
septembre. — R.

Var. *B. Lævipes*. Bords de la mer, Biarritz (port
des Pêcheurs), Anglet, Chambre-d'Amour.

Une variété ressemblant au *Palustris*, confondue avec lui et atteignant 15 décimètres, vient
sur les bords de l'Adour et de ses affluents, au-
dessus de Bayonne.

— Maritimus Bas.-Pyr. Chambre-d'Amour, Bidart,
sur les bords de l'Ouhabia, près de son embouchure. — Juillet, septembre. — RR.

— Palustris L. Indiqué à Bayonne (Flore Gr. Gdr.,
p. 326). Nous n'avons vu que la variété de l'*Arvensis* notée ci-dessus.

Pterotheca Nemausensis Cass. Land. et Bas.-Pyr. Bayonne (au-dessous de la citadelle), Boucau, Villeneuve-de-Marsan, la Négresse, sur les parties libres de la voie ferrée. — Mars, mai. — R.

Crepis Taraxacifolia Thuil. Land. et Bas.-Pyrén. Prairies, bords des chemins, surtout dans le calcaire.— Mai, juin. — C.

— **Recognita** Hall. Land. et Bas.-Pyr. Mont-de-Marsan, Dax, Peyrehorade, Bayonne, coteaux, lieux incultes. — Juin, juillet. — AR.

— **Setosa** Hall. Bas.-Pyr. St-Pierre-d'Irube, Bayonne, Anglet, champs, prairies artificielles, bords des chemins. — Juin, août. — R.

— **Fœtida** L. Land. et Bas.-Pyr. Mont-de-Marsan, Dax, St-Sever, Peyrehorade, Bayonne, Anglet, Gamarthe, etc., etc. Lieux secs, stériles ou incultes.—Juin, août. — AC.

— **Albida** Vill. Pyr. Raillère d'Aucupat. — Juin, août. — RR.

— **Bulbosa** Cass. Land. et Bas.-Pyr. Sables maritimes, pignadas, dunes et falaises d'Hendaye à Capbreton. — Avril, juin. — C.

— **Biennis** L. Land. et Bas.-Pyr. Mont-de-Marsan, Dax, Bayonne, Hasparren, Guéthary, prés, lieux incultes. — Mai, juin. — R.

— **Agrestis** W. Kit. Land. et Bas.-Pyr. Cette espèce, que nous avions confondue avec la suivante, dont elle est peu distincte, vient dans quelques prés de notre région. — Mai, juillet. — R.

— **Virens** Vill. Land. et Bas.-Pyr. Prés, collines, bords des chemins. — Mai, octobre. — C.

Var. *Diffusa*. Mêmes lieux.

— **Pulchra** L. Land. et Bas.-Pyr. Mugron, Nerbis (Perris), Castelnau, Saint-Sever, Apremont près Peyrehorade (M. Féraud), Dax, Montfort, Bayonne. Champs calcaires, vignes, coteaux pierreux. — Mai, juillet. — R.

— **Pygmæa** L. Pyr. Source du Pic de Ger, Raillère du Pic de Césy, Mont Couges, de Pènes Blanches à Gabisos. — Juillet, août. — RR.

— **Lampsanoides** Fröl. Pyr. Eaux-Bonnes, Callongues d'Ayous, Lescun, entre Bidarray et Saint-Jean-Pied-de-Port, bords de la Nive, Ascarat, Saint-Michel (M. Richter). — Juillet, août. — R.

— **Blattarioides** Vill. Pyr. Environs des Eaux-Bonnes, sommet du Pic de Césy, hauts sommets. — Juin, juillet. — RR.

Soyeria Paludosa Gdr. Land. et Bas.-Pyr. Peyrehorade, Cagnotte, Gaas, Saint-Lon, Œyreluy, Briscous, Mouguerre, Arbonne, Ahetze, Bidart, Saint-Pée,

Irati, Cambo, St-Jean-Pied-de-Port, Esterençuby, etc. Vallées boisées, humides, marécageuses. — Mai, juillet. — AC.

Hieracium **Pilosella** (*) Land. et Bas.-Pyr. Bords des champs, des chemins, pelouses arides. — Mai, octobre. — C.

> Var. *B. Nigrescens* Fries. Mêmes lieux.

— **Auricula** L. Land. et Bas.-Pyr. Prés, champs, bois, pâturages. — Mai, septembre. — AC.

— **Saxatile** Vill. Pyr. Eaux-Bonnes, Raillère de Césy, Gabisos, Pic d'Amoulat, Gabas, Urdos, Mont Aphanice (M. Richter). — Juin, juillet. — AR.

— **Sericeum** Lap. Pyr. Mont Laid (Grenier), Gabisos. — Juin. — RR.

— **Mixtum** Fröl. Pyr. Cujalat du Ger, vallée d'Aspe. — Juin, juillet. — RR.

— **Cerinthoides** L. Pyr. Vallées d'Aspe et d'Ossau, Pic de Ger, Col d'Arbase, Mont Laid (Grenier), Gabisos. — Juin, juillet. — R.

> Var. *B. Glabrescens* Nob. Entre Escot et Sarrance.

— **Compositum** Lap. Pyr. Mont Laid (Grenier). — Juillet. — RR.

— **Amplexicaule** L. Pyr. Pic de Césy, Urdos. — Juillet. — RR.

— **Gougetianum** Gr. Gdr. Pyr. Estérençuby (M. Richter), Mont Izey. — Juin, juillet. — RR.

— **Cinerascens** Jord. Pyr. Estérençuby (M. Richter). — Mai, septembre. — RR.

— **Arnicoides** Gr. Gdr. Pyr. Vallée d'Aspe, Oloron. — Mai, juin. — RR.

— **Murorum** L. Land. et Bas.-Pyr. Mont-de-Marsan, Bayonne, Cambo, Pas de Roland. — Juin, septembre. — AR.

— **Ovalifolium** Jord. Land. Dax, St-Vincent-de-Xaintes. Lieux incultes, bords des chemins. — Mai, juin. — R.

— **Vasconicum** Jord. Land. Dax, St-Paul-lès-Dax, Quillac, Sablot. Terrain sablonneux. — R.

— **Ilicetorum** Jord. Land. Narrosse, Abesse (de St-Paul-lès-Dax). Haies, bois. — Mai, juin. — R.

— **Querceticolum** Jord. Land. Abesse, Lourquen, bois. — Juin, juillet. — R.

— **Salvaticum** Lam. Bas.-Pyr. Ascarat (M. Richter). Cambo. Bois, haies. — Juin, juillet. — R.

(*) Ce genre, dont les espèces ont été multipliées à l'infini par M. Jordan, offre un large champ aux adeptes dans notre région.

Hieracium Nobile Gr. Gdr. Pyr. Bonnes, promenade Gramont, route des Eaux-Chaudes à Gabas, Gazies, Sarrance, Mous Cabarous. — Juillet, août. — R.

— **Albidum** Vill. Pyr. Pic de Césy. — Juillet, août. — RR.

— **Pyrenaicum** Jord. Pyr. Eaux-Bonnes, Eaux-Chaudes, Gabas, Lescun. — Septembre. — R.

— **Obliquum** Jord. Land. St-Paul-lès-Dax. Bords des bois et de la route. — Août, septembre. R.

— **Rigens** Jord. Land. et Bas.-Pyr. St-Vincent-de-Xaintes (bois de Beyrie), Arbonne, St-Jean-de-de-Luz. — Août, septembre. — R.

— **Umbellatum** L. Land. et Bas.-Pyr. Bois secs, août, septembre. — C.

— **Eriophorum** St-Am. Land. et Bas.-Pyr. Sables maritimes, dunes et pignadas d'Hendaye à la Teste. — Août, octobre. — C.
Var. *B. Prostratum.* Mêmes lieux.

Andryala Sinuata L. Land. et Bas.-Pyr. Mont-de-Marsan, St-Sever, Labatut, Cambo. Lieux pierreux ou sablonneux. — Juillet, août. — R.

— **Macrocephala** Bois. Land. Angresse, bords du chemin de grande communication de Capbreton à St-Vincent-de-Tyrosse en 1864. — Mai, juin (*).

Scolymus Hispanicus L. Land. et Bas.-Pyr. Environs de la Teste. Bords de l'Adour entre Bayonne et les dunes de Blancpignon, près de la jetée. Lieux secs, incultes. — Juillet, août. — RR.

AMBROSIACÉES

Xanthium Strumarium L. Land. et Bas.-Pyr. Mont-de-Marsan, la Teste, Dax, Peyrehorade, Orthevielle, Boucau, Capbreton, Bayonne, Bidart, Urt, vallée d'Aspe, bords des chemins, des murs, décombres. — Juin, septembre. — AR.

— **Macrocarpum** D. C. Land. et Bas.-Pyr. Sables maritimes, près de l'embouchure de l'Adour. Bayonne, Anglet, Tarnos et Boucau, jetée St-Bernard. Lieux sablonneux, frais. — Juin, octobre. — R.

— **Spinosum** L. Land. et Bas.-Pyr. Commune sur plusieurs points du littoral et des lieux salés. Hendaye, Saint-Jean-de-Luz, Guéthary, Bidart,

(*) Cette magnifique chicoracée, étrangère jusque là à la flore française, n'aurait-elle pas été apportée par les ouvriers du chemin, dont quelques-uns venaient de la Péninsule voisine, sa patrie habituelle ?

Biarritz, Boucau, La Teste, Dax, etc. Dunes, falaises, lieux incultes, bords des chemins, décombres. — Juillet, octobre.

Ambrosia Tenuifolia Spreng. Plante d'Amérique naturalisée dans l'Hérault; trouvée par Darracq dans les Allées-Marines (probablement disparue depuis les transformations).

LOBÉLIACÉES

Lobelia Urens L. Land. et Bas.-Pyr. Bois, bruyères, landes humides. — Juillet, septembre. — AC.

— **Dortmanna** L. Land. Cette intéressante plante du Nord, bornée d'abord à l'étang de Cazau, existe maintenant dans la plupart des étangs ou lacs du Marensin, ou contrée pinicole. — Juillet, août. — R.

CAMPANULACÉES

Jasione Montana L. Land. et Bas.-Pyr. Lieux secs et sablonneux, jusque dans les Pyr. — Juin, octobre. — C.

— **Perennis** Lam. Pyr. Eaux-Bonnes, Counques, Col des Englas, Capéran, mont d'Arrain. — Juin, août. — AR.

Var. *Pygmœa*. Mêmes lieux.

— **Humilis** Pers. Pyr. Lac des Englas, Pics de Césy, d'Anie, d'Eras taillades, de Ger, Aucupat; Crêtes d'Anouilhas, fontaine de Lourdé, lac de Louesque. — Août, septembre. — AC.

Phyteuma Pauciflorum L. Bas.-P. Pic de Ger. — Août. RR.

— **Hemisphærium** L. Pyr. Mont Hourat, première, deuxième Cheminées et Portillon du Pic d'Ossau, Mont Couges, Counques, le Roumiga, Col de Sallent, Balour, Pic de Césy, Oloron, Sarrance, Bedous, St-Jean-Pied-de-Port. — Juillet, août. — AC.

— **Orbiculare** L. Pyr. Mont Hourat, Mont Couges, Accous, Lescun, Château Pignon. — Juin, août. — R.

Var. *B. Lanceolatum*. Clot Ardoun *propè* Aucupat.

— **Scorzoneræfolium** Vill. Pyr. Mont d'Arrain, Mont Artza au Jardin d'Enfer. — Juillet, août. — RR.

— **Betonicæfolium** Vill. Pyr. Mont d'Arrain. — Juillet, août. — RR.

— **Spicatum** L. Land. et Bas.-Pyr. La plupart des vallées boisées de toute la région sous-pyrénéenne des deux départements et sur les Pyrénées, de Bouye à Cristaous, Gazies, Louctores,

Pas de l'Ours, Mont Couges, Pic de Césy, Saint Michel, Aincille. — Juin, juillet. — AC.

    Var. *Cœruleum*. Mont Irey, Aradoy.

—   **Nigrum** Sm. Pyrén. Mont Aradoy (M. Richter), Mont Isey. — Juin, juillet. — RR.

—   **Halleri** All. Pyr. Mont Sacon près de Mauléon (Irati), sommet du M^t d'Arrain. Juin, août. RR.

Specularia **Speculum** Alph. D. C. Thore, p. 64, indique cette plante ségétale à la Teste, et Darracq à Bayonne. Je n'en ai trouvé que deux pieds isolés au dessous de la Citadelle, sur les bords du chemin de fer. Appartient-elle à la région?

Campanula **Medium** L. Bas.-Pyr. Boucau, sur les bords de l'Adour, dans le lest, accidentellement sans doute. — Juin, juillet. — RR.

—   **Speciosa** Pour. Indiquée par Darracq à St-Jean-Pied-de-Port (à chercher). — Juin, juillet.

—   **Glomerata** L. Land. et Bas.-Pyr. Coteaux calcaires, buissonneux et dans les montagnes. Pics de Ger et de Cesy, Pas de l'Ours, Mon-Couges, Bedous, etc. Lieux pierreux. — Juin, juillet. — AC.

—   **Latifolia** L. Land. Mont-de-Marsan (Perris). — Juin, juillet. — RR.

—   **Trachelium** L. Land. et Bas.-Pyr. Mont-de-Marsan, St-Sever, Dax, Bellocq, Tercis, Bayonne, etc., montagnes, bois, buissons, lieux couverts. — Juillet, août. — AR.

    Var. *B. Dasycarpa*. Mêmes lieux.

—   **Linifolia** Lam. Pyr. Vallées d'Aspe et d'Ossau, Crêtes de Bréca (Pic de Césy), Clot Ardoun, près d'Aucupat, Pènes Blanques d'Eras taillades, Gabisos, le Roumiga, Col de Sallent, de Bedous à Urdos, sommets. — Juin, août. — R.

—   **Rotundifolia** L. Pyr. Mont Jarrat (M. Richter). Commune d'Oloron à Urdos, vallée d'Aspe, lieux boisés. — Juin, août. — AR.

—   **Pusilla** Haenk. Pyr. Cujalat du Ger, Anouilhas, sommets. — Juillet, août. — RR.

—   **Rapunculus** L. Land. St-Sever (Thore, page 64), bords des chemins. — RR.

—   **Patula** L. Decurrens (Thore, 64). Land. et Bas.-Pyr. Bois, haies, bords des chemins. — Mai, septembre. — CC.

—   **Persicifolia** L. Bas.-Pyr. Vallée d'Ossau aux environs des Eaux-Chaudes, bois, taillis, coteaux ombragés. — Juin, juillet. — RR.

—   **Stolonifera** Miegeville. Pyr. Pied d'Aucupat, Crêtes de Mondeils. — Juin, juillet. — RR.

Campanula Jaubertiana Timbal Lagrave. Pyr. Pic de Gabisos. — Juin, juillet. — RR.

Wahlenbergia Hederacea Rchb. Land. et Bas.-Pyr. Bords des haies, fossés, pelouses, dans les lieux humides, tourbeux, marécageux ou spongieux de toute la région, jusque dans les Pyrénées. — Mai, septembre. — C.

VACCINIÉES

Vaccinium Myrtillus L. Bas.-Pyr. Dans la basse chaîne. Environs de Saint-Jean-Pied-de-Port, Irati, Orisson, Mont d'Arrain, Mont Artza, la Rhune, etc. — Juillet, août. — AR.

— **Uliginosum** L. Pyr. Première et deuxième Cheminées et grande Raillère du Pic d'Ossau, Plateau de Mondeils, Col de Sieste, Lac de Louesque, Fente du Montagnot, près du Lac des Englas, Pic de Césy, source du Ger, Lac du Pic d'Eras taillades, Crêtes d'Anouilhas, marécages et ruisseaux. — Août, septembre. — AR.

ERICINÉES

Arbutus Unedo L. Land. et Bas.-Pyr. Çà et là autour de Mont-de-Marsan et de Dax, abondant dans les pignadas du littoral de Bayonne à la Teste, Mont Artza. — Octobre, février. — C.

Arctostaphylos Alpina Spreng. Pyr. Anouilhas, Pic d'Anie, Gabisos, latte de Bazen, Cirque de Louctores, hauts sommets. — Juillet, août. — RR.

— **Officinalis** Wimm. ⎫ Pyr. De Bouye à
 Arbutus Uva Ursi L. ⎬ Cristaous, Pas de l'Ours, Grande Raillère du Pic d'Ossau, Crêtes et Raillère du Pic de Césy, Cujalat des Espagnols (Pic de Ger) et d'Anie, hauts sommets. — Avril, août. — R.

Calluna Vulgaris Salisb. Land. et Bas.-Pyr. Landes et bruyères siliceuses sèches ou humides, Eaux-Bonnes. — Juillet, septembre. — CC.

Erica Decipiens St-Amand. L. Land. et Bas.-Pyr. Bois secs, landes sablonneuses. — Mai, juin. — CC.

— **Ciliaris** L. Land. et Bas.-Pyr. Landes et bruyères sablonneuses. — Juin, septembre. — C.

— **Tetralix** L. Land. et Bas.-Pyr. Landes sablonneuses fraîches, humides, voisinage des étangs. — Juin, septembre. — AC.

— **Cinerea** L. Land. et Bas.-Pyr. Landes et bruyères sèches. — Juin, septembre. — C.

13

Erica Lusitanica Rudolphi. Sur les confins de la Gironde et des Landes, entre la Teste et Sanguinet, près de l'étang de Cazau et Mimizan, entre Urrugne et Béhobie, landes marécageuses. — Janvier, juillet. — RR.

— **Scoparia** L. Land. et Bas.-Pyr. Landes, bruyères et pignadas du littoral; rare ailleurs. — Mai, juin.

Daboecia Polifolia Don. Pyr. Vallées d'Aspe, d'Ossau, de la Soule, Louvie-Soubiron, Laruns, Montagne de Saintmon, Arudy, Escot, Sarrance, Bedous, Osse, Urdos, Accous, Lées, Lescun, Cette-Eygun, St-Jean-Pied-de-Port, Mendibelza, Aldudes, Mont Artza, Pas de Roland, la Rhune, Biriatou, etc. — Juin, octobre. — AC.

Rhododendron Ferrugineum L. Pyr. Vallées d'Aspe et d'Ossau. Dans les pâturages élevés de presque toutes les montagnes. — Juillet, août. — AR.

PYROLACÉES

Pyrola Rotundifolia L. Pyr. Bois de hêtres allant de Bonnes au Pic de Ger. — Juin, juillet. — RR.

— **Minor** L. Pyr. Pic de Ger au-dessous du Capéran, Pembécibé, Athas, Bécotte des Englas. — Juin, juillet. — RR.

— **Secunda** L. Pyr. Balour, Crêtes du Malgore, forêt d'Irati. — Juin, juillet. — RR.

MONOTROPÉES

Monotropa hypopithys L. Land. et Bas.-Pyr. Abonde dans les pignadas du littoral, sur les détritus des pins, St-Jean-Pied-de-Port (M. Richter). — Mai, juillet.

COROLLIFLORES

~~~~~~

LENTIBULARIÉES

Pinguicula Vulgaris L. Land. et Bas.-Pyr. Œyregave, Peyrehorade, St-Sever, Aire, Bidache, et dans la région montagneuse, Clotche d'Anouilhas, Lasse, Aincille, Esterençuby (M. Richter), Col de Bentarte, prairies humides, lieux tourbeux ou marécageux. — Mai, juillet. — R.

Pinguicula Grandiflora Lam. Land. et Bas.-Pyr. Commune sur la plupart de nos montagnes dans les parties humides, cette plante descend dans les Landes jusqu'à Gaas et Cagnotte, entre Dax et Peyrehorade. — AC. dans toute la région montagneuse.

Var. *Rosea*. Au-dessus de la cabane de l'Atracas (Pic de Ger).

— **Alpina** L. Pyr. Au-dessous du Montagnot des Englas, Pic d'Anie, pied de Penaméda, Capéran, pâturages des hautes cîmes. Juillet. RR.

— **Lusitanica** L. (Land. et Bas.-Pyr. Landes hu-
Alpina Thore (mides, marécages, bords des étangs et des lacs, lieux tourbeux. — Mai, juillet. — AC.

Utricularia Vulgaris L. Land. et Bas.-Pyr. Mont-de-Marsan, St-Sever, Dax, Bayonne, Anglet, Ondres, Labenne, Soorts, Soustons, etc., etc.; eaux stagnantes, étangs, lacs, fossés, mares, tourbières. — Juin, août. — AC.

— **Neglecta** Lehm. Land. et Bas.-Pyr. Dax, Saint-Vincent-de-Xaintes, Mont-de-Marsan, fossés, affluents de l'Adour, dans le bois de St-Vincent-de-Xaintes, St-Paul-lès-Dax, marais bordant le chemin de fer de Pau, Soorts, Angresse, Brindos, Négresse, Bayonne, etc. Mêmes lieux que la précédente, et quelquefois avec elle.— Juin, août. — AC.

— **Intermedia** Hayne. Landes. Partie du département bordant la Gironde. — Juin, juillet. — R.

— **Minor** L. Land. et Bas.-Pyr. Mont-de-Marsan, Dax, Poustagnac de St-Paul, Téthieu, Buglose, Orthevielle, Igaas, Soorts, Angresse, St-Vincent-de-Tyrosse, Moulin de Larouzet de Saint-Etienne de Bayonne, Brindos, Négresse, etc. Eaux stagnantes, lieux tourbeux, dans les fossés, les mares et les trous résultant de l'enlèvement de la tourbe. — Juin, août. — R.

PRIMULACÉES

Hottonia Palustris L. Land. et Bas.-Pyr. Eaux stagnantes, étangs, mares et fossés. — Juin, juillet. — AR.

Primula Grandiflora Lam. Land. et Bas.-Pyr. Lieux humides et ombragés, haies, bois, fossés et dans les Pyrénées. — Février, avril. — C.

— **Officinalis** Jacq. Land. et Bas.-Pyr. Bayonne (prairies de la propriété Bénac), Saint-Sever. — Mars. — RR.

Primula Variabilis Goupil. Land. et Bas.-P. Habas, Labatut, St-Cricq-du-Gave, Dax, Bayonne, St-Pierre-d'Irube, Ahetze, St-Jean-de-Luz. — Mars, avril. — R.

— **Intricata** Gr. Gdr. Pyr. Géougue, Penaméda, Balour, Col de Lourdé, Source glacée du Pic de Ger, Louctores, Mont Couges, Montagnot des Englas, Pic d'Anie, Raillère du Pic de Césy. — Juillet. — R.

— **Thomasinii** Gr. Gdr. Pyr. Mont Orisson (M. Richter).

— **Elatior** Jacq. Land. et Bas.-Pyr. Vallées boisées, humides, bords des fossés. — Mars, mai. — C.

— **Farinosa** L. Pyr. De la Géougue au Col de Tortes, Penaméda, Lac des Englas, grande Raillère du Pic de Césy, d'Aucupat à Louctores, Cirque du même nom, pied du Capéran, Coum, Arbase, Counques, Mont Couges, Mous Cabarous, Montagnes d'Aas, Crêtes de Mondeils, Montagnot des Englas, Fontaine de Gesque, Pic d'Anie, Col de Sallent, hauts sommets. — Mai, août. — AR.

— **Viscosa** Vill. Pyr. Première et deuxième Cheminées du Pic d'Ossau, Bécotte et Montagnot des Englas, Cascade du même nom, La Bréca (Pic de Césy), Rasure de Louesque (Pic d'Eras taillades), Cujalat de Sesques, Gabisos, Counques, Plateau de Mondeils, Escala de Magnabatch, Col de Sallent, Pic d'Anie, sommets. — Mai, juin. — R.

— **Integrifolia** L. Pyr. De la Géougue au Col de Tortes, Penaméda, Lac des Englas, Capéran, Rasure de Louesque, Cirque de Louctores, Mont Couges, Crêtes de Mondeils, Col d'Iseye, Montagnot des Englas, Col du Marcadeau. — Juillet, août. — R.

Gregoria Vitaliana Dub. Pyr. Pic d'Ossau, Col de Lourdé, le Roumiga, Raillère du Pic de Césy. — Juillet, août. — RR.

Androsace Pubescens DC. Pyr. Représenté dans notre rayon, près des neiges, par deux de ses variétés.
Var. *B. Ciliata*. Pic de Gabisos.
Var. *G. Hirtella*. Pembécibé, Aucupat, Plateau de Gourzy, Balour, Plateau de Louctores, Gabisos, Crêtes de Mondeils, Sesque, Pic d'Anie, Grande Raillère du Pic de Césy. — Juillet, août. — R.

— **Villosa** L. Pyr. Col de Tortes, Grande Raillère du Pic de Césy et au dessus, d'Anouilhas au Gourzy, en descendant par le Col de Lourdé, Cabanes de Gourziotte, Pic de Ger, en montant au Capéran, Géougue, de Bouye à Cristaous, Louctores, Pic d'Eras taillades, près des glaciers, sommets élevés. — Juin, juillet. — R.

Androsace Carnea L. Pyr. Lac de Pombie (Pic d'Ossau), Col de Lourdé (Césy), lou Lacarras, du Pic d'Amoulat au dessous du Col d'Ar. Gazies, sommets élevés. — Juillet, août. — RR.

Soldanella Alpina L. Pyr. Capéran, Crêtes d'Aucupat, Eaux-Chaudes, Portillon du Pic d'Ossau, Montagnot au-dessous du Pic d'Ousilietche, Louctores, Gorge de Balour, Rasure de Louesque, Mont Couges, Pic de Césy, Pic d'Eras taillades, de Pènes Blanques à Gabisos, Col d'Iseye, hauts sommets. — Juillet, août. — AR.

— **Montana** Willd.) Pyr. Mont Artza au Jardin
— **nobis** Darracq.) d'Enfer, à la chute du Latxia et au gouffre des Vautours (Itsatsou), rochers humides, bords des torrents. — Avril, mai. — RR (').

Glaux Maritima L. Land. et Bas.-Pyr. Marécages maritimes d'Hendaye à la Teste, remonte sur les bords des cours d'eau dans l'étendue des marées. — Mai, juillet. — AC.

Asterolinum Stellatum Link et Hoffm. Land. et Bas.-Pyr. Anglet, Tarnos, Ondres, Capbreton, et jusqu'à la Teste probablement. Pelouses sablonneuses de la région maritime. — Avril, mai. — RR.

Lysimachia Vulgaris L. Land. et Bas.-Pyr. Lieux humides, buissonneux, bords des eaux. — Juin, juillet. — C.

— **Nummularia** L. Land. et Bas.-Pyr. Lieux couverts et frais, haies, fossés, bois, vallées. — Juin, juillet. — AR.

— **Nemorum** L. Land. et Bas.-Pyr. Bords des cours d'eau et marécages de la plupart de nos vallées humides et boisées, remonte jusqu'à Bonnes et au Pic de Césy. Juin, juillet. AC.

Centunculus Minimus L. Land. et Bas.-Pyr. Saint-Paul-lès-Dax, Sore, Boucau, Bayonne, Brindos (Anglet), Bats, Pontonx, etc. Lieux humides, sablonneux, bois, marais, pâturages. — Juin, juillet. — R.

Anagallis Crassifolia Thore. Land. Dax, Saint-Paul-lès-Dax, St-Vincent-de-Xaintes, Mées, Téthieu, Pontonx, Souprosse, Seyresse, Yzosse, Canderesse, Hinx,

(') Abondante autrefois au Pas de Roland, près du trou ouvert, dit-on, par le talon du héros légendaire, cette ravissante prémulacée a complètement disparu depuis qu'on a transformé le pittoresque défilé en route carrossable ; nous ne connaissons plus que les trois stations ci-dessus. Une personne nous a assuré l'avoir récoltée sur la Rhune ; nous l'y avons vainement cherchée.

Lit, St-Julien, Mézos, Contis et jusqu'à la Teste,
Biscarrosse, Saint-Sever, etc., etc. Cette plante,
spéciale au département des Landes, vient dans
les lieux bas, humides, marécageux ou tourbeux,
dénudés ou herbeux, et souvent couverts d'eau
pendant l'hiver. — Juin, août. — R.

Anagallis Arvensis L. Land. et Bas.-Pyr. Lieux cultivés,
champs, jardins, vignes. — Juin, octobre. — AC.

Var. *A. Phœnicea*. Mêmes lieux. — AC.

— *B. Cœrulea*. Mêmes lieux, dans le calcaire. — R.

Var. *G. Micrantha*. Hendaye, les falaises. RR.

— **Tenella** L. Land. et Bas.-Pyr. Prairies, pâturages
humides, lieux marécageux ou tourbeux. — Juin,
août. — AC.

Samolus Valerandi L. Land. et Bas.-Pyr. Lieux humides,
bords des fossés, des ruisseaux et de tous les
cours d'eau; plus commune dans la zone salée.
— Mai, août. — CC.

OLÉACÉES

Fraximus Excelsior L. Land. et Bas.-Pyr. Bois et bords des
routes. — Mai, septembre. — AC.

Var. *G. Monophylla*. Environs de Mont-de-
Marsan.

— **Biloba** Gr. Gdr. Pyr. Pied d'Orisson (M. Richter).

— **Ornus** L. Cultivé et quelquefois subspontané.

Lilac Vulgaris Lam. Cultivé.

Phillyrea Augustifolia L. Land. Dunes boisées de Vielle et
de Léon, en Marensin. — Avril, septembre. —
RR.

Ligustrum Vulgare L. Land. et Bas.-Pyr. Haies, buissons,
bois. — Mai, septembre. — C.

JASMINÉES

Jasminum Officinale L. Naturalisé dans quelques haies des
propriétés. Dax, Bayonne, Bidart, St-Jean-de-
de-Luz, etc. — Mai, juin.

— **Fruticans** L. Bas.-Pyr. St-Etienne de Bayonne
(indication Darracq et Perris). — Mai, juillet.

APOCYNACÉES

Vinca Minor L. Land. et Bas.-Pyr. Mont-de-Marsan, Dax,
Bayonne. etc.; haies, bois, lieux couverts. — Mars,
juin. — AR.

— **Major** L. Land. et Bas.-Pyr. Haies couvertes et humides, surtout près des habitations. — Mars, juin. — AC.

Vinca Media Link. et Hoffm. Bas.-Pyrén. Saint-Etienne de Bayonne, quartier Sanguinet, pied des haies.—Avril, mai. - RR.

Nerium Oleander L. Généralement cultivé autour de Dax et Bayonne, où il supporte assez bien les hivers.

ASCLÉPIADÉES

Vincetoxicum Officinale Mœnch. Land. et Bas.-Pyr. Bois secs, lieux pierreux, coteaux. — Juin, août. — AC.

—   **Luteolum** Jord. et Facos. Bas.-Pyr. Biarritz, Bidart, Guéthary, St-Jean-de-Luz, falaises du littoral. — Juillet, août. — AR.

—   **Laxum** Gr. Gdr. Land. et Bas.-Pyr. Mont-de-Marsan, Dax, Peyrehorade, Lannes, Bayonne, St-Pierre-d'Irube, Orthez, Pas de Roland, Biarritz, Guéthary, Accous, Hendaye, Béhobie; buissons des collines, coteaux boisés, vallées pyrénéennes. — Juin, août. — AC.

GENTIANÉES

Erythræa Pulchella Horn. Land. et Bas.-Pyr. Pelouses et pâturages humides. — Juin, septembre. — AC.

—   **Centaurium** Pers. Land. et Bas.-P. Bois, champs, pâturages. — Juin, août. — AC.

—   **Tenuiflora** Link. Land. et Bas.-Pyr. Pâturages marécageux, maritimes, d'Hendaye à la Teste; se trouve quelquefois à une grande distance de la mer; Dax, Lourquen. Cette plante est, par erreur, indiquée sous le nom de *Latifolia* Smith dans la Flore Gr. Gdr., p. 484.

—   **Chloodes** Gr. Gdr. Land. et Bas.-Pyr. D'Hendaye à la Teste, mais principalement près de l'embouchure de l'Adour, de l'hippodrome, de Chiberta. Lieux humides ou marécageux des sables maritimes, voisinage des lacs et étangs, de juin à septembre. — AR.

—   **Spicata** Pers. Land. Environs de la Teste de Buch (Em. Desvaux), sables maritimes. — Juillet, août. — RR.

—   **Maritima** Pers. Bas.-Pyr. Anglet, près de l'hippodrome, sables du littoral. —Juin, juillet. — RR.

Cicendia Filiformis Delarbre. Land. et Bas.-Pyr. Bords des étangs, des lacs, pelouses humides des landes et des bois, clairières, principalement dans le terrain siliceux léger. — Juin, septembre. — AR.

Cicendia Pusilla Griseb. Land. et Bas.-Pyr. Mêmes lieux que le précédent, dans les pâturages marécageux souvent inondés l'hiver. — Août, septembre. — R.

Chlora Perfoliata L. Land. et Bas.-Pyr. Lieux humides et coteaux incultes, argileux ou calcaires; abondant sur les falaises, et généralement dans la région maritime. — Juin, août. — C.

— **Serotina** Koch. Land. et Bas.-Pyr. Boucau, Anglet. Lieux humides, marécages de la région maritime de la Barre à Hendaye. — Juin, août. — AR.

— **Imperfoliata** L. Land. et Bas.-Pyr. Marécages maritimes de tout le littoral, principalement dans le voisinage de l'Adour. — Juillet, août. — R.

Gentiana Lutea L. Pyr. Bonnes, Montagne verte, Aas, Gazies, Pic de Ger, Pic d'Anie, Pic de Béhorléguy, St-Jean-Pied-de-Port. Juillet, août. — R.

— **Burseri** Lap. Pyr. Bécotte des Englas, Crêtes d'Anouilhas, Crêtes de Bréca (Pic de Césy), Col de Gourzy (Pic de Ger), première Cheminée et Grande Raillère du Pic d'Ossau, les Québottes, Gazies, Pic d'Anie, Plateau de Mondeils. — Août. — AC.

— **Pneumonanthe** L. Land. et Bas.-Pyr. Prés, pâturages humides ou tourbeux, parties humides des Landes, falaises et collines de toute la région, et jusque dans les montagnes. Bonnes, Poursiugues, etc. — Juillet, octobre. — AC.

— **Acaulis** L. Pyr. Vallées d'Aspe, d'Ossau et de la Soule, près du sommet de la plupart des montagnes élevées de la région jusqu'à Saint-Jean-Pied-de-Port. — Mai, juillet. — AC.

Var. *B. Media.* Mêmes lieux. — R.
— *G. Parvifolia.* Id. — AR.

— **Verna** L. Pyr. Entre Arudy et Louvie-Juzon, Izeste, Col de Tortes, Gabisos, Louctores, Mont Couges, Montagnot des Englas, Raillère et Crêtes du Pic de Césy, Pic de Ger, au dessous du Capéran, Pic d'Anie, Crêtes d'Aucupat, Pembécibé, Col d'Iseye, Géougue, Mont Aphanice (M. Richter), hauts sommets. — Mai, août. — AR.

Var. *B. Alata.* Montagnot des Englas, Pic de Ger, au dessous du Capéran.

Var. *G. Brachyphylla,* au-dessous du Capéran.

— **Campestris** L. Pyr. Environs des Eaux-Bonnes et des Eaux-Chaudes (promenade horizontale), Gourzy, Montagne verte, de Bonnes à Bages, Pic de Ger, Escala de la Québotte d'Anouilhas et

Cirque du même nom, Poursiugues, Bedous,
Lescun, Anie, Urdos, etc.; sur les pelouses. —
Juillet, août. — R.

Gentiana Nivalis L. Pyr. Crêtes de la Bécotte des Englas,
Escala de la Québotte d'Anouilhas, Crêtes du
même nom, Col et Fontaine de Lourdé, Pic de
Ger, au Salon et au-dessous d'Aucupat, Pembé-
cibé, Balour, Pic d'Anie, Col d'Iseye, sommets.
— Juillet, août. — R.

— **Ciliata** L. Pyr. Bonnes (promenade horizontale),
hameau de Goust, près des Eaux-Chaudes, de
Bouye à Cristaous, Anouilhas, Gourzy, Cabanes
de Gesque, Poursiugues, Bious-Artigue, Broussette, Lescun. Lieux humides. — Août, septembre. — R.

Swertia Perennis L. Pyr. Pâturages marécageux et lieux
tourbeux des montagnes dans toute la chaîne. —
Juillet, septembre. — AC.

Menyanthes Trifoliata L. Land. et Bas.-Pyr. Lacs, étangs,
cours d'eau, marais, lieux tourbeux ou fan-
geux. — Avril, mai. — AR.

CONVOLVULACÉES

Convolvulus Sepium L. Land. et Bas.-Pyr. Les buissons et
les haies, dans les lieux frais humides. —Juin,
octobre. — C.

— **Soldanella** L. Land. et Bas.-Pyr. D'Hendaye à
la Teste, sur les sables maritimes. — Juin,
juillet. — C.

— **Arvensis** L. Land. et Bas.-Pyr. Lieux cultivés
et incultes. — Juin, juillet. — CC.

— **Althæoides** L. Plante du littoral méditerra-
néen, trouvée autrefois dans les Allées-Marines (Lesauvage). — Juin, juillet.

— **Tricolor** L. Cultivé et quelquefois subspontané
autour des habitations. — Mai, juin.

— **Siculus** L. Plante de Corse et de Provence, signalée à la Teste par Lapeyrouse et Thore.

Cuscuta Densiflora Soy.-Will. (Land. et Bas.-Pyr. Dax, St-
— **Epilinum** Weih. (Vincent-de-Xaintes, Seyresse, St-Pandelon, St-Cricq-du-Gave, Peyrehorade, etc. Dans toute la région linicole, surtout
dans les parties où existe de l'humidité. Çà et là
ailleurs sur des pieds de lin isolés. — Juillet,
août. — R.

— **Europæa** L. Land. et Bas.-Pyr. Mont-de-Marsan,
Bious, Bayonne. Sur l'Urtica dioica et le houblon.
Se trouve plus fréquemment sur le Cannabis Sa-

14

tiva; mais cette plante n'est pas cultivée chez nous. — Juin, août. — RR.

Cuscuta Epithymum L. } Land. et Bas.-Pyr. Dans les bruyè-
—   **Minor** D. C.   / res, les landes et les pâturages, sur plusieurs plantes. — Juillet, août. — C.

—   **Trifolii** Babing. et Gibs. Land. et Bas.-Pyr. dans les prairies artificielles, sur le trèfle. — Juillet, septembre. — R.

—   **Alba** Presl. Bas.-Pyr. Entre Biarritz et Bidart dans les mêmes conditions que C. Epithymum. Juillet, août. — RR.

—   **Corymbosa** R. et Pav. } Land. et Bas.-Pyr. Çà et
—   **Suaveolens** Ser.   } là dans les prairies artificielles, sur la luzerne. — Juillet, septembre. — R.

BORRAGINÉES

Borrago Officinalis L. Land. et Bas.-Pyr. Lieux cultivés et bords des chemins, principalement dans la Chalosse. Plante naturalisée. — Juin, juillet. — R.

Symphytum Officinale L. Land. et Bas.-Pyr. Dax, Saint-Vincent-de-Xaintes près du Lycée et quartier Saint-Pierre, Peyrehorade, Bidache, Bayonne (les pontots), bords des eaux, des fossés, prairies humides. — Mai, juin. — RR.

—   **Tuberosum** L. Land. et Bas.-Pyr. Fond des vallées et collines boisées et couvertes de toute la région, dans les bois, les haies, les prés et sur les digues. — Mars, avril. — C.

Anchusa Undulata L. Bas.-Pyr. Terrains vagues autour de Bayonne. — Juin. — RR.

—   **Italica** Betz. Bayonne, Bidart, champs pierreux. — Juin, juillet. — R.

—   **Sempervirens** L. Bas.-Pyr. — Mai, juin. — Çà et là autour de Bayonne. — RR.

—   **Arvensis** Bieb. Land. et Bas.-Pyr. Mont-de-Marsan, Dax, Peyrehorade, Marensin, Bayonne, Boucau, Anglet, Bidart, Guéthary, St-Jean-de-Luz, champs, moissons, lieux cultivés et incultes. — Juin, septembre. — AR.

Lithospermum Prostratum Lois. Land. et Bas.-Pyr. Landes, bruyères, dunes, bords des chemins, berges des fossés, buissons, haies; abondant dans les Basses-Pyrénées et dans la partie sud du département des Landes; dépasse peu Dax et Saint-Sever. — Mars, mai et automne. — AC.

—   **Gastoni** Benth. Pyr. Gourzy, pied d'Aucupat (Pic de Ger), Latte de Bazen près du Col de Tortes, Gaziés, Col de Géougue, Mont Cougés, Balour, Raillère du Pic de Césy, Pic d'Anie. — Juillet, août. — R.

Plante dédiée à Gaston Sacaze, botaniste, pasteur de la vallée d'Ossau.

Lithospermum Officinale L. Land. et Bas.-Pyr. Bois et coteaux calcaires, bords des chemins, lieux incultes. — Mai, juillet. — C.

— **Arvense** L. Land. et Bas.-Pyr. Champs, moissons, lieux cultivés, terrains vagues. — Avril, mai. — AC.

— **Incrassatum** Guss. Bas.-Pyr. Trouvé en 1880 sur la jetée de l'Adour (Boucau).

Echium Italicum L. Bas.-Pyr. Dunes et collines arides du littoral, de Biarritz à Bidart, et principalement sur cette dernière commune, au promontoire de la Madeleine, où elle est abondante. — Mai, juin.

— **Vulgare** L. Land. et Bas.-Pyr. Saint-Sever, Peyrehorade, Hastingues, Tercis, Bayonne, Anglet, Saint-Jean-Pied-de-Port, Cambo, etc.; coteaux pierreux, arides, incultes, vallée d'Aspe. — Mai, juillet. — AC.

— **Wierzbickii** Rchb. Bas.-Pyr. Bayonne, terrain Molinié; Anglet, près du Sémaphore. — Mai, juin. — R.

— **Maritimum** Willd. Bas.-Pyr. Sables maritimes entre Bayonne et Boucau (St-Bernard). — Mai, juillet. — RR.

— **Plantagineum** L. Land. et Bas.-Pyr. Saint-Sever, Boucau (Laclau), Bayonne (Mousserolle, le Glain), Anglet, champs et lieux stériles. — Mai, juillet. — R.

Var. *Megalanthos* Lapeyrouse. Mêmes lieux.

Pulmonaria Augustifolia L. ⎰ Land. et Bas.-P. Dax et envi-
— **Azurea** Bess. ⎱ rons, Bayonne, Mouguerre, Ahetze, et probablement çà et là dans toute la région sous-pyrénéenne; pelouses et pâturages des coteaux calcaires et argilo-calcaires. — Mai, juin. — R.

— **Tuberosa** Schrank. Land. et Bas.-Pyr. Dax, St-Pandelon, Clermont, Tercis, Angoumé, Josse, Bayonne, Mouguerre, Lahonce, Urt, Ahetze, Guéthary, St-Michel, etc., etc. Lieux embragés, bois frais, humides, calcaires, argileux ou caillouteux; souvent sur le diluvium. — Mars, avril. — C.

— **Saccharata** Mill. ⎰ Land. et Bas.-Pyr. Dax, Pey-
— **Affinis** Jord. ⎱ rehorade, Labatut, Bellocq (au-dessous des ruines du château de la reine

Jeanne), Bayonne, Saint-Etienne, St-Pierre-d'Irube, Mouguerre, Guéthary, St-Michel, etc. Bois humides, lieux frais, ombragés.—'Mars, avril. — AC.

Pulmonaria Longifolia Bast. Bas.-P. Bayonne (Larendouet), St-Esprit, St-Etienne, Ahetze, St-Pierre-d'Irube, bords des haies, bois humides, lieux couverts, fond des vallées. — Mars, avril. R.

Les feuilles adultes de cette plante varient entre 60 et 75 centimètres. Est-ce une espèce?

— **Mollis** Wolff. Pyr. Mont d'Arrain, Gr. Gdr. — Mars, avril. — RR.

Myosotis Palustris Wither. Land. et Bas.-Pyr. Bois humides ou tourbeux, marais, bords des eaux, fossés. — Mai, juillet. — AC.

— **Strigulosa** Rchb. Var. B. *auctorum* du précédent. Land. et Bas.-Pyr. Dax, St-Paul, Seyresse, Œyreluy, Narrosse, Casteja, Lesbarritz, St-Pandelon, Bayonne, St-Etienne, Cambo, Guéthary, etc., etc. Prés humides, lieux fangeux ou tourbeux, peu profonds. — Mai, juillet. — AC.

— **Repens** Don Reich. Var. *G. Auctorum.* Land. et Bas.-Pyr. Mêmes lieux que les deux précédents, mais plus spongieux et tourbeux. — Mai, juillet. — AC.

— **Lingulata** Lehm. Land. et Bas.-Pyr. Dax, Saint-Paul, Abesse, Gaas, St-Julien, Orx, Labenne, Bayonne (quartier Mousserole), etc.; fossés, étangs, marais. — Mai, juillet. — AR.

— **Sicula** Guss. Indiqué dans la partie des Landes confinant la Gironde.

— **Stricta** Link. Land. et Bas.-Pyr. Mont-de-Marsan, Dax, Bayonne, etc., champs, lieux sablonneux, pelouses sèches des dunes. — Avril, mai. — AC.

— **Versicolor** Pers. Land. et Bas.-Pyr. Dax, Saint-Vincent-de-Xaintes, Mézos, Casteja, Boucau, Anglet, Bidart, St-Jean-de-Luz, Ispoure, etc. Lieux incultes, champs sablonneux, vieux murs. — Avril, juin. — AR.

— **Fallacina** Jord. Bas.-Pyr. Parties herbeuses des dunes du littoral. — Avril, mai. — R.

— **Balbisiana** Jord. Land. et Bas.-Pyr. La Teste de Buch (Flore Gr. Gdr. 531). Dunes d'Anglet, près de l'hippodrome, et probablement sur d'autres points du littoral, sur les pelouses arides des dunes. — Avril, juin. — R.

— **Hispida** Schlecht. Land. et Bas.-Pyr. Dax, Bayonne, Lahonce, Bidart. Lieux secs, collines arides sur les pelouses. — Avril, mai. — AR.

Myosotis Intermedia Link. Land. et Bas.-Pyr. Mont-de-
Marsan, Dax, St-Sever, St-Paul, St-Pandelon,
Angoumé, Bayonne, etc., etc. Lieux cultivés et
incultes, champs, vignes, bois. Printemps, au-
tomne. — AC.
— **Sylvatica** Hoffm. Bas.-Pyr. Uhart-Cize, Lasse,
Ascarat (M. Richter), petit bois entre Bidart et
Ahetze, parties humides, tourbeuses ou maréca-
geuses des bois ou forêts dans les contrées
montagneuses. — Mai, juillet. — R.
— **Alpestris** Schmidt. Pyr. Géougue, près du Col de
Tortes, Mont Laid, Gazies, Crêtes d'Anouilhas,
pâturages. — Juillet, août. — R.
— **Pyrenaica** Pourr. Pyr. Raillères d'Anouilhas,
sommet de l'Escala de la Québotte (Pic de Cé-
sy), Capéran. — Juillet, août. — R.
Echinospermum Lappula Lehm. Bas.-Pyr. Bayonne, de
Gabas à Panticosa. — Juillet, août. — RR.
Indiqué dans les Landes, par L. Dufour.
Cynoglossum Pictum Ait. Kcvd. Land. et Bas.-Pyr. Lieux
pierreux ou sablonneux, arides, incultes,
bords des haies, des chemins. — Mai, juin.
— C.
— **Officinale** L. Land. et Bas.-Pyr. Mont-de-Mar-
san, Roquefort, Dax, Abesse de Saint-Paul,
Labenne, Capbreton, Bayonne, lieux incul-
tes, bords des chemins, des haies. — Mai,
juillet. — AR.
— **Montanum** Lam. Pyr. Indiquée vaguement
aux environs des Eaux-Bonnes; lieux boisés.
— Juin, juillet.
Omphalodes Littoralis Lehm. Land. Capbreton (M. Féraud).
— Mai, juin. — RR.
Heliotrop'um Europæum L. Land. et Bas.-Pyr. Champs sa-
blonneux des Landes autour de Tartas, Mont-
fort, Mont-de-Marsan, Dax et Mugron. C. en
Marensin. RR. dans les Basses-Pyrénées. —
Juin, septembre.

SOLANÉES

Solanum Villosum Lam. Bas.-Pyr. Bayonne (autour de la
ville), Esterençuby, Saint-Michel. — Juillet, sep-
tembre. — R.
— **Nigrum** L. Land. et Bas.-Pyr. Bords des murs, dé-
combres, lieux cultivés. — Juin, septemb. — C.
— **Dillenii** Schult. Land. et Bas.-Pyr. Dax, Bayonne,
Bidart, fumiers, lieux incultes, terrains gras. —
Juillet, octobre. — R.

Solanum Ochroleucum Bast. Land. et Bas.-Pyr. Décombres, lieux incultes. — Juillet, octobre. — AC.

— **Miniatum** Bernh. Land. et Bas.-Pyr. Dax, Bayonne, Guéthary, Saint-Jean-de-Luz, etc., décombres, grèves, plages, lieux incultes. — Juillet, octobre. — R.

— **Pseudo-Capsicum.** Naturalisé à Jaxu (M. Richter) et à Peyrehorade (Flore J. Léon, 99).

— **Tuberosum** L. Cultivé.

— **Dulcamara** L. Land. et Bas.-Pyr. Haies, bois et buissons humides, bords des eaux. — Juin, août. — C.

— **Macrophyllum.** Naturalisé à Capbreton, Boucau et Saint-Jean-de-Luz. — Juin, juillet.

Atropa Belladona L. Pyr. Eaux-Bonnes, Pic de Ger, Mont Couges, Gabas, vallée d'Aspe, décombres du Château et Forêt d'Irati. Entre Urdos et Somport, frontière espagnole. Lieux boisés. — Juin, juillet. — RR.

Datura Stramonium L. Land. et Bas.-Pyr. Mont-de-Marsan, St-Sever, Dax, Orthevielle, Capbreton, Bayonne, Anglet, Bidart, Saint-Jean-de-Luz, etc. Décombres, bords des chemins, dunes, plages, lieux incultes. — Juillet, août. — AC.

— **Tatula** L. Bas.-Pyr. St-Jean-de-Luz (Lesauvage). Anglet, Dunes de Blancpignon (M. Dubalen). Abondant au Boucau en 1888 sur la voie ferrée, Lieux incultes, sables et décombres. — Juillet. septembre. — AR.

Hyoscyamus Niger L. Land. et Bas.-Pyr. Mont-de-Marsan, Dax, St-Vincent-de-Xaintes, Capbreton, Biarritz, Mouligna près Ilbarits ; Bidart. Décombres, bords des chemins, lieux incultes. — Mai, juillet. — R.

— **Albus** L. Trouvée jadis dans les Allées-Marines (Lesauvage). Mêmes lieux que la précédente. — Mai, août.

Nicandra Physaloides Gœrtn. Plante d'Amérique, naturalisée depuis fort longtemps dans une grande partie de la France, et à Dax depuis 1882 (M. Serres). Indiquée dans les cultures de la région par Thore en 1804.

VERBASCÉES

Verbascum Thapsus L. ⎱ Land. et Bas.-Pyr. Bords des
Schraderi Mey. ⎰ chemins, des haies, des bois ; lieux incultes. — Juillet, août. — AC.

— **Thapsiforme** Schrad. Land. et Bas.-Pyr. Lieux

pierreux ou sablonneux, incultes. Comme la précédente.

Verbascum Canescens Jord. Land. Dax, bords des chemins, lieux sablonneux, incultes, autour de la ville et de St-Vincent-de-Xaintes. —Juin, août.—R.

— **Thapso-nigrum** Schiede. Land. et Bas.-Pyr. Terrains sablonneux. C. dans la région maritime. — Juin, août.

— **Phlomoïdes** L. Land. et Bas.-Pyrén. Mont-de-Marsan, Dax, Bayonne et Marensin. Pignadas, lieux sablonneux incultes, sur les bords des chemins et des landes. — Juillet, août. — AR.

— **Australe** Schrad. Land. Mont-de-Marsan (Perris), Dax; mêmes lieux que la précédente. — Juillet, août. — R.

— **Sinuatum** L. Land. et Bas.-Pyr. St-Sever, Dax, Bayonne, Peyrehorade, etc., etc. Lieux incultes, bords des chemins; abondant dans la zone maritime d'Hendaye à la Teste. — Juillet, août. — C.

— **Pulverulentum** Vill. (Land. et Bas.-Pyr. Mont-
Floccosum Waldst. (de-Marsan, Dax, Bayonne, etc. ; lieux incultes, secs ou arides; bords des routes. — Juin, août. — AC.

— **Lychnitis** L. Land. et Bas.-Pyrén. Roquefort, Mont-de-Marsan, St-Sever, Mugron, Peyrehorade, Sordes, Orthevielle, Lanne, Lasse, Irouléguy, Biriatou, Béhobie. Collines, lieux pierreux, incultes. — Juin, juillet. — AR.

— **Nigrum** L. Land. et Bas.-Pyr. Mont-de-Marsan, Dax, Tartas, Boucau, Bayonne, etc. Bords des chemins, lieux sablonneux, incultes.—Juillet, août. — AR.

— **Nigro-Lychnitis** Schied. Bas.-Pyr. Biriatou. — Juin. — R.

— **Blattaria** L. Land. et Bas.-Pyr. St-Sever, Mugron, Dax, St-Vincent-de-Xaintes, St-Pandelon, Pau, Irouléguy, Sorhouetta et Occos (M. Richter); bords des chemins, lieux incultes, argileux ou argilo-calcaires. — Juin, septembre. — AR.

— **Virgatum** With. Land. et Bas.-Pyr. Dax, Saint-Vincent-de-Xaintes, Pouy d'Euse, St-Vincent-de-Paul, Tercis, Bayonne, Bidart, Guéthary, etc. Bords des chemins, lieux incultes, argilo-siliceux. — Juin, septembre. — AC.

SCROPHULARIACÉES

Scrophularia Peregrina L. Land. Dax (route de la Chalosse, quartier St-Pierre, où elle est abondante), Œyreluy, où Thore l'a trouvée à la fin du siècle dernier, et où nous l'avons retrouvée en 1865; Peyrehorade (M. Féraud), bords des chemins, des haies, lieux incultes. — Avril, juin. — R.

Scrophularia Pyrenaica Benth. Pyrénées, Eaux-Bonnes, Anouilhas, Bages, Pic de·Lazive, bords de la Nive et rochers des montagnes. — Juin, juillet. — R.

— **Scorodonia** L. Bas.-Pyr. Extrémité de la jetée sud de l'Adour, près Blanc-Pignon, dans des buissons de *rubus*, où elle se maintient depuis 25 ans; probablement apportée de Bretagne dans le lest. — Juin, août.

— **Alpestris** Gay. Pyr. Eaux-Bonnes, Estérençuby, Mont Orisson (M. Richter), Mont d'Arrain, Cambo, Beigoura, la Rhune, Biriatou, etc. — Juin, juillet. — AR.

— **Nodosa** L. Land. et Bas.-Pyr. Fossés, ruisseaux, lieux humides. — Juin, août. — AC.

— **Balbisii** Hornm. ⎱ Land. et Bas.-Pyr. **Aquatica** L. *proparte.* ⎰ Bords des eaux, lieux humides, fossés. — Mai, septembre. — C.

— **Canina** L. Land. et Bas.-Pyr. Mont-de-Marsan, Dax, St-Vincent-de-Xaintes, Lourquen, Peyrehorade, Tercis, Puyo, Bellocq, Bayonne, Anglet, lieux sablonneux ou pierreux, alluvions, lits des rivières, de l'Adour, du Gave, entre les galets, hippodrome de la Barre. — — Juin, août. — AR.

— **Hoppii** Koch. Pyr. Cabane de Counques, près des Englas, Raillère du Pic de Césy, Sarrance, Bedous, etc.; sur les bords du Gave, vallées des montagnes. — Juillet, août. — R.
Cette plante, trouvée en 1856 à Peyrehorade, a probablement été apportée par le Gave.

Antirrhinum Orontium L. Land. et Bas.-Pyr. Mont-de-Marsan, Saint-Sever, Dax, Lourquen, Tercis, Angresse, Bayonne, Saint-Etienne, Anglet, Guéthary, Bedous, etc., champs, vignes, moissons, lieux cultivés. — Juin, septembre. — AC.

— **Majus** L. Land. et Bas.-Pyr. Mont-de-Marsan, Dax (sur les remparts et les vieux murs), Bayonne (id. Mousserolle, Saint-André, Saint-Pierre-d'Irube), Guéthary, Sordes, talus et empierrements du chemin de fer, etc.; lieux arides, incultes, vieux murs. — Juin, septembre. — AC.

Antirrhinum Sempervirens Lap. Pyr. Pont du Hourat, des Eaux-Bonnes aux Eaux-Chaudes. — Juin, juillet. — RR.

Linaria Cymbalaria Mill. Land. et Bas.-Pyr. Çà et là, sur quelques vieux murs, près des habitations. Subspontanée dans la région. — Mai, octobre. — RR.

— **Spuria** Mill. Land. et Bas.-Pyr. Champs, lieux cultivés, calcaires ou argileux. — Juin, octobre. — AC.

— **Elatine** Desf. Land. et Bas.-Pyr. Mêmes lieux que la précédente. — Juin, octobre. — AC.

— **Græca** Chav. } Bas.-Pyr. Sommet des falai-
Commutata Bernh. } ses entre Bidart et Biarritz, près des carrières de gypse, St-Jean-de-Luz à Ste-Barbe. — Juin, juillet. — RR.

— **Vulgaris** Mœnch. Land. et Bas.-Pyr. Mont-de-Marsan, Dax, Bayonne, St-Etienne, Mouguerre, Lahonce, Uhart-Cize, St-Jean-Pied-de-Port, Baïgorry, Bedous, Accous, Saint-Jean-de-Luz, bords des chemins, des champs et des bois. — Juillet, septembre. — AR.

— **Pelisseriana** DC. Land. et Bas.-Pyr. St-Etienne-de-Bayonne, St-Sever, Aire, Villeneuve-de-Marsan, dans les champs sablonneux. — Mai, septemb. R.

— **Arvensis** Desf. Land. Moissons de Tarnos (Darracq), champs, lieux sablonneux. — Juin, août. — RR.

— **Spartea** Hoffm. et Link. Land. et Bas.-Pyr. Champs secs, sablonneux, arides, et moissons de toute la contrée pinicole ou maritime de Bayonne à la Teste; se trouve aussi à Dax et à Mont-de-Marsan. — Juin, août. — C.

— **Striata** DC. Land. et Bas.-Pyr. Bords des chemins, haies bois, lieux incultes, stériles ou arides. — Mai, août. — C.

— **Thymifolia** DC. Land. et Bas.-Pyr. Sables maritimes de Biarritz à la Teste. CC. à Capbreton. — Juin, septembre. — AC.

— **Alpina** DC. Pyr. Raillère d'Ousilietche (près des Englas), pic d'Eras tailladles, de Louctores à Balour, Col de Suzon, Athas, Mont Couges, Pic de Ger près de la source, première cheminée du Pic d'Ossau, case de Broussette, du Marcadeau, de Sarrance à la frontière. — Juillet, août. — R.

— **Supina** Desf. Land. et Bas.-Pyr. Mont-de-Marsan, Dax, St-Sever, Bayonne, Bonnes, dunes sèches d'Hendaye à la Teste; lieux secs et sablonneux. — Mai, septembre. — AC.

— **Maritima** DC. Land. et Bas.-Pyr. Mêmes lieux que la précédente, principalement sur Anglet. — Juin, septembre. — AR.

Linaria Pyrenaica DC. Pyr. Rochers des environs des Eaux-Bonnes et de la vallée d'Aspe. — Juin, juillet. — R.
> Quelques auteurs en font, ainsi que de la précédente, des variétés du *Supina*.

— **Minor** Desf. Land. et Bas.-Pyr. Tarnos, Anglet, Boucau, Bellocq, Peyrehorade, etc., Ascarat, Occos (M. Richter), vallées pyrénéennes, lieux pierreux ou sablonneux, arides ou incultes; graviers. — Juin, octobre. — R.

— **Origanifolia** DC. Land. et Bas.-Pyrén. Dax (sur le port), Bellocq, Lurbe, Lahontan, St-Criq, Sordes, Peyrehorade; sur les vieux murs et dans le lit du Gave (entre les galets), Pau et région des montagnes, Pic de Ger, Pic de Césy, vallée d'Aspe. — Avril, juillet. — AR.
> Var. *B. Grandiflora*. Vallées d'Ossau et d'Aspe, Louvie, Laruns, Eaux-Chaudes, etc.

Gratiola Officinalis L. Land. et Bas.-Pyr. Bords des étangs, des lacs, lieux aquatiques, marais. — Juin, août. — AC.

Lindernia Pyxidaria All. et Mant. Land. Bords et îles de l'Adour, à Dax, Pontonx, St-Vincent-de-Xaintes et St-Paul-lès-Dax; marais que couvre l'Adour lors des crues, St-Etienne-d'Orthe (M. Féraud); lieux humides, sablonneux ou vaseux des bords des rivières et des étangs. — Juin, août. — RR.

Veronica Spicata L. Pyr. Crêtes et Col du Pic de Césy, Crêtes d'Anouilhas. — Juillet, août. — RR.

— **Teucrium** L. Land. Route de Sordes à Cassabé (Flore J. Léon, 104), sur le terrain éocène, Peyrehorade (M. Féraud), coteaux, pelouses calcaires. — Mai, juin. — RR.

— **Prostrata** L. Land. (Flore J. Léon, *loco citato*). — Mai, juin. — RR. (A vérifier.)

— **Chamædrys** L. Land. et Bas.-Pyr. Haies, bois, prés, bords des chemins. — Mars, mai. — CC.

— **Urticæfolia** L. Pyr. Pas de Roland. — Juin. — RR.

— **Beccabunga** L. Land. et Bas.-Pyr. Fossés, ruisseaux, fontaines, marécages. — Avril, octobre. — C.

— **Anagallis** L. Land. et Bas.-Pyr. Mêmes lieux que la précédente. — Avril, octobre. — CC.

— **Anagalloides** Guss. Land. et Bass.-Pyr. Entre Peyrehorade et Hastingues (Flore J. Léon, 106), bords de la Nive sur Bassussarry, lieux humides, bords des eaux. — Mai, septembre. — RR.

— **Scutellata** L. Land. et Bas.-Pyr. Bords herbeux des lacs et des étangs, fossés, lieux marécageux. — Mai, septembre. — AR.

Veronica Montana L. Land. et Bas.-Pyr. Dax, Montfort,
Pouillon, Estibeaux, Habas, Saint-Cricq, Tercis,
Saint-Vincent, Bayonne, Bassussarry, Arcangues,
Arbonne, Bidart, etc., etc.; vallées sous-pyré-
néennes boisées, couvertes, humides. — Mai,
juillet. — AC.

— **Aphylla** L. Pyr. Pic de Ger, à la source et au Capéran, Pembécibé, Gourzy (Em. Desvaux), Rasure de Louesque, Pic d'Eras taillades, Pic d'A-
nie. — Juillet, août. — R.

— **Officinalis** L. Land. et Bas.-Pyr. Pâturages, bois,
sur le bord des allées, prés secs, coteaux, lieux
ombragés. — Juin, juillet. — AC.

— **Nummularia** Gouan. Pyr. Aucupat (Em. Desvaux), Capéran, Pics d'Amoulat, de Ger, d'Ossau et d'Anie. — Juin, juillet. — AR.

— **Fruticulosa** L. Pyr. Col d'Aspe. — Juillet. — RR.
Var. *B. Pilosa*. Géougue, Gazies, Eaux-Chaudes, Gabas, Pènes Blanches et Pic d'Eras taillades. — Juillet, septembre. — R.

— **Bellidioides** L. Pyr. Lac et Counques des Englas,
pâturages. — Juin, août. — RR.

— **Alpina** L. Pyr. Pic de Ger, à la source et au Capéran, Bécotte des Englas, Lac et Pic d'Eras taillades, Lac de Louesque, Portillon du Pic d'Ossau,
Pic d'Anie, hauts sommets. — Juillet, août. — R.

— **Serpyllifolia** L. Land. et Bas.-Pyr. Pelouses humides, lieux frais, pâturages humides jusque dans
les montagnes. — Avril, octobre. — C.

— **Ponæ** Gouan. Pyr. Gourzy (Em. Desvaux). Environs des Eaux-Bonnes et des Eaux-Chaudes, Pic
de Ger, Cujalat des Espagnols, vallée d'Aspe,
St-Jean-le-Vieux, St-Michel, Estérençuby (M.
Richter). — Juin, juillet. — R.

— **Arvensis** L. Land. et Bas.-Pyr. Lieux cultivés et
incultes. — Mars, octobre. — C.

— **Peregrina** L. Land. Mont-de-Marsan (Perris). —
Avril, mai. — RR.

— **Verna** L. Land. Mont-de-Marsan (Perris). Pelouses
sablonneuses arides. — Avril, mai. — RR.

— **Acinifolia** L. Land. et Bas.-Pyr. Mont-de-Marsan,
Dax, Bayonne, etc., champs sablonneux, frais,
humides. — Mars, mai. — AC.

— **Triphyllos** L. Land. et Bas.-Pyr. Mont-de-Marsan,
Dax, Bayonne, Saint-Bernard, terrains siliceux,
dans les moissons, les champs. — Mars, mai. —
AR.

— **Præcox** All. Land. et Bas.-Pyr. Mont-de-Marsan
(Perris), Bayonne, Boucau, Anglet, etc.; lieux

sablonneux ou pierreux, champs, vignes, coteaux.
— Mars, mai. — RR.

Veronica Persica Poir. Land. et Bas.-Pyr. Champs, jardins,
lieux cultivés, bords des chemins. — Toute l'année. — CC.

—   **Agrestis** L. Land. et Bas.-Pyr. Lieux cultivés,
frais. — Janvier, octobre. — C.

—   **Didyma** Ten.) Land. et Bas.-Pyr. Mêmes lieux que
Polyta Fries.) la précédente. — Mars octob. — C.

—   **Hederæfolia** L. Land. et Bas.-Pyr. Bords des haies,
champs, vignes, lieux cultivés. — Mars, octobre.
— CC.

Sibthorpia Europæa L. Land. et Bas.-Pyr. Mont-de-Marsan
(Perris), de Peyrehorade à Port-de-Lanne (M. Fé-
raud), environs de Saint-Sever et marnières de
Montfort (Thore, 268), environs de Bayonne (à
Grateloup), Mont Orisson, Cambo, Itsatsou,
Espelette, Ascain, Olhette, Urrugne, Biriatou,
etc.; bords ombragés et mouillés de la plupart
des cours d'eau des montagnes. — Eté, automne.
— AR.

Limosella Aquatica L. Land. Dax et environs, St-Vincent-
de-Xaintes, St-Paul-lès-Dax, Mont-de-Marsan,
Mugron, Pontonx, etc.; lieux vaseux, fangeux
des bords de l'Adour et des îles ou presqu'îles.
— Juin, août. — RR.

Erinus Alpinus L. Land. et Bas.-Pyr. Cauneille, Sordes, Peyrehorade, Hastingues, Pau, etc.; sur les vieux murs
et les rochers, où cette plante alpine descend; très
commune dans la chaîne pyrénéenne. — Mai, août.
Var. *B. Hirsutus*. Mêmes lieux. — R.

Digitalis Purpurea L. Land. et Bas.-Pyr. Gabas, vallées
boisées de la région sous-pyrénéenne; sur le grès,
le granit et les terrains siliceux; très commune à
Cambo; descend jusqu'à Peyrehorade et Bassussarry. — Juin, août.

—   **Lutea** L. Trouvée autrefois à Tercis (Landes), où
nous n'avons pu la retrouver. Coteaux pierreux,
buissonneux ou boisés. — Juin, août.

Euphrasia Officinalis L. Land. et Bas.-Pyr. Prés et pelouses.
— Juin, septembre. — AC.

—   **Campestris** Jord. Land. et Bas.-Pyr. Narrosse,
Bidart, Ahetze, Saint-Jean-de-Luz et bords des
bois, lieux non cultivés, terrains en friche. —
Juillet, août. — AC.

—   **Rigidula** Jord. Land. et Bas.-Pyr. La torte de
St-Vincent-de-Xaintes, Dax, Bidart, Guéthary,
Eaux-Bonnes, Gabas, etc. Bords des bois, pâtu-
rages. — Juillet, août. — AC.

Euphrasia Michranta Reich. Land. Dax, Saint-Vincent-de-Xaintes; prairies, pâturages.—Juillet, août. AR.

— **Ericetorum** Jord. Land. et Bas.-Pyr. Dax, Lourquen, Laurède, Eaux-Bonnes, Bayonne, Bidart, St-Jean-de-Luz, etc. Landes, bruyères, pâturages. — Juillet, septembre. — AR.

— **Nemorosa** Pers. Région des montagnes.
Var. *G. Parviflora* Soy.-Will. Raillères et Crêtes du Pic de Césy, entre Pênes Blanches et Gabisos, entre Dax et Peyrehorade.
Var. *D. Alpina E. Salisburgensis* Funk. Eaux-Bonnes (M. Loret), Çaro (M. Richter); pelouses des montagnes. — Juillet, août. — R.

— **Soyeri** Timb.-Lagrave. Pyr. Première Cheminée du Pic d'Ossau, Pic de Ger, Col d'Aucupat, lac de Louesque, Pic d'Eras taillades. — Juillet, août. — R.

— **Montana** Jord. Pyr. Aramits (M. Loret).— Juillet, août. — RR.

— **Præcox** Jord. Pyr. Urdos (M. Loret). — Accous, Lescun. — Juillet, août. — R.

Odontites Rubra Pers. idem *Verna* Reich. Land. et Bas.-Pyr. Mont-de-Marsan, Dax, Bayonne, Boucau, Bidart, etc., champs, moissons. — Mai, juillet. — AR.

— **Serotina** Reich. Land. et Bas.-Pyr. Champs, prés, bois, pâturages. — Juillet, août. — Plus C. que la précédente.

— **Divergens** Jord. Land. et Bas.-Pyr. Dax, Gaas, Bayonne, Bidart, etc. Mêmes lieux. — AC.

Bartsia Alpina L. Pyr. Source du Pic de Ger, Pembécibé, Capéran, Gourzy, Anouilhas, Mont Couges, sommet des Pics de Césy, d'Ossau et d'Anie. — Juin, juillet. — R.

— **Spicata** Ram. Pyr. Pic d'Amoulat, Oloron, Olmédi. — Août. — RR.

Trixago Apula Stev. Land. et Bas.-Pyr. Tarnos et Boucau, voie ferrée au delà du Boucau, sur les côtés herbeux et dans les fossés. — Mai, juillet. — RR.

Eufragia Viscosa Benth. Land. et Bas.-Pyr. Champs, prés, lieux frais et sablonneux. — Mai, juillet. — AC.

— **Latifolia** Griseb. Landes, St-Sever (L. Dufour), près de l'Adour. — Mai, juin. — RR.

Rhinanthus Major Ehrh. Land. et Bas.-Pyr. Prés, moissons. — Mai, juillet. — C.

— **Minor** Ehrh. Land. et Bas.-Pyr. Mont-de-Marsan, Dax, Bayonne, prairies fraîches ou humides des collines. — Mai, juin. — R.
Var. *B. Augustifolius.* Pyr. Eaux-Bonnes, Balour, Pas de l'Ours. — Mai, juin. — R.

Rhinanthus Augustifolius Gmel. Pyr. Capéran (Pic de Ger et d'Anie). — Juillet, août. — RR.

Pedicularis Foliosa L. Pyr. Louctores, Pas de l'Ours, Mont-Couges, etc., prairies humides. — Juin, juillet. — AR.

—   **Sylvatica** L. Land. et Bas.-Pyr. Bruyères, bois, pâturages humides, marécages. — Avril, juin. — C.

—   **Comosa** L. Pyr. Louctores. Hauts sommets. — Juillet, août. — RR.

—   **Pyrenaica** Gay. Pyr. Bécotte des Englas, Col de Césy, Pics de Ger, d'Anie, pied d'Aucupat, Anouilhas, Gourzy, de Pènes Blanques au pic d'Eras taillades; pâturages. — Juillet, août. — R.

—   **Rostrata** L. Pyr. Crêtes et grande Raillère du Pic de Césy, Fontaine de Lourdé, Crêtes de Bréca, Pic de Ger, en montant au Capéran, Raillère de Gabisos, Louctores. — Juillet, août. — R.

—   **Tuberosa** L. Pyr. De Bouye à Cristaous, Géougue, Crêtes du Pic de Césy, Pic de Ger, Aucupat, sur les rochers au Sud, Balour, Louctores, Lescun. — Juillet, août. — R.

Melampyrum Nemorosum L. Indiqué dans les Pyrénées, par Lapeyrouse.

—   **Pratense** L. Land. et Bas.-Pyr. Prés, bois, landes sèches. — Juin, août. — C.

—   ✸ **Arvense** L. Bas.-Pyr. St-Pierre-d'Irube, Mouguerre, champs calcaires. — Juin, juillet. — RR.

—   **Sylvaticum** L. Pyr. Dans les parties boisées des sommets. — Juillet, août. — R.

OROBANCHACÉES

Phelipœa Ramosa A. Meyer. Land. St-Justin (L. Duf.). — Juin, juillet. — RR. Vient sur le chanvre; plante non cultivée dans la région.

Orobanche Rapum Thuill. Land. et Bas.-Pyr. Landes et pignadas. Sur le Sarothamnus Scoparius. Vient principalement dans la contrée nord ou pinicole. — Mai, juin. — AR.

Var. *B. Bracteosa* Reut. Mêmes lieux, environs de Dax, Narrosse, etc.

—   **Cruenta** Bertol. Land. et Bas.-Pyr. Dans les prairies calcaires et sur les dunes, sur plusieurs légumineuses. — Mai, juillet. — C.

—   **Concolor** Boreau. Var. *B. Citrina* de la précédente (Cassou et Germain), St-Jean-de-Luz et Guéthary, sur le Lotus Corniculatus. — Juin, juillet. — RR.

Orobanche Epithymum DC. Land. et Bas.-Pyr. Pelouses sablonneuses ou sèches, falaises, collines arides, sur le Thymus Serpyllum.—Juin, juillet. — AC.

— **Scabiosa** Koch. Pyr. Raillère d'Aucupat, Lac d'Aule, sur la Scabiosa Columbaria. — Juillet, août. — R.

— **Castellana** Reuter. Pyr. Gabas.(M. Loret). — Juillet. — RR.

— **Teucrii** Hol. et Schultz. Land. et Bas.-Pyr. Saint-Sever, Dax, etc.; collines calcaires, sommet des falaises, sur les Thymus Serpyllum et Chamædris. — Mai, juin. — R.

— **Major** L. Pyr. Environs de Bonnes (promenade de l'Impératrice), sur le Centaur Scabiosa. — Juin, juillet. — R.

— **Artemisia** Vauch. Bas.-Pyr. Sables maritimes d'Anglet, sur Artemisia Campestris. — Juin. R.

— **Pubescens** Reut.) Land. et Bas.-Pyr. Pignadas **Villosa** Schultz. (du littoral et sables maritimes, principalement de Biarritz à Capbreton, sur le Crepis Bulbosa. — Mai, juillet. — AR.

— **Hederæ** Vaucher. Land. et Bas.-Pyr. Mont-de-Marsan, Dax, Bayonne, Bellocq, Sordes, Arbonne, etc.; sur le lierre (Hedera Helix). — Juin, juillet. — AR.

— **Minor** Sutton. Land. et Bas.-Pyr. Mont-de-Marsan, Dax, Castets, Labenne, Tarnos, Bayonne, Saint-Jean-Pied-de-Port, Bidart, etc., etc.; sur plusieurs Treflus Sativum, Repens Resupinatum, Clusii, Subterraneum. Juin, juillet. AC.

— **Crithmi** Vauch. Bas.-Pyr. Sables maritimes et falaises, sur le Crithmum, Biarritz, Anglet. — Mai, juillet. — R.

— **Amethystea** Thuill. Land. et Bas.-Pyr. Sables maritimes et bords des chemins, sur Eryngium Campestre et Maritimum, et sur Euphorbia Paralias. — Juin, juillet. — AC.

Clandestina Rectiflora Lam. Land. et Bas.-Pyr. Lieux tourbeux ou marécageux ombragés, bords des ruisseaux de la plupart de nos vallées et jusque dans les Pyrénées, pied des arbres, principalement Alnus Glutinosa. — Février, avril.— AC.

LABIÉES

Mentha Rotundifolia L. Land. et Bas.-Pyr. Chemins humides, fossés, bords des ruisseaux. Juin, juillet. CC.

Mentha Sylvestris L. Land. et Bas.-Pyr. St-Jean-Pied-de-Port (M. Richter). Environs de la Teste (Thore), bords des ruisseaux. — Juillet, août. -- R.

— **Molissima** Timb. Pyr. Le Roumiga. — Juillet, août. — RR.

— **Candicans** Crantz. Bas.-Pyr. De Bonnes aux Eaux-Chaudes, St-Jean-Pied-de-Port, Bedous, Accous, Lées, Athas, Osse, Sarrance, sur les bords du Gave de la vallée d'Aspe. C. — Juillet, septembre.

— **Nemorosa** Wild. Bas.-Pyr. Saint-Jean-Pied-de-Port (M. Richter). Mêmes lieux. — R.

— **Aquatica** L. Land. et Bas.-Pyr. Lieux humides, fossés, ruisseaux. — Juillet, août. — CC.
Ejus varietates. Mêmes lieux.

— **Pyramidalis** Lloyd. Landes. Narrosse, Marais longtemps inondés. — Août, septembre. — AR.

— **Rubra** Sm. Lesauvage indique cette plante sur la rive droite de l'Adour, sans préciser. — Août, septembre.

— **Sativa** L. Bas.-Pyr. St-Jean-Pied-de-Port (M. Richter). — Août, septembre. — R.

— **Arvensis** L. Land. et Bas.-Pyr. Champs humides. — Juillet, août. — C.

— **Pulegium** L. Land. et Bas.-Pyr. Pâturages, champs, prés humides. — C.

Lycopus Europæus L. Land. et Bas.-Pyr. Lieux humides, bords des ruisseaux, fossés. — Juillet, septembre. — CC.

Origanum Vulgare L. Land. et Bas.-Pyr. Lieux secs, pierreux, coteaux incultes. — Juillet, septemb. — C.
Var. *B. Prismaticum* Gaud. Avec le type.

Thymus Vulgaris L. Pyr. Des Eaux-Chaudes à Panticosa. Lescun. — Juin. — RR.

— **Serpylium** L. Land. et Bas.-Pyr. Coteaux secs, pelouses arides, falaises et Pyrénées. — Juillet, septembre. — CC. Var. à fleurs blanches.
Var. *G. Confertus.* Pyrénées.

— **Chamædrys** Fries. Land. et Bas.-Pyr. Landes sablonneuses. — Juillet, septembre. — C.

Hyssopus Officinalis L. Land. et Bas.-Pyr. Environs de Peyrehorade et de Pau, rochers, coteaux secs. — Juillet, août. — R.

Satureia Hortensis L. Land. et Bas.-Pyr. Saint-Sever, Dax, Aire, Cazères, Boucau, Anglet, Bayonne, St-Jean-de-Luz, terrains sablonneux. — Juillet, septembre. Probablement subspontanée.

— **Montana** L. Pyr. Vallée d'Ossau et d'Aspe, sur les rochers. — Juillet, août. — R.

Calamintha Officinalis Mœnch. Land. et Bas.-Pyr. Mont-de-Marsan, St-Sever, Dax, Bayonne, Çaro, Saint-Michel, St-Jean-Pied-de-Port, Béhobie, vallée d'Aspe, etc. Coteaux, lieux ombragés. — Juillet, août. — AR.

— **Menthæfolia** Host. (Land. et Bas.-Pyr. Dax,
Ascendens Jord.   ¡ Bayonne, St-Etienne, Boucau, Anglet, Lasse, Irouléguy, Béhobie et frontière d'Espagne, Irun, Fontarabie; coteaux, lieux secs. — Juin, septembre. — AC.

— **Nepeta** Link. et Hoffm. Land. et Bas.-Pyr. Mont-de-Marsan (Perris), Bayonne, Anglet (jetée rive gauche, près du Lazaret). Juin, août. RR.

— **Acinos** Clairv. Land. et Bas.-Pyr. Mont-de-Marsan, St-Sever, Bayonne, St-Jean-Pied-de-Port, Osse (vallée d'Aspe), champs pierreux, lieux incultes. — Juin, août. — R.

— **Clinopodium** Benth. Land. et Bas.-Pyr. Bords des bois, des haies, buissons, lieux incultes. — Juillet, août. — C.

Melissa Officinalis L. Land. et Bas.-Pyr. Bords des haies, des murs, des bois, et principalement dans le voisinage des habitations. — Juin, août. — AC.

Horminum Pyrenaicum L. Pyr. De Pembécibé à Aucupat (Pic de Ger), Gourzy, Anouilhas, terrasse de la Québotte de Césy, prairie de Balour, Mont Couge, Col de Tortes, Pas de l'Ours, Lescun, val de Broussette, vallée d'Aspe. — Juin, juillet. — AC.

Rosmarinus Officinalis L. Bas.-Pyr. Indiqué dans les environs de Pau, coteaux. — Mars, mai.

Salvia Pratensis L. Land. et Bas.-Pyr. St-Justin, St-Sever, Dax, Bidart, Biarritz, prairies. — Mai, juillet. — R.
Var. *Parviflora* Lec. et Lamot. (Biarritz.
— *Dumetorum* Andrz.   {

— **Verbenaca** L. Land. et Bas.-Pyr. Mont-de-Marsan, St-Sever, Dax, Aire, Bayonne, Anglet, St-Jean-Pied-de-Port, Bidart, Guéthary, etc.; coteaux calcaires, herbeux, prés secs, bords des chemins. — Mai. — AC.

— **Horminoides** Pour.) Land. et Bas.-Pyr. Mont-de-
Pallidiflora Chaub. / Marsan, Dax, St-Sever, Saint-Jean-de-Luz, Roquefort, Labouheyre, coteaux secs. — Mai, septembre. — R.

Nepeta Lanceolata Lam. Pyr. Pic d'Anéou, au-dessus de Gabas. — Juillet, août. — RR.

Nepetella L. Pyr. avec le précédent. — RR.

Glechoma Hederacea L. Land. et Bas.-Pyr. Lieux frais ombragés, haies, bois, fossés, prairies. — Avril, mai. — CC.

Lamium Amplexicaule L. Land. et Bas.-Pyr. Lieux cultivés.
— Mars, novembre. — C.

— **Purpureum** L. Land. et Bas.-Pyr. Lieux cultivés.
Mars, octobre. — CC.

— **Maculatum** L. Land. et Bas.-Pyr. Lieux frais, haies,
murs, fossés. — Mars, octobre. — CC.
Var. *Flore albo.* Mêmes lieux. — R.

— **Galeobdolon** Crantz. Land. et Bas.-Pyr. Mont-de-
Marsan, Saint-Sever, Dax, St-Pandelon, Monfort,
Tercis, Peyrehorade, Bayonne, Villefranque, Bris-
cous, Saint-Jean-Pied-de-Port, Cambo, Pas de
Roland, etc.; bois, haies, vallées, lieux couverts.
— Avril, juin. — AC.

Leonurus Cardiaca L. Land. et Bas.-Pyr. Tercis (près des
bains), Saint-Vincent-de-Paul (près de l'église),
Orthevielle, Anglet (quartier de la Chambre-
d'Amour), haies, murs, décombres, bords des
chemins. — Juin, août. — R.

— **Marrubiastrum** L. (?) Darracq indique cette plante
à Bayonne, sans préciser. Nous la marquons d'un
point de doute : ?

Galeopsis Augustifolia Ehrh. | Land. et Bas.-Pyr. St-Sever,
— **Ladanum** L. | Montfort, Peyrehorade, Mou-
guerre, Urcuit, St-Jean-Pied-de-Port, vallée d'Aspe, moissons calcaires. — Juillet, septembre. AR.

— **Intermedia** Vill. Pyr. Bedous, Aydius, Accous,
Lourdios, Osse, etc.; éboulis des montagnes. —
Juillet, septembre. — R.

— **Dubia** Leers. Bas.-Pyr. Vallée d'Aspe, dans les
champs. — Juillet, septembre. — R.

— **Tetrahit** L. Land. et Bas.-Pyr. Saint-Paul-lès-Dax
(à Abesse et à Cabanes); Cauneille, Ahetze, Urt,
St-Jean-Pied-de-Port, Bayonne, etc.; bois, haies,
lieux frais. — Juillet, août. — AR.

— **Glaucescens** Reuter. Pyr. Crêtes de Gourzy, Eaux-
Chaudes. — Juillet, août. — RR.

— **Bifida** Bœnning. Pyr. Entre Bonnes et Laruns,
lieux boisés. — Juillet, août. — R.

— **Sulfurea** Jord. Landes. Narrosse, près Dax, dans
quelques bois taillis. — Juillet, août. — RR.

Stachys Germanica L. Land. et Bas.-Pyr. Coteaux des bords
du Gave d'Orthez à Bellocq; lieux incultes, pierreux, calcaires. — Juillet, août. — R.

— **Heraclea** All. Pyr. Entre Louvie et Laruns, Itsatsou; coteaux secs, lieux incultes. — Juin, juillet.
— RR.

— **Alpina** L. Bas.-Pyr. Toutes les vallées pyrénéennes
et sous-pyrénéennes jusqu'à Bayonne et Peyrehorade. — Juillet, août. — AC.

— **Sylvatica** L. Land. et Bas.-Pyr. Haies, bois humides, bords des chemins. — Juin, août. — C.

— **Palustri-Sylvatica** Schied. Bas.-Pyr. Environs de Pau et de Bayonne, St-Pée-sur-Nivelle, marais, bords des eaux; avec la précédente et la suivante. — Juin, juillet. — R.

— **Palustris** L. Land. et Bas.-Pyr. Fossés, ruisseaux, lieux humides. — Juin, août. — C.

— **Arvensis** L. Land. et Bas.-Pyr. Champs sablonneux et lieux incultes. Printemps, automne. — C.

— **Hirta** L. Bas.-Pyr. Bayonne, Anglet. Jetée sud de l'Adour dans plusieurs endroits, et fond des Allées-Marines, où Lesauvage avait vu dès 1830 cette plante de Provence. — Mai, juillet. — R.

— **Annua** L. Land. et Bas.-Pyr. Champs cultivés. — Juillet, octobre. — AC.

— **Maritima** L. Indiqué par Lesauvage sur le littoral, près de nos limites. — Mai, juin.

— **Recta** L. Land. et Bas.-Pyr. St-Sever, Sordes. Terrain éocène (M. Féraud), Mont Artza, Col de Tortes, vallées d'Aspe et d'Ossau; lieux pierreux, arides. — Juin, août. — R.

Betonica Alopecuros L. Pyr. Escala de la Québotte (Pic de Césy), Gourzy, Pic de Ger, Pic d'Anie, hauts sommets. — Juillet, août. — R.

— **Hirsuta** L. Pyr. Source du Pic de Ger. — Juillet, août. — RR.

— **Officinalis** L. Land. et Bas.-Pyr. Bois, landes, taillis. — Juin, août. — CC.

Ballota Fœtida Lam. Land. et Bas.-Pyr. Bords des chemins, murs, décombres. — Juin, août. — CC.

Sideritis Hyssopifolia L. Pyr. Col d'Aucupat, Lescun, Pic d'Anie, Balour, Gourzyotte (Pic de Césy), de Bouye à Cristaous, hauts sommets. — Juillet, août. — R.

Marrubium Vulgare Land. Bas.-Pyr. Bords des chemins, décombres. — Juin, septembre. — CC.

Scutellaria Alpina L. Pyr. Près de la source du pic de Ger, Clot Ardoun près du col d'Aucupat, Anouilhas, Lescun (près de la cascade). — Juillet, août. R.

— **Galericulata** L. Land. et Bas.-Pyr. Bords des eaux, ruisseaux, fossés, étangs, talus, pierres des rivières. — Juillet, août. — C.

— **Minor** L. Land. et Bas.-Pyr. Bords des étangs et des lacs, lieux marécageux ou tourbeux. — Juin, août. — AC.

Brunella Vulgaris Mœnch. Land. et Bas.-Pyr. Prés, champs, bois, pâturages. — Mai, juillet. — CC.

Var. *B. Genuina* Gdr.
Var. *A. Pennatifida* Gdr. } Mêmes lieux.

Brunella Alba Pallas Land. et Bas.-Pyr. St-Sever, Sordes, Cauneille, Bayonne (à St-Bernard), Aincille, St-Jean-Pied-de-Port, etc. Bords des bois, collines et pelouses calcaires. — Juin, août. — AR.

— **Grandiflora** Mœnch. Land. et Bas.-Pyr. Collines sèches, pelouses, bois, landes, région montagneuse. — Juin, juillet. — C.

Var. *A. Genuina* Gdr. Var. *B. Pennatifida* Koch. } Mêmes lieux.

Var. *G. Pyrenaica*. Ça et là dans les Pyrénées et près Bayonne.

Ajuga Reptans L. Land. et Bas.-Pyr. Prés, bois humides. — Mai, juin. — CC. Varie quelquefois à fleurs blanches.

— **Pyramidalis** L. Pyr. Anouilhas, Col de Tortes. — Mai, juin. — RR.

— **Chamæpitys** Schreb. Land. et Bas.-Pyr. St-Sever, d'Orthez à Sordes, champs pierreux, coteaux calcaires des bords du Gave. — Juin, septembre. — R.

Temrium Botrys L. Land. et Bas.-Pyr. Saint-Sever, Sordes, Benesse, St-Pierre-d'Irube, champs montueux et pierreux des terrains calcaires. — Juillet, octobre. — R.

— **Scordium** L. Land. et Bas.-Pyr. Tarnos, Boucau, Anglet, Dax, les pignadas du littoral; lieux humides, fossés, bords des lacs et étangs. — Juillet, août. R. — CC. à Chiberta.

— **Scordioides** Schreb. Indiqué dans les environs de Bayonne. Même habitat que le précédent. — Eté, automne. Nous ne l'avons pas trouvé.

— **Scorodonia** L. Land. et Bas.-Pyr. Bois secs, landes, bruyères, haies. — Juin, octobre. — CC.

— **Chamædrys** L. Land. et Bas.-Pyr. St-Sever, Sordes, sur le terrain éocène. Lasse et dans les Pyrénées, rochers du Hourat, Raillère du Pic de Césy, lieux pierreux, coteaux calcaires. — Juin, septembre. — R.

— **Pyrenaicum** L. Land. et Bas.-Pyr. Cette plante, très répandue dans les Pyrénées, descend sur les coteaux du Gave, jusque près de Peyrehorade et Sordes. — Juin, juillet. — C.

— **Montanum** Pyr. Pic de Gabisos, Grande Raillère du Pic de Césy. — Juin, juillet. — RR.

VERBÉNACÉES

Verbena Officinalis L. Land. et Bas.-Pyr. Bords des chemins, lieux incultes. — Juin, octobre. — CC.

Var. *B. Prostrata*. Mêmes lieux.

PLANTAGINÉES

Plantago Major L. Land. et Bas.-Pyr. Pelouses fraîches, bords des chemins, lieux incultes. — Juin, octobre. — CC.

— **Intermedia** Gilib. Land. et Bas.-Pyr. Mêmes lieux que le précédent, et plus commun. Juin, octobre. Var. *Minima* DC. Mêmes lieux.

— **Media** L. Land. et Bas.-Pyr. Bords des chemins, pelouses sèches, arides, calcaires. — Mai, juin. — AC.

— **Coronopus** L. Land. et Bas.-Pyr. Lieux secs ou sablonneux. — Juin, août. — CC.
 Ejus varietates. Mêmes lieux.

— **Crassifolia** Forsk. Bas.-Pyr. Biarritz, plages maritimes. — Juillet, août. — RR.

— **Maritima** L. Land. et Bas.-Pyr. Marécages maritimes et voisinage des salines; remonte sur les bords des cours d'eau presque jusqu'à la limite des marées. — Mai, septembre. — C.

— **Alpina** L. Pyr. Col de Tortes, Lac d'Aule, Aucupat, Anouilhas, Col de Sallent, Balour. — Juillet, août. — R.

— **Carinata** Schrad. Land. et Bas.-Pyr. Rochers et falaises d'Hendaye à la Teste. — Juillet, septembre. — CC.

— **Lanceolata** L. Land. et Bas.-Pyr. Prés, pelouses, pâturages. — Avril, octobre. — CC.

— **Eriophora** Hoff. Var. *D. Lanceginosa* du précédent. Dunes, sables maritimes d'Hendaye à la Teste. — Avril, octobre. — AC.

— **Timbali** Jord. Land. et Bas.-Pyr. Prairies, pelouses, pâturages. — Avril, septembre. — C.

— **Montana** Lam. Pyr. Près de la source du Pic de Ger, pâturages des montagnes. — Juillet, août. — RR.

— **Arenaria** Waldst. Land. et Bas.-Pyr. Lieux sablonneux incultes, dunes et sables de la région maritime. — Juin, août. — C.

Litorella Lacustris L. Bords des lacs, des mares, des étangs, landes marécageuses, terrains sablonneux. — Mai, juillet. — AC.

PLUMBAGINÉES

Armeria Maritima Willd. Land. et Bas.-Pyr. Rochers, falaises, sables et marécages maritimes d'Hendaye à la Teste. — Mai, juillet. — C.

— **Pubescens** Link. Land. et Bas.-Pyr. Bayonne, la

Teste. Mêmes lieux que le précédent, mais plus rare.

Armeria Plantaginea Wild. Land. Roquefort. — Juillet. R.

— **Cantabrica** B. Bas.-Pyr. Château Pignon, Orisson. — Juillet. — RR.

— **Alpina** Wild. Pyr. Eaux-Bonnes, Counques, le Roumiga, deuxième Cheminée et Portillon du Pic d'Ossau, Escala de Magnabatch, Pic d'Eras taillades, Pic d'Anie. — Juillet, août. — R.

— **Filicaulis** Bois. Pyr. Col d'Anéou. — Juillet. — RR.

— **Pubinervis** Boiss. Bas.-Pyrén. (Gdr. Gr., vol. 2, p. 737). Lac d'Estaes (vallée d'Aspe), lac de Yous (vallée d'Ossau, Bernard), environs de Bayonne (Boissier). — Juin.

Statice Limonium L. Land. et Bas.-Pyr. Vases salées du littoral d'Hendaye à la Teste. — Juillet, septemb. C.

— **Serotina** Rchb. Land. et Bas.-Pyr. Mêmes lieux que le précédent. — Août, septembre. — C.

— **Lychnidifolia** Girard. Sur les confins des Land. La Teste (Em. Desvaux). — Juillet, septembre. — RR.

— **Occidentalis** Lloyd. Land. et Bas.-Pyr. Vases salées et falaises du littoral. — Juillet, septembre. — C.

— **Bellidifolia** Gouan. Land. et Bas.-Pyr. Vases salées sur Boucau et Tarnos, près de la Barre (Em. Desvaux). — Juillet, août. Nous ne l'avons pas trouvée où notre ami l'avait récoltée en 1846.

— **Dubyei** Gdr. Gr. Land. et Bas.-Pyr. Indiquée à Biarritz, Vieux-Boucau, la Teste (Em. Desvaux) et au dessous de Bayonne, où nous n'avons pu l'apercevoir. — Juillet, août. — RR.

GLOBULARIÉES

Globularia Vulgaris L. Land. et Bas.-Pyr. St-Sever, Peyrehorade, Bedous, coteaux calcaires, pelouses sèches. — Avril, juin. - R.

— **Nudicaulis** L. Pyr. Eaux-Bonnes, Bouy (Pic de Ger), Col de Lourdé, Pic de Césy, Balour, Louctores, Mont Couges, Aydius, Accous, Mont Aphanice, Béhérobie (M. Richter). — — Juin, août. — R.

— **Cordifolia** L. Var. *B. Nana.* Pyr. Bedous, vallées d'Aspe et d'Ossau, Anouilhas, Aucupat, le Capéran, Balour, Géougue, Mont Couges, Pas de l'Ours, le Roumiga, Col de Lourdé, Lac de Louesque, Pic d'Eras taillades, Eaux-Chaudes, Gabas, Col de Sallent, sommets élevés. — Mai, juillet. — AC.

PHYTOLACCÉES

Phytolacca Decandra L. Land. et Bas.-Pyr. Plante d'Amérique naturalisée depuis longtemps dans notre région ; commune dans la contrée pinicole des Landes ; Béhobie et Biriatou dans les Basses-Pyrénées ; bords des chemins. — Août et septembre.

AMARANTACÉES

Amarantus Defléxus L. Land. et Bas.-Pyr. Dax, Saint-Sever, Morcenx, Peyrehorade, Soustons, Bayonne, Biarritz, Guéthary, etc. ; lieux incultes, pied des murs jusque dans l'intérieur des villes. — Juillet, septembre. — C.

— **Blitum** L. **Ascendens** Lois. } Land. et Bas.-Pyr. Lieux cultivés et incultes, bords des chemins, pied des murs. — Juillet, septembre. — C.

— **Sylvestris** Desf. Land. et Bas.-Pyr. Lieux cultivés, décombres. — Juillet, septembre. — C.

— **Patulus** Bertol. Land. et Bas.-Pyr. Dax, dans les anciens fossés où sont les bains que nous avons fait construire. Bayonne, au dessous de la Citadelle. Lieux cultivés ou incultes, décombres, bords des chemins. — Août, octobre. — R.

— **Chlorostachys** W. Land. et Bas.-Pyr. Çà et là {1} autour de Dax et de Bayonne. — Septembre, octobre. — R.

— **Retroflexus** L. Land. et Bas.-Pyr. Lieux cultivés, bords des chemins, décombres, près des habitations. — Juillet, septembre. — C.

— **Delilei** Richt. et Loret. Bas.-Pyr. Saint-Jean-Pied-de-Port. — Juillet, août. — RR.

— **Sanguineus** L. Bas.-Pyr. Pied des murs ; Guéthary, près de l'église et du cimetière ; bords des chemins ; paraît sortie des jardins. — Juillet, septembre. — RR.

Polycnemum Minus J. Land. St-Justin, Cazères. — Juillet, août. — R.

SALSOLACÉES

Atriplex Hortensis L. Land. et Bas.-Pyr. Çà et là dans les lieux cultivés, où cette plante est subspontanée. — Août.

Atriplex Rosea L. Bas.-Pyr. Bords de l'Adour, au-dessous de Bayonne, près de l'arsenal maritime. — Août, septembre. — RR.

— **Crassfolia** C.-A. Mey. Land. et Bas.-Pyr. La Teste, sur les confins des Landes et de la Gironde, Anglet (près de l'embouchure de l'Adour), littoral, sables maritimes. — Août, septembre. — R.

— **Halimus** L. Plantée et naturalisée sur plusieurs points du littoral. — Août, septembre.

— **Hastata** L. ¡ L. Land. et Bas.-Pyr: Terrains gras, **Patula** Smith. ¡frais, humides, incultes. — Juillet, octobre. — C.

Varietates : *A. Genuina* Gdr. Mêmes lieux.

B. Heterosperma Gdr. Mêmes lieux.

Var. *G. Salina* Wallr. *Oppositifolia* DC. Marais du littoral, vases salées. — AC.

Var. *D. Microsperma* W. K. Lieux cultivés, jardins, dans la contrée maritime.

— **Patula** L. Land. et Bas.-Pyr. Lieux cultivés, jardins, décombres, murs, haies.— Juillet, septemb. —C.

Var. *A. Genuina* Gr. Mêmes lieux.

B. Muricata Ledeb. *Erecta* Scuds. id.

G. Augustissima Wallr. id.

— **Littoralis** L. Land. et Bas.-Pyr. Hendaye, St-Jean-de-Luz, Bayonne, Boucau, la Teste, jetées de l'Adour, marais salés du littoral. — Juillet, septembre. — AR.

Obione Portulacoides Maq. Land. et Bas.-Pyr. Marais salés du littoral, lieux vaseux. — Juillet, août. — AC.

Spinacia Glabra Mill. Cultivé et subspontané.

— **Oleracea** L. Id.

Beta Vulgaris L. Cultivée et subspontanée.

— **Maritima** L. Land. et Bas.-Pyr. Lieux frais du littoral, rochers, falaises, bords des marais. — Juin, septembre. — AC.

Chenopodium Ambrosioides L. Land. et Bas.-Pyr. Dax, St-Paul-lès-Dax, Buglose, Clermont, Tercis, Mées, Saubusse, Soustons, Capbreton, Ondres, Tarnos, Peyrehorade, Bayonne, Boucau, Ispoure, Jaxu, St-Michel (M. Richter), etc. etc. ; bords des chemins, pied des murs près des habitations. — Juillet, septembre. — AC.

— **Botrys** L. Land. St-Sever, Dax et St-Paul-lès-Dax, sur les levées de l'Adour et dans les saules des rives. Peyrehorade, bords du Gave, Pissos, Aire, Pontonx. — Juillet, août. — R.

— **Polyspermum** L. Land. et Bas.-Pyr. St-Sever,

Dax, Peyrehorade, Œyre-gave, Bayonne,
St-Etienne, Villefranque, Çaro, Lasse (M.
Richter), terrains frais, sablonneux, lieux
cultivés humides. — Juillet, septembre. —
AR.

Varietates A. *Spicatum*) Dax, au bas des
    —   B. *Cymosum*) remparts.

Chenopodium Acutifolium W. Sm. Land. et Bas-Pyr. Mêmes lieux que le précédent, dont la plupart
n'en font qu'une variété.

— **Vulvaria** L. Land. et Bas.-Pyr. lieux cultivés
bords des chemins, des murs. — Juillet,
août. — C.

— **Album** L. Land. et Bas.-Pyr. Lieux cultivés,
bords des chemins. — Juillet, septembre.—
CC.

Var. B. *Viride.* — Mêmes lieux. — CC.

— **Opulifolium** Schrad. Land. et Bas.-Pyr. Pissos, Sore, Morcenx, Dax (autour de la ville,
au bas des remparts et dans les anciens
fossés), Bayonne (autour de la ville et terrains Molinié), lieux incultes, pied des murs,
décombres. — Juin, août. — R.

— **Urbicum** L. Land. et Bas.-Pyr. Peyrehorade,
Ondres, Boucau, Anglet, Guéthary, St-Jean-
de-Luz, etc. Bords des chemins, fumiers,
pied des murs, voisinage des habitations. —
Juillet, septembre. — R.

Var. B. *Intermedium.* Mert. et K. Land.
et Bas.-Pyr. Hendaye, St-Jean-de-Luz, Au-
glet, Boucau, St-Etienne-de-Baïgorry, Cazères, etc. Bords des bassins, voisinage des
eaux salées.

— **Murale** L. Land. et Bas.-Pyr. Pied des murs,
décombres, bords des chemins, voisinage
des habitations.—Juillet, septembre. — CC.

— **Glaucum** L. Land. et Bas.-Pyr. Mont-de-Marsan, Dax, St-Jean-de-Luz, Hendaye. Fumiers,
terrains gras, humides, vaseux; bords des
bassins, des rivières. — Juillet, septembre.
— R.

— **Rubrum** L. Land. et Bas.-Pyr. Mont-de-Marsan, Dax, Capbreton, Ondres, Boucau, Anglet, Biarritz, Guéthary, St-Jean-de-Luz,
Hendaye. Lieux humides, bords des étangs,
des rivières vaseux ou limoneux; marécages
salés du littoral. — Juin, septembre. — AC.

Var. B. *Crassifolium.* Vases salées.

— **Bonus-Henricus** L. Pyr. Anouilhas, Balour,

17

Col de Sallent, Château Pignon. — Juin, septembre. — RR.

Blitum Virgatum L. Land. Environs de Saint-Sever (Léon Duiour), bords des chemins. — Juin, août. — RR.

Kochia Prostrata Schrad. Bas.-Pyr. Anglet, St-Jean-de-Luz, Hendaye, marais salés du littoral. — Août, septembre. — R.

Salicornia Herbacea L. Land. et Bas.-Pyr. Marais salés du littoral, voisinage des salines, Briscous, Villefranque, Dax. — Juillet, septembre. — CC.

— **Fruticosa** L. Land. et Bas.-Pyr. Mêmes lieux que la précédente. — Juillet, septembre. — AC.

Suæda Fruticosa Forsk. Land. et Bas.-Pyr. Vases salées du littoral. — Juin, juillet. — C.

— **Maritima** Dumort. } Bas.-Pyr. Biarritz,
Chenopodium Maritimum L. } Bidart, St-Jean-de-Luz, Hendaye, etc.; vases salées, rochers, falaises, dunes humides. — Juillet, août. — C.

Salsola Kali L. Land. et Bas.-Pyr. Sables maritimes d'Hendaye à la Teste. — Juillet, septembre. — C.

— **Soda** L. Land. et Bas.-Pyr. |Marais salés du littoral. — Août, septembre. — AC.

POLYGONÉES

Rumex Maritimus L. Land. et Bas.-Pyr. Bords et lits des étangs, principalement dans la contrée maritime. — Juillet, septembre. — AR.

— **Palustris** Smith. Land. et Bas.-Pyr. Dax et Bayonne, dans les fossés, les mares, bords des étangs. — Juillet, août. — RR.

— **Pulcher** L. Land. et Bas.-Pyr. Bords des chemins, des murs, lieux incultes. — Juin, août. — C.

— **Friesii** Gr. et Gdr. } Land. et Bas.-Pyr. Bords des
Obtusifolius D. C. } chemins, fossés, lieux frais, humides. — Juin, septembre. — CC.
Var. *B. Discolor*. Koch. Mêmes lieux. Bayonne (quartiers de l'Arsenal maritime et des Capucins).

— **Conglomeratus** Murr. Land. et Bas.-Pyr. Fossés, bois humides, bords des eaux. — Juillet, septembre. — CC.

— **Nemorosus** Schrad. Land. et Bas.-Pyr. Fossés des bois humides, lieux couverts légèrement marécageux. — Juin, août. — C.
Var. *B. Coloratus*. Mêmes lieux, près des habitations.

— **Crispus** L. Land. et Bas.-Pyr. Prés, bords des chemins, fossés. — Juillet, août. — AR.

— **Hydrolapathum** Huds. Land. et Bas.-Pyr. Bords

des rivières, bords et lits des étangs. — Juillet, août. — C.

Rumex Patientia L. Land. et Bas.-Pyr. Subspontané dans les lieux cultivés. — Juillet, août. — R.

— Domesticus Hartm. Bas.-P. Orisson. — Juillet. RR.

— Aquaticus L. Pyr. Urdos, Gabas (M. Loret), bords des eaux. — Juillet, août. — RR.

— Alpinus L. Pyr. Anouilhas, Pic d'Anie, Gourzy, le Roumiga, Col de Sallent, Raillère du Pic d'Ossau, au-dessus du Col de Suzon. — Juillet, août. — R.

— Scutatus L. Pyr. Dans toute la chaîne, principalement à la base des rochers, dans les lieux pierreux, les éboulis. — Juin, août. — C.

— Arifolius All. Land. et Bas.-Pyr. Des Eaux-Chaudes à Gabas, val de Broussette. — Juillet. — RR.

— Acetosa L. Land. et Bas.-Pyr. Prés humides, bois frais, lieux herbeux. — Mai, septembre. — CC.

— Acetosella L. Land. et Bas.-Pyr. Champs sablonneux, pâturages secs. — Avril, octobre. — CC.

Polygonum Bistorta L. Darracq indique cette plante dans les vallées d'Aspe et d'Ossau, sans préciser. Nous ne l'y avons pas vue, et M. le comte de Bouillé étant muet à cet égard, nous restons dans le doute. Nous croyons cependant qu'on devra la trouver en juin ou juillet dans les marécages siliceux ou granitiques de la contrée montagneuse.

— Viviparum L. Pyr. Col de Tortes, Crêtes du Pic de Césy, source du Pic de Ger, Gourzy, Col de Sallent, Géougue, pâturages. — Juin, juillet. — R.

— Amphibium L. Land. et Bas.-Pyr. Etangs, lacs, fossés, rivières. — Juin, août. — AC.
Var. *A. Natans* Mœnch. Eaux profondes.
B. Terrestre Mœnch. Bords des eaux.

— Lapathifolium L. Land. et Bas.-Pyr. Lieux cultivés, humides ou tourbeux; bords des mares ou des petits cours d'eau. — CC. autour de Dax. — Juillet, septembre.

— Nodosum Pers. Var. G. du précédent de quelques auteurs. Land. et Bas.-Pyr. Lieux humides, fossés, étangs, bords des eaux. — C.

— Persicaria L. Land. et Bas.-Pyr. Lieux humides, fossés, bords des eaux. — Juillet, octobre. C.
Ejusque varietates. Mêmes lieux.

— Serrulatum Lag. Landes, Dax, St-Paul-lès-Dax, Narrosse. Lieux humides, fossés. C. à Castecrabe dans les fossés situés entre la voie ferrée et l'Adour. — Juin, août. — R.

Polygonum Dubium Stein. Land. et Bas.-Pyr. Bidart, Arbonne, Dax, Bayonne, Guéthary, St-Jean-de-Luz. Lieux humides, fossés des terrains calcaires. — Juillet, septembre. — R.

— **Minus** Huds. Land. et Bas.-Pyr. Lieux humides, bords des étangs, fossés à fond siliceux ou calcaire siliceux. — Juillet, septembre. — AC.

— **Minori-Persicaria** Al. Braun. Land. et Bas.-Pyr. Lieux humides, fossés siliceux. — Juillet, septembre. — AC.

— **Dubio Persicaria** Al. Braun. Land. et Bas.-Pyr. Mêmes lieux que les précédents, avec eux. Juillet, septembre. — AC.

— **Hydropiper** L. Land. et Bas.-Pyr. Bords des eaux, fossés, lieux humides. — Juillet, octobre. — C.

— **Hydropiperi-Nodosum** Rchb. Land. et Bas.-Pyr. Avec ses congénères. — Juillet, octob. — AR.

— **Hydropiperi-Dubium** Gr. Gdr. Land. et Bas.-**Mite** Schranck. Pyr. Dax, St-Paul-lès-Dax, Bidart, etc., avec ses congénères. — AR.

— **Maritimum** L. Land. et Bas.-Pyr. Sables maritimes d'Hendaye à la Teste. — Juin, octobre. — C.

— **Roberti** Lois. Cirque de la Chambre-d'Amour (Anglet). — Juillet, août. — R.

— **Aviculare** L. Land. et Bas.-Pyr. Bords des chemins, lieux incultes. — Juin, octobre. — CC.

— **Monspeliense** Pers. Var. *B. Erectum* Roth. du précédent. Land. et Bas.-Pyr. Mêmes lieux. C. autour de Bayonne et dans les fossés de Dax, près des sources chaudes. — Juillet, octobre.

— **Microspermum** Jord. Land. et Bas.-Pyr. Çà et là dans les champs, après la moisson. — Juillet, octobre. — AC.

— **Rurivagum** Jordan. Land. et Bas.-Pyr. Mont-de-Marsan, Dax, Bayonne, etc. Champs sablonneux, après la moisson. — Juillet, octobre. — AC.

— **Arenarium** Nob. Bas.-Pyr. Biarritz, Cirque de la Chambre-d'Amour. — Septembre, octobre. — R.

— **Bellardi** All. Land. et Bas.-Pyr. Saint-Sever, Bayonne (terrains vagues autour de la ville). — Août, septembre. — R.

Vient habituellement dans les champs calcaires.

Polygonum Convolvulus L. Land. et Bas.-Pyr. Champs, lieux cultivés. — Juin, octobre. — CC.

— **Dumetorum** L. Land. et Bas.-Pyr. Haies, bois, buissons. — Juillet, septembre. — C.

— **Fagopyrum** L. Subspontané, très peu cultivé dans la région. — Juin, août.

— **Tataricum** L. Cultivé et subspontané.

— **Orientale.** Cultivé.

DAPHNOIDÉES

Daphne Mezereum L. Pyr. Gazies, Gabas, des Eaux-Chaudes au lac d'Iseye, lieux boisés couverts. — Février, avril. — R.

— **Laureola** L. Land. et Bas.-Pyr. Dax, Gaas, Tercis, St-Pierre-d'Irube, Mouguerre, Villefranque, Briscous, Urt, etc.; les Pyrénées, jusque près du col de Tortes, où cette plante rencontre le D. Philippi qui appartient aux Hautes-Pyrénées. — Février, avril. — AC.

— **Cneorum** L. Land. et Bas.-Pyr. Landes sèches de Biarritz et d'Anglet, St-Paul-lès-Dax, Gourbera, Herm, et dans les Pyr. Montagnot des Englas, Crêtes de Bréca et d'Anouilhas, Col et Pic de Césy, source et sommet de la terrasse du Pic de Ger, Mont Couges, etc. — Juin, juillet, dans les Pyrénées. Printemps et automne ailleurs. — R.

Cette plante belle et parfumée, mise en coupe réglée par la colonie étrangère de Biarritz, pourrait un jour disparaitre de nos environs.

Passerina Annua Spreng. Land. St-Sever, Mugron, Laurède, Lourquen, Nousse, Montfort, Peyrehorade, Hastingues, etc. Champs calcaires ou argilo-calcaires. — Juillet, septembre. — AR.

— **Dioica** Ram. Pyr. Fontaine de Bezou, au-dessus de Penemeda, Raillère et Col du Pic de Césy, source du Pic de Ger, Mont Hourat, Gabisos. — Mai, juin. — R.

LAURINÉES

Laurus Nobilis L. Cultivé et subspontané.

SANTALACÉES

Thesium Alpinum L. Pyr. Deuxième Cheminée du Pic d'Ossau. — Juin, juillet. — RR.

— **Pratense** Ehrh. Pyr. Pla Cardoua, sommet du Pic de Ger, Anouilhas, Pic d'Anie.— Juin, juillet. R.

Thesium Humifusum DC. Land. et Bas.-Pyr. Lieux incultes, pelouses arides, dunes anciennes et sables du littoral. — Juin, juillet. — C.

Osyris Alba L. Land. et Bas.-Pyr. St-Sever, Peyrehorade, Sordes, Eaux-Bonnes; coteaux arides, incultes. — Mai, juillet. — RR.

CYTINÉES

Cytinus Hypocistis L. Land. et Bas.-Pyr. Entre Bayonne et Boucau (M. Féraud), dans le petit bosquet de pins de St-Bernard, où elle se maintient depuis 1847; entre Bayonne et Biarritz, bois de pins sur le bord des chemins, Tarnos, St-Geours, Anglet (entre les Cinq-Cantons et la Chambre-d'Amour) [M. Vidal]. — Avril, mai. — R.

EMPÉTRÉES

Empetrum Nigrum L. Pyr. Latte de Bazen, Col de Sieste, Bécotte des Englas, lieux pierreux, tourbières des sommets. — Avril, mai. — RR.

EUPHORBIACÉES

Euphorbia Polygonifolia Land. Dunes de Capbreton (M. Dubalen), dunes de Tarnos (à la Barre). — Juillet. — RR.

— **Peplis** L. Land. et Bas.-Pyr. Sables maritimes d'Hendaye à la Teste. — Juin, août. — AR.

— **Helioscopia** L. Land. et Bas.-Pyr. Lieux cultivés. — Toute l'année. — CC.

— **Platyphylla** L. Land. et Bas.-Pyr. Bords des chemins, des routes. — Juillet, septembre. — CC.

— **Stricta** L. Land. et Bas.-Pyr. Dax, Saint-Vincent-de-Xaintes, Bayonne, St-Pierre-d'Irube, Mouguerre, Lahonce, etc.; lieux frais, fossés, bords des champs, des rivières, terrain argileux. — Mai, août. — AC.

— **Pubescens** Desf. Land. et Bas.-Pyr. Dax, Tercis, Saubusse, Saint-Jean-de-Marsacq, Saubrigues, Bayonne, et de là à Béhobie; bords des levées, des chemins, des routes, fossés, lieux incultes, terrain calcaire. — Mai, septembre. — CC.

Var. *Subglabra* Nob. Avec le type, et plus commun.

— **Pilosa** L. Land. et Bas.-Pyr. Lieux humides, pâturages et bois des vallées de toute la région. — Juillet, août. — CC.

Euphorbia Palustris Land. Peyrehorade (M. Féraud), prairies humides. — Mai, juin. — RR.

— **Hyberna** L. Land. et Bas.-Pyr. Environs de Peyrehorade (M. Féraud), St-Pierre-d'Irube, Mouguerre, Villefranque, Bassussarry, où il est commun, principalement entre la Nive et la route de Cambo; bois et forêts. — Mars, mai. — AR.

— **Dulcis** L. Land. et Bas.-Pyr. Bois couverts et montueux de la plupart de nos vallées, dans les lieux frais. — Mars, mai. — AC.

— **Angulata** Jacq. Land. et Bas.-Pyr. Mêmes lieux que le precédent, avec lequel il a de grands rapports; mais beaucoup plus commun que lui dans nos parages. — Avril, juin. — C.

— **Papillosa** de Pouzolz. Darracq indique cette plante dans plusieurs localités, notamment à Jacquemin, où nous n'avons vu que la plante précédente. Aurait-il fait erreur?

— **Verrucosa** Lam. Land. et Bas.-Pyr. La Chalosse (Perris), Peyrehorade (M. Féraud), Baïgorry (M. Richter), Bidache, Came, de St-Jean-de-Luz à Hendaye; terrain argileux, bois calcaires. — Mai, juin. — R.

— **Gerardiana** Jacq. Bas.-Pyr. Biarritz (Darracq), vient dans les lieux pierreux ou sablonneux, bords des chemins. — Mai, juillet. — Nous ne l'avons pas trouvée dans la région.

— **Chamæbuxus** Bernard. Pyr. Vallées d'Aspe et d'Ossau, Eaux-Bonnes, Athas, Pic d'Anie, Pic de Césy, Col de Lourdé. — Juillet, août. — R.

— **Paralias** L. Land. et Bas.-Pyr. Sables maritimes d'Hendaye à la Teste. — Juin, septembre. — CC.

— **Cyparissias** L. Land. et Bas.-Pyr. Mont-de-Marsan, Dax, Bayonne. Lieux sablonneux, incultes ou stériles, bords des chemins. — Mai. RR.

— **Exigua** L. Land. et Bas.-Pyr. St-Sever, Dax, Bayonne, Tarnos, Mouguerre, Bidart, Guéthary, St-Jean-Pied-de-Port. Champs, moissons. — Mai, septembre. — AC.

— **Falcata** L. Landes. St-Sever, Urgons. Moissons calcaires. — Juin. — RR.

— **Peplus** L. Land. et Bas.-Pyr. Lieux cultivés, infeste les jardins. — Juin, octobre. — CC.

— **Portlandica** L. Land et Bas.-Pyr. Jetée de l'Adour sur Boucau, Tarnos et Anglet; Biarritz, Chambre-d'Amour; Atalaye et Port des Pêcheurs, St-Jean-de-Luz. Sables maritimes, rochers, falaises. — Mai, juillet. — R.

Euphorbia Amygdaloides L. Land. et Bas.-Pyr. Haies, bois,
lieux ombragés, frais. — Avril, juin. — CC.

— **Lathyris** L. Land. et Bas.-P. Peyrehorade (Flore
J. Léon, 131), Aire, bords de la Nive entre Cambo et Itsatsou (M. Maisonnave), St-Jean-Pied-de-
Port (M. Richter); bords des haies, des jardins,
voisinage des habitations.—Juin, juillet.— RR.

Mercurialis Perennis L. Land. et Bas.-Pyr. Haies, bois,
lieux ombragés, frais. — Mars, mai. — C.

— **Annua** L. Land. et Bas.-Pyr. Lieux cultivés. —
Mai, octobre. — CC.

Buxus Sempervirens L. Land. et Bas.-Pyr. Montfort, Saint-
Martin-de-Seignanx, Baigts, Tarnos (à Castillon),
St-Pierre-d'Irube, Mouguerre (Oyharçabal), coteaux
pierreux, arides; bois calcaires. — C. dans les Pyr.
— Mars, avril.

MORÉES

Morus Alba L. Cultivé.
— **Nigra** L. Cultivé.
Ficus Carica L. Cultivé et subspontané, surtout dans la ré-
gion maritime. — Juillet, août.

CELTIDÉES

Celtis Australis L. Cultivé et subspontané autour des propriétés. — Juillet, août.

ULMACÉES

Ulmus Campestris Smith. Land. et Bas.-Pyr. Bords des chemins, bois; planté en promenades. — Mars, avril.
— CC.

— **Montana** Smith. Land. et Bas.-Pyrén. Peyrehorade,
Saugnacq, Mouguerre, St-Jean-Pied-de-Port, Saint-
Michel, etc.; bois, haies, bords des chemins; planté
comme le précédent. — R.

— **Effusa** Willd. Land. et Bas.-Pyr. Mêmes lieux que le
précédent. — R.

URTICÉES

Urtica Urens L. Land. et Bas.-Pyr. Bords des chemins, pied
des murs, décombres, lieux cultivés. — Mai, octobre. — C.

— **Dioica** L. Land. et Bas.-Pyr. Lieux incultes, bords
des chemins, des haies, décombres. — Juin, octobre. — CC.
Var. *G. Hispida.* Environs de Bayonne.

Parietaria Erecta Mert. et Koch. Land. et Bas.-Pyr. Vieux murs et décombres. -- Juillet, octobre. — C.

— **Diffusa** M. K. Mêmes lieux que la précédente. C.

CANNABINÉES

Cannabis Sativa L. Cette plante de l'Inde est rarement cultivée dans notre région; on la trouve cependant, quelquefois, subspontanée autour des habitations. — Juillet, août.

Humulus Lupulus L. Land. et Bas.-Pyr. Les haies, les buissons, dans les lieux frais et humides. — Juillet, août. — AC.

JUGLANDÉES

Juglans Regia L. Cultivé.

CUPULIFÉRÉES

Fagus Sylvatica L. Land. et Bas.-Pyr. Bois et forêts, région basse des montagnes. — Avril, juillet. — C.

Castanea Vulgaris Lam. Land. et Bas.-Pyr. Bois et forêts des terrains légers siliceux, vallées montagneuses. — Juin, octobre. — CC.

Quercus Sessiliflora Sm. Land. et Bas.-Pyr. Bords des chemins, bois montueux, versants des coteaux. — Avril, août. — AR.

— **Pubescens** Willd. Land. et Bas.-Pyr. Versants des mamelons et des coteaux pierreux. — Avril, août. — AR.

— **Pedunculata** Ehrh. Land. et Bas.-Pyr. Bords des chemins, bois, vallées, coteaux. — Avril, août. — CC.

— **Fastigiata** Lam. Fréquemment cultivé dans les grandes propriétés, ce bel arbre est répandu dans nos vallées sous-pyrénéennes depuis deux siècles environ, au dire de Thore, qui le croit originaire de la Basse-Navarre. Il est également commun dans les deux départements. — Avril, août. — Çà et là. — AC.

— **Tozza** Bosc. } Land. et Bas.-Pyr. Landes siliceuses
Nigra Thore. } sèches et coteaux pierreux à base de silice. Ce chêne couvre tous nos mamelons; il languit et s'arrête où l'humidité devient persistante. — Mai, septembre. — CC.

— **Occidentalis** Gay. } Land. et Bas.-Pyr. C'est à tort,
Suber Auctorum. } croyons nous, que Gay a fait de notre Quercus Suber une espèce distincte en di-

sant qu'il ne mûrissait ses fruits que la deuxième
année. Une observation attentive nous a démontré
que, dans les années même tempérées, l'évolution
complète avait lieu, que la floraison s'effectuait
en mai, la maturation des fruits en octobre, et
qu'en novembre les glands jonchaient le sol.

Quercus Ilex L. Land. et Bas.-Pyr. Boucau, Biarritz, Capbreton, Soustons, Tartas, Lit, St-Julien, etc. Ça
et là, de Bayonne à la Teste, dans les pignadas et
sur les dunes. — Avril, août. — R.

Corylus Avellana L. Land. et Bas.-Pyr. Haies, bois, taillis.
— Février, août. — CC.

Carpinus Betulus L. Land. et Bas.-Pyr. Bois, haies, forêts,
taillis. — Avril, août. — AC.

SALICINÉES

Salix Pentandra L. Land. et Bas.-Pyr. St-Vincent-de-Xaintes,
près Dax (à Saubagnac), entre St-Jean-de-Luz et Saint-
Pée. Bords des eaux, haies, buissons des marécages.
— Mai, juin. — R.

— **Fragilis** L. Land. et Bas.-Pyr. Bords des eaux, lieux
humides. — Avril, mai. — R.

— **Russeliana** Smith. Land. et Bas.-Pyr. Mêmes lieux.
AC.

— **Alba** L. Land. et Bas.-Pyr. Bords des eaux, fossés,
ruisseaux. — Avril, mai. — C.

Var. *B. Vitellina* Ser. Mêmes lieux et souvent cultivé en oseraies.

— **Babilonica** L. Land. et Bas.-Pyr. Autour des jardins,
des habitations; planté ou subspontané. Avril, mai.

— **Amygdalina** L. } Land. et Bas.-Pyr. Bords des ruis-
Triandra Duby. } seaux, des rivières, fossés. Ça et
là dans toute la région. CC. autour de Dax, dans les
pâturages marécageux des bords de l'Adour.

— **Undulata** Ehrh. Landes. St-Paul-lès-Dax (au Sablar),
sur les bords du chemin de fer. — Avril, mai. — RR.

— **Incana** Schrank. Pyr. Dans toutes les vallées, sur le
bord des cours d'eau et les parties peu profondes,
souvent émergées des Gaves jusque près de Bayonne.
— Mars, avril. — AC.

— **Purpurea** L. Land. et Bas.-Pyr. Bords de l'Adour, de
la Nive et des petits affluents. — Mars, avril. - CC.

— **Rubra** Huds. Landes. Bords du Gave, Peyrehorade,
Dax, bords de l'Adour. — Mars, avril. — RR.

— **Viminalis** L. Land. et Bas.-Pyr. Bords des eaux, lieux
humides, oseraies. — Mars, avril. — C.

— **Cinerea** L. Land. et Bas.-Pyr. Bords des fossés. — Mars,
avril. — CC.

Salix Capræa L. Land. et Bas.-Pyr. Bords des eaux, fossés, bois humides. — Mars, avril. — CC.

— **Aurita** L. Land. et Bas.-Pyr. Bois humides, fossés, lieux tourbeux. — Mars, avril. — C.

— **Repens** L. Land. et Bas.-Pyr. Lieux sablonneux ou tourbeux et humides de nos vallées, depuis la base des montagnes jusqu'à l'Océan, et d'Hendaye à la Teste. — Avril, mai. — CC.
Ejusque varietates. Mêmes lieux.

— **Pyrenaica** Gouan. Pyr. Vallées d'Aspe et d'Ossau, Pic de Ger, Aucupat, Capéran, Pas de l'Ours, Mont Couges, Balour, Pic d'Anie, Fontaine de Gesque, Col du Marcadeau. — Juin, juillet. — AR.

— **Reticulata** L. Pyr. Pic de Ger, Gabisos, Col de Tortes. — Juin, juillet. — RR.

— **Retusa** L. Pyr. Des Eaux-Bonnes aux Eaux-Chaudes, Pic de Ger, Gourzy, Pied du Capéran, etc. — Juillet, août. — RR.

— **Herbacea** L. Pyr. Pic de Ger (sur plusieurs points), Pic d'Eras tailladés, Pics d'Anie, de Gabisos, Balour, hauts sommets. — Juillet, août. — R.

Populus Tremula L. Land. et Bas.-Pyr. Bois, dans les parties basses et humides. — Mars, avril. — C.

— **Alba** L. Land. et Bas.-Pyr. Bois, parcs, dans les lieux humides, sonvent planté sur le bord des routes. — Mars, avril. — C.

— **Canescens** Smith. Pyr. St-Jean-Pied-de-Port. — Mars, avril. — RR.

— **Virginiana** Desf. Land. et Bas.-Pyr. Mêmes lieux. — Mars, avril. — C.

— **Nigra** L. Land. et.Bas.-Pyr. Mêmes lieux. — Mars, avril. — C.

— **Pyramidalis** Rosier.) Land. et Bas.-Pyr. Planté
Fastigiata Poir.) aux bords des routes et des eaux. -- Mars, avril. — C. Réussit mal dans les Pyrénées.

PLATANÉES

Platanus Orientalis L. Land. et Bas.-Pyr. Planté dans les propriétés et sur les promenades. — Avril, août. — C.

— **Occidentalis** L. Land. et Bas.-Pyr. Plus rarement cultivé que le précédent.

BÉTULACÉES

Betula Alba L. Land. et Bas.-Pyr. Région des montagnes et des Landes. Bois humides, sablonneux ou argilo-siliceux, et quelquefois planté dans les propriétés. — Avril, juillet. — AR.

Betula Pubescens Ehrh. Land. et Bas.-Pyr. Mêmes lieux que le précédent. — Avril, juillet. — R.

Alnus Glutinosa Gœrtn. Land. et Bas.-Pyr. Bords des eaux, des fossés, vallées humides. — Février, juillet. — C.

MYRICÉES

Myrica Gale L. Land. et Bas.-Pyr. Marais tourbeux, landes marécageuses, siliceuses ou tourbeuses de la plupart de nos vallées. — Avril, juillet. — CC.

ABIÉTINÉES

Pinus Sylvestris L. Land. et Bas.-Pyr. Çà et là en Marensin et dans les grandes propriétés, spontané dans les montagnes. — Mai. — R.
— **Uncinata** Ram. Pyr. Pic de Ger, Montagne d'Aas, au-dessous du Col de Marcadeau. — Juin, juillet. — RR.
— **Laricio** Poir. Pyr. Au-dessous du col de Marcadeau, près de la frontière espagnole. — Mai. — RR.
— **Pinea** L. Land. et Bas.-Pyr. Çà et là dans les deux départements, où il est cultivé et subspontané. Mai. R.
— **Pinaster** Soland. Land. et Bas.-Pyr. Très répandu et cultivé en grand dans les landes stériles et sur les dunes, où il forme les forêts nommées *pignadas*. — Mai. — CC.
— **Picea** L. Pyr. Sur les montagnes, dans les pentes élevées. — Mai, octobre. — C.
— **Abies** L. Pyr. Parties élevées des montagnes. — Mai, octobre. — AC.
— **Larix** L. Bas.-Pyr. Cultivé et subspontané dans la région des montagnes. — Juin, octobre. —R.

CUPRESSINÉES

Juniperus Communis L. Land. et Bas.-Pyr. Bois et coteaux stériles de la région sous-pyrénéenne ; plus commun dans la région pinicole et maritime, principalement de Bayonne à la mer. — Avril, mai. — AC.
— **Alpina** Clus. Pyr. Salon du Ger, deuxième Cheminée du Pic d'Ossau, parties élevées des montagnes. — Juillet, août. — RR.
— **Sabina** L. Cultivé. — Mai, juin.
Taxus Baccata L. Pyr. Béhérobie (M. Richter), Jardin d'Enfer, bords du Latxia entre le Mont Artza et le Mont d'Arrain (Itxatsou). — Avril, juin. — RR.

ENDOGÈNES ou MONOCOTYLÉDONES

ALISMACÉES

Alisma Plantago L. Land. et Bas.-Pyr. Bords des étangs, fossés, lieux humides. — Juin, septembre. — CC.

— **Lanceolatum** Withring. Land. et Bas.-Pyr. Mêmes lieux. — AC.

— **Graminifolium** Ehrh. Land. et Bas.-Pyr. La plupart des lacs ou étangs de la région; fleurit rarement. — Juillet. — AC.

— **Ranunculoïdes** L. Land. et Bas.-Pyr. Etangs, lacs, fossés, eaux stagnantes, lieux inondés. — Mai, septembre. — C.

— **Repens** Cav. Var. B. du précédent, *Auctorum*. Mêmes lieux que le précédent. — AC.

— **Natans** L. Land. et Bas.-Pyr. Mont-de-Marsan, Dax, St-Vincent-de-Xaintes, Castets, Soustons, Garros, etc., etc.; Mouligna entre Bidart et Biarritz; étangs et mares à fond sablonneux; R. en général; AC. en Marensin. — Juin, septembre.

Damosonium Stellatum Pers. Land. Environs de St-Sever (Perris), Peyrehorade (M. Féraud), St-Paul-lès-Dax, fossés de Quillac sur les bords de l'Adour, près du chemin de fer de Pau; fossés, bords des étangs, lieux humides. — Juin, septembre. — RR.

Sagittaria Sagittæfolia L. Land. et Bas.-Pyr. Fossés, bords des eaux, lieux fangeux. — Juin, août. — C.

BUTOMÉES

Butomus Umbellatus L. Land. et Bas.-Pyr. Lannes, Saint-Etienne-d'Orthe, Dax (fossés et marécages autour de la ville, sur St-Paul et St-Vincent-de-Xaintes), Bayonne (à Ste-Croix, St-Etienne), étangs, fossés, marécages; rarement dans les eaux courantes. — Juin, août. — R.

COLCHICACÉES

Merendera Bulbocodium Ram. Pyr. Val de Broussette, la Québotte au dessous d'Anouilhas et jusqu'à Gabas, vallée d'Ossau, vallée d'Aspe, pâturages. — Août, septembre. — R.

Colchicum Autumnale L. Pyr. Uhart-Cize (M. Richter),

Eaux-Bonnes, Gabas, Urdos, pâturages, fleurs.
— Août, septembre. Fruits. — Mai, juin. — RR.

Veratrum Album L. Pyr. Vallées d'Aspe et d'Ossau, La-
runs, Lac d'Isabe, Lazaret de Mondeils, Gazies,
Pic d'Anéou, Artzamendi, Jardin d'Enfer. —
Juillet, août. — R.

Narthecium Ossifragum Huds. Land. et Bas.-Pyr. Mont-
de-Marsan, Orthevielle, Peyrehorade, Cagnotte, Dax, Mées, Castets, St-Paul, Boucau,
Tarnos, Bayonne, Biarritz, la Négresse, Bidart, Irouléguy, etc., etc.; bords des mares,
des étangs, lieux tourbeux ou marécageux des
Landes. — Juin, août. — AC.

Tofieldia Calyculata Wahlbg. Pyr. Pic de Ger, Anouilhas,
Poursiugues, pâturages humides. — Juillet, août.
— R.

LILIACÉES

Tulipa Clusiana DC. Landes. La Chalosse (Perris), Audi-
gnan. — Mars, avril. — RR.
— **Oculus-Solis** St-Am. Darracq indique cette plante
aux environs de Nay et de Navarrenx. — Avril.
— **Sylvestris** L. Land. Coudures (Léon Dufour). — Mai.
— RR.

Fritillaria Meleagris L. Land. et Bas.-Pyr. Gaas (Lesbarritz,
propriété Camiade), prairies et bois, St-Martin-
de-Seignanx (bords de l'Adour et presqu'île
devant la métairie Castets), entre Ascain et
St-Jean-de-Luz (bords de la Nivelle), Lahonce,
Bayonne, etc.; prairies humides ou marécageuses jusque dans les Pyrénées; Roumiga, vallées
d'Aspe et d'Ossau. — Avril, mai. — AR.
— **Pyrenaica** L. Pyr. Environ des Eaux-Bonnes, Escala de Hecha, Col de Tortes. — Juin, juillet.
— R.

Lilium Pyrenaicum Gouan. Pyr. Laruns, Gazies, Col de Tortes. — Juin, juillet. — RR.
— **Martagon** L. Pyr. Pic de Ger, Gorge de Balour, Pic
de Césy, torrent de la Soude, montagne d'Aas, Pic
Peyrat, Gazies, Gabas, mont Artza au jardin d'Enfer (M. Vidal). — Juin, juillet. — RR.

Scilla Verna Scuds. Land. et Bas.-Pyr. Landes, bois, bruyères. Tous les versants de la région et les mamelons,
depuis le bord de l'océan jusqu'au sommet des pics.
— Mars, mai. — CC.
— **Lilio Hyacinthus** L. Land. et Bas.-Pyr. Bois, montagnes, buissons et prairies, au fond des vallées et sur
le bord des cours d'eau. — Avril, mai. — AC.

Ornithogalum Pyrenaicum L. Nous n'avons jamais vu cette plante dans notre région, et nous n'avons aucune indication précise. Darracq l'indiquant d'une manière vague dans les vallées d'Aspe et d'Ossau, nous l'insérons avec un point de doute : ?

Ornithogalum Umbellatum L. Land. et Bas.-Pyr. Ça et là dans les lieux cultivés, champs, vignes, etc. Terrains pierreux, calcaires. Avril, mai. AR.

— **Augustifolium** Bor. Var. *B. Auctorum.* Land. et Bas.-Pyr. Lieux cultivés et incultes des terrains sablonneux. – Avril, mai. — AR.

— **Divergens** Bord. Land. et Bas.-Pyr. Autour de Dax et de Bayonne, lieux sablonneux. — Mai. — AR.

Gagea Liottardi Schult. Pyr. Vallées d'Aspe et d'Ossau, environs des Eaux-Bonnes, Pic de Ger, Anouilhas, etc. — Juin, juillet. — R.

Allium Vineale L. Land. et Bas.-Pyr. Lieux secs, champs, vignes, etc. — Juin, juillet. — C.
Var. *A. Compactum* Thuil. Mêmes lieux.

— **Polyanthum** Rœm. et Sch. Land. et Bas.-Pyr. Bayonne, St-Pierre-d'Irube, Mouguerre, Villefranque, Guéthary. Lieux cultivés, vignes. — Juin, juillet. — R.

— **Sphærocephalon** L. Land. et Bas.-Pyr. La Chalosse, (Perris Léon Dufour), champs pierreux, Eaux-Chaudes. — Juin, août. — RR.

— **Schænoprasum** L. Col du Marcadau près de la frontière espagnole. — Juillet. RR.

— **Roseum** L. Land. et Bas.-P. Mont-de-Marsan (Perris), Pic de Ger, rochers de Louctores. — Mai, juin. RR.

— **Ursinum** L. Land. et Bas.-Pyr. St-Sever, Montfort, Clermont, Dax, Peyrehorade, Bayonne, St-Pierre-d'Irube, Villefranque, St-Jean-le-Vieux, Lanne, etc.; haies, bois, lieux ombragés, frais, humides.—Avril, mai. — AC.

— **Victorialis** L. Pyrén. Environs de Gabas, Montagne d'Aas. — Juin, juillet. — RR.

— **Oleraceum** L. Land. et Bas.-Pyr. Dax, St-Vincent-de-Xaintes, Castelnau, Sordes, Bayonne, Anéou près Gabas; bords des chemins, des haies, champs, vignes. — Juillet, août. — R.

— **Complanatum** Bor. Bas.-Pyr. Uhart-Cize (M. Richter), Bayonne; mêmes lieux que la précédente.—Juillet, août. — R.

— **Paniculatum** L. Land. et Bas.-Pyr. Mont-de-Marsan, Dax, St-Sever, Bayonne, Ascarat, champs, vignes. — Juin, août. — R.

Allium Ochroleucum W. K. (Land. et Bas.-Pyr. Landes et
  Ericetorum Thore) bruyères de toute la région
    d'Hendaye à la Teste et de l'Océan au sommet des
    montagnes; Mont Hourat, Laruns, Pic de Ger, Ca-
    péran. — Juillet, octobre. — C.
Allium Fallax Don. Pyr. Pic de Ger, Capéran. — Juin, août.
  — RR.
Erythronium Deus-Cœnis L. Land. et Bas.-Pyr. Gaas (à la
    métairie Espibeau de Lesbarritz), Cagnotte, Peyre-
    horade, Tarnos (dans la vallée de Castillon), Tounot,
    Laneau (vallée de St-Etienne), bords de la route de
    Toulouse, Bayonne (bois de Lamerein entre La Chiste
    et Larendouet) et dans les Pyrénées, Mont Artza,
    Mont Aradoy, Montagne de Lasse (M. Richter), Col
    d'Iseye, etc., etc.; landes découvertes, bois monta-
    gneux, versants, terrains argileux ou argilo-siliceux
    et pierreux, diluvium. — Mars, avril. — AC.
Endymion Nutans Dumort. (Land. Saint-Pandelon, dans
Scilla Nutans Sm.) le parc et dans un champ où
    croît en abondance Anemone Hortensis, sur un ter-
    rain ophitique. — Mai, juin. — RR.
  — **Patulus** Gr. Gdr. (Flore, vol. 3, p. 215) indique cette
    plante à Bayonne, d'après Vignard. — Juin.
      Nous ne l'avons pas trouvée.
Hyacinthus Amethystinus L. Pyr. Anéou, Bious, Pombie
      et Roumiga, dans les environs de Gabas. —
      Juin. — RR.
Muscari Racemosum D. C. Landes. La Chalosse (Perris),
      champs, vignes. — Avril, mai. — R.
  — **Comosum** Mill. Land. et Bas.-Pyr. Pignadas, dunes,
      lieux sablonneux. — Mai, juin. — AC.
Hemerocallis Fulva L. Land. et Bas.-Pyr. Bords du Gave
      et bords de l'Adour, sur les deux rives; s'ar-
      rête à Naguile, trois kilomètres au dessus de
      Bayonne. — Mai, juillet. — AC.
  — **Flava** L. Indiquée à Bayonne, où cette plante
      est peut-être subspontanée.
Phalangium Liliago Schreb. Pyr. Mont Hourat, Pas de
      l'Ours, coteaux secs, boisés, rocheux. — Mai,
      juin. — RR.
Simethis Planifolia Gr. Gdr.) Land. et Bas.-Pyr. Bois sa-
Anthericum Bicolor Desf.) blonneux, et principalement
      landes et bruyères, dans toute la région. —
      Avril, juin. — CC.
Asphodelus Fistulosus L. Bas.-Pyr. Pignadas entre Bayonne
      et la mer, sur Anglet (Darracq). — Mai, juin.
      — RR.
  — **Sphærocarpus** Gr. Gdr. Land. et Bas.-Pyr. Bois,
      landes, bruyères. — Mai, juin. — C.

Asphodelus Albus Willd. Land. et Bas.-Pyr. Mêmes lieux.
— Mai, juin. — R.

Aphyllanthes Monspeliensis L. Pyr. Vallée d'Aspe, Sarrance, Bedous. — Mai. — RR.

SMILACÉES

Paris Quadrifolia L. Pyr. Entre Bonnes et Gourzy, dans une forêt de hêtres. — Juin. — RR.

Polygonatum Vulgare Desf. Land. et Bas.-Pyr. Parentis (Thore), Labenne (dans le bois qui borde la route, entre la commune et le ruisseau de Boudigau), Biarritz, bois. — Mai, juin. — RR.

— **Multiflorum** All. Land. et Bas.-Pyr. Bois montagneux, lieux frais, couverts. — Mai, juin. C.

Convallaria Maïalis L. Land. et Bas.-Pyr. St-Sever, Mont-de-Marsan, Aire, Dax, Clermont (propriété de Gé), Pyr. Pas de l'Ours, Louctores, Balour, montagne d'Aas, bois. — Mai, juin. – R.

Asparagus Tenuifolius Lam. Bas.-Pyr. Anglet, dans les pignadas, de Blancpignon à la Barre. — Mai, juin. — RR.

— **Officinalis** L. Land. et Bas.-Pyr. Pignadas, dunes, vallées, lieux sablonneux. — Juin, juillet. — C.

Var. *A. Maritimus.* L. Sables maritimes.
— *B. Campestris.* Avec le type, bords de l'Adour.

— **Acutifolius** L. Bas.-Pyr. Dunes d'Anglet près des lacs de l'Hippodrome (Darracq). — Août, septembre. RR.

Ruscus Aculeatus L. Land. et Bas.-Pyr. Haies, buissons, bois calcaires, lieux stériles.— Mars, octob. —CC.

Smilax Aspera L. Land. et Bas.-Pyr. Haies, buissons, bords des routes, falaises. — Juillet, septembre. — C. d'Hendaye à Bayonne et dans la partie du département des Landes touchant aux Bas.-Pyr. Boucau, Tarnos, Ondres, St-Martin-de-Seignanx. RR. Au-delà.

DIOSCORÉES

Tamus Communis L. Land. et Bas.-Pyr. Haies, buissons, bois, lieux couverts, frais. — Mars, mai. — C.

IRIDÉES

Crocus Nudiflorus Sm. Land. et Bas.-Pyr. Landes, bruyères, falaises, pâturages; sur tous nos mamelons et leurs

19

versants, depuis le bord de l'Océan jusque dans les Pyrénées. — Septembre, octobre, — CC.

Trichonema Bulbocodium Rchb. , Landes et Bas.-Pyr.
Ixia — L. } Lieux herbeux des falaises, des dunes et des landes, d'Hendaye à la Teste et jusque dans les Pyrénées. — Février, mars. — CC.

Iris Pseudacorus L. Land. et Bas.-Pyr. Etangs, fossés, bords des rivières. — Mai, juillet. — CC.

— **Fœtidissima** L. Land. et Bas.-Pyr. St-Sever, Dax, Gaas, Peyrehorade, Tercis, Bayonne, Saint-Pierre-d'Irube, Mouguerre, Lahonce, Urcuit, Urt, Briscous, Villefranque, Arbonne, Bidart, Guéthary, Lasse, Uhart-Cize, vallée d'Aspe, etc.; coteaux calcaires, haies, bois, bords des chemins. — Mai, juin. — CC.

— **Graminea** L. Land. et Bas.-Pyr. Peyrehorade, Gaas, St-Martin-de-Seignanx, Bayonne, St-Pierre-d'Irube, Mouguerre, Villefranque, Lahonce, Urcuit, Briscous, Aincille, etc.; bois, buissons, landes et bruyères, coteaux herbeux buissonneux, des terrains calcaires et argilo-calcaires. — Mai, juin. — C. (non partout).

— **Xyphoides** Ehrh. Pyr. Environs des Eaux-Bonnes, Laruns, Mont-Laid, Col de Tortes, Pic et Raillère de Césy, Col d'Ar, Aucupat, de Bouye à Cristaous, Géougue, Gazies, le Roumiga, Col d'Anéou, de Sallent. — Juillet, août. — AC.

Hermodactylus tuberosus Salisb. Landes. Montfort, Bats, environs de St-Sever. — Avril, mai. — RR.

Gladiolus communis L. Dans plusieurs prairies autour de Bayonne (les Pontots), Saint-Pierre-d'Irube, St-Etienne. — Mai, juin. — R.

— **Segetum** Gavol. Landes, Castel-Tursan, Geaune Payras (M. Foucaud).

AMARYLLIDÉES (*)

Galanthus Nivalis L. Land. Sordes. — Février, mars. — RR.
Narcissus Bulbocodum L. Land. et Bas.-Pyr. Saint-Sever, Mont-de-Marsan, Peyrehorade, St-Paul-lès-Dax,

(*) Les plantes de cette charmante famille, qui ont le très grand tort d'épanouir leurs corolles au premier réveil de la nature, et qui, naguère encore, faisaient l'ornement et la parure d'un grand nombre de propriétés autour de Bayonne, ne seront bientôt plus, dans leur pays d'origine, qu'à l'état de futur passé; elles sont, depuis quelques années, l'objet d'un commerce effréné qui a pris les proportions d'un véritable vandalisme, d'une dévastation.

C'est par milliers que chaque année on les expédie, au delà de la Manche, non cueillies, mais arrachées sans pitié, et, par conséquent, désormais perdues.

Les pourvoyeurs font leur malheur eux-mêmes et ne le comprennent pas.

Mées, St-Geours, Soustons, Saubusse, Bayonne, Biarritz, Mouguerre, Mendionde, etc., landes, bruyères et bosquets de la contrée pinicole. — Avril, mai. — AR.

Narcissus Pseudo-Narcissus L. Land. et Bas.-Pyr. Bois montueux humides, versants des vallées, prairies marécageuses ou humides, lieux ombragés, Dax, abondant autour de Bayonne; dans les Pyrénées, Mont d'Arrain, Eaux-Chaudes, Ispoure, Aradoy, etc. — Mars, avril. — C.

Var. *B. Bicolor*. Bayonne, Villefranque, etc.

— **Major** Curt. Land. et Bas.-Pyr. Saint-Martin-de-Seignanx (près de l'Adour entre Nougué et Castets), Bayonne. — Mars, avril. — RR.

Var. *B. Obesus*. Land. et Bas.-Pyr. Moulin de Cabane, St-Paul-lès-Dax, Mouguerre, au dessus de Naguile, sur les bords de l'Adour, St-Martin-de-Seignanx, bords de l'Adour (dans une presqu'ile marécageuse), environs de Bayonne, sur les coteaux boisés.

— **Incomparabilis** Mill. Land. et Bas.-Pyr. Saint-Sever, Dax, Peyrehorade (métairie du Ballon), St-Etienne de Bayonne (à Martichau), dans les champs et les vignes. — Avril, mai. — R.

— **Poeticus** L. Bas.-Pyr. Boucau, dans un petit bois près de l'étang d'Esbouc, au bas de la côte. — Avril, mai. — RR.

— **Biflorus** Curt. Land. et Bas.-Pyr. Bayonne, Saint-Sever (Léon Duf.). — Avril. — RR.

— **Juncifolius** Requien. Pyr. Sommet du Mont d'Arrain (Itsatsou). — Avril, mai. — RR.

-- **Jonquilla** L. Land. et Bas.-Pyr. Narrosse, Bayonne, subspontané. — Mars, avril.

— **Intermedius** Lois. Land. et Bas.-Pyr. Peyrehorade, Hastingues, Bayonne, Boucau, Anglet, Lahonce, etc.; landes humides et marécages des bords de l'Adour, de la Nive et du Gave. — Mars, mai. — RR.

— **Odorus** L. Land. et Bas.-Pyr. Bagès. (Gaston Saccaze), St-Martin-de-Seignanx (près Nougué, dans une prairie bordant l'Adour). — Mars. — RR.

— **Nivens** Lois. Land. et Bas.-Pyr. Dax (Perris). Peyrehorade (M. Féraud), Urcuit (M. Richter), bois d'Huire (St-Etienne), Martichau (id.) Villefranque. — Mars, avril. — R.

— **Tazetta** L. Bas.-Pyr. St-Etienne-de-Bayonne, champs de la métairie de Ségur, sur le bord de la route de Toulouse. Belin (Anglet), (Darracq). Bords de l'Adour sur St-Martin-de-Seignanx entre Castets et Lapourdy. — Mars, avril. — R.

Pancratium Maritimum L. Land. et Bas.-Pyr. Sables maritimes depuis la Chambre-d'Amour (Biarritz) jusqu'au delà de Capbreton et peut-être jusqu'à la Teste. — Juillet, septembre. — R.

ORCHIDÉES

Spiranthes Æstivalis Rich. Land. et Bas.-Pyr. Prés marécageux, bruyères humides, voisinage des mares et des étangs. — Juillet, août. — AC.

— **Autumnalis** Rich. Land. et Bas.-Pyr. Pelouses sèches et collines de toute la région, pâturages, abondant sur le sommet des falaises et les coteaux herbeux du littoral. — Août, octobre.

Goodyera Repens R. Br. Landes. Indiqué par Thore dans les Landes sous le nom d'Ophrys Cernua, p. 361; ne paraît pas avoir été retrouvé; vient habituellement dans les lieux boisés, sur les versants. — Juillet, août.

Cephalanthera Ensifolia Rich. Land. et Bas.-Pyr. Aire, St-Sever, Anglet(Pignadas du Lazazet), Lasse, St-Jean-Pied-de-Port (M. Richter), terrain calcaire ou sablonneux. — Avril, Juin. — R.

— **Grandiflora** Bab. ⎱ Land. et Bas.-
Epipætis Lancifolia D. C. ⎰ Pyr. Gaas, Cazordite, Cagnotte, Bélus, Sarrance, vallée d'Aspe, bois montueux, buissons calcaires. — Mai, juin. — RR.

— **Rubra** Rich. Pyr. Vallée d'Aspe (indication Darracq). — Juin, juillet.

Epipactis Latifolia All. Land. et Bas.-Pyr. St-Sever, Dax, Mugron, Montfort, Mouguerre, Boucau, Arbonne, Uhart-Cize, etc. Bois secs et pierreux, terrains calcaires. — Juillet. — AR.

— **Viridiflora** Hoffm. Land. et Bas.-Pyr. Pignadas et dunes du littoral. — Juin, juillet. — R. — A Blancpignon C.

— **Palustris** Crantz. Land. et Bas.-Pyr. Prairies marécageuses, versant des collines dont le sol est tourbeux ou marécageux. — Juin, juillet. AC.

Listera Ovata R. Br. Land. et Bas.-Pyr. Bois, taillis, barthes, landes et pâturages humides. — Mai, juin. — AC.

Neottia Nidus-Avis Rich. Landes, St-Pandelon près Dax (Thore). — Mai, juin. — RR.

Malaxis Paludosa Swartz. Landes. Bords marécageux de l'étang de Léon. — Juin, juillet. — RR. (M. le Dr Guillaud).

Serapias Cordigera L. Land. et Bas.-Pyr. St-Sever, Cagnotte, Capbreton, Bayonne, Boucau, Anglet, Bidart, Guéthary, Ispoure, Uhart-Cize. Prairies fraîches, humides. — Mai, juin. — R.

— **Longipetala** Poll. Land. et Bas.-Pyr. Orthez, Peyrehorade, Hastingues, Boucau, Mouguerre, Bidache, Guéthary, Bidart, Uhart-Cize, St-Jean-Pied-de-Port, Çaro, Navarrenx, etc. Mêmes lieux que le précédent. — Mai, juin. — AR.

— **Longipetalo-Lingua** Gren. Bas.-Pyr. Bidart (près de l'Ouhabia), Guéthary (près du chemin de fer), Pau, St-Palais. Mêmes lieux que les précédents. — RR.

— **Linguo-Longipetala** Gren. et Phil. Bas.-Pyr. Guéthary, Navarrenx. Mêmes lieux. — RR.

Ces deux hybrides viennent généralement en compagnie du Lingua et du Longipetala.

— **Lingua** L. Land. et Bas.-Pyr. Prairies humides ou sèches, landes, bords des bois. — Avril, juin. C.

Aceras Hircina Lindl. Land. Trouvé autrefois par Thore (p. 361) dans les environs de Montfort et de Nousse, et à St-Etienne (sur les bords de la route de Toulouse) par Darracq. Vient habituellement dans le calcaire, sur les pentes arides, près des haies, des buissons. — Mai, juin.

— **Pyramidalis** Rchb. Land. et Bas.-Pyrén. Mont-de-Marsan, St-Sever, Dax, Peyrehorade, Gaas, Bayonne, St-Pierre-d'Irube, Mouguerre, Bidart, Urrugne, St-Michel, St-Palais, etc., etc. Bois, collines arides, buissonneuses. — Mai, juillet. — C.

Orchis Morio L. Land. et Bas.-Pyr. Mont-de-Marsan, Dax, Bayonne, Anglet, St-Jean-Pied-de-Port; prés, pâturages. — Avril, juin. — AC.

— **Ustulata** L. Land. et Bas.-Pyr. St-Sever, Montaut, Cambo (M. Maisonnave), Lasse, St-Jean-Pied-de-Port (M. Richter); prés, pâturages, vallons. — Mai, juin. — RR.

— **Coriophora** L. Land. et Bas.-Pyr. St-Sever, Mont-de-Marsan (Perris), St-Jean-Pied-de-Port, St-Jean-le-Vieux (M. Richter). — Mai, juin. — R.

— **Simia** Lam. Land. et Bas.-Pyr. Dax, Gaas, Arnéguy, Urgons, Urt, prés secs, coteaux boisés. Mai, juin. R.

— **Purpurea** Huds. Land. Indiqué en Chalosse par **Fusca** Jacq. Léon Dufour; dans le calcaire, bois et buissons. — Mai, juin.

— **Mascula** L. Land. et Bas.-Pyr. Bois, taillis, prairies. — Avril, juin. — C.

— **Parvifolia** Chaub. Landes. Mont-de-Marsan (Perris), prairies humides. — Mai, juin. — RR.

Orchis Pallens L. Bas.-Pyr. Larceveau (M. Richter). — Mai, juin. — RR.

— **Laxiflora** Lam. Land. et Bas-Pyr. Prairies et pâturages humides. — Mai, juin. — C.

— **Palustris** Jacq. Landes et Bas.-Pyr. Dax, Bidart, Bayonne, St-Jean-Pied-de-Port, etc.; prairies marécageuses ou tourbeuses. — Juin, juillet. — R.

— **Latifolia** L. Land. et Bas.-Pyr. Mont-de-Marsan, Dax, Peyrehorade, Œyre-Gave, Bayonne, Saint-Martin-de-Seignanx et Pyrénées; prés humides, marécageux, bords de l'Adour. — Mai, juin. — AR.

— **Incarnata** L. Land. et Bas.-Pyr. Gaas, Abesse de Saint-Paul-lès-Dax, Saint-Martin-de-Seignanx, Urt. Mêmes lieux que le précédent. — Mai, juin. — R.

— **Maculata** L. Land. et Bas.-Pyr. Prés, bois, taillis, landes sablonneuses fraîches. — Juin, juillet. — CC.

— **Bifolia** L. Land. et Bas.-Pyr. St-Sever, de Peyrehorade à Cagnotte, sur le versant nord du coteau d'Apremont; Bayonne, Anglet, Ahetze, Cambo, Larressore, Uhart-Cize, Saint-Michel, etc.; bois, taillis, lieux herbeux couverts et frais. — Mai, juin. — AR.

— **Montana** Schmidt. ⎞ Land. et Bas.-Pyr. Landes humi-
— **Chlorantha** Curt. ⎠ des de Brindos, dunes du Lazaret de Blancpignon, Ciboure, Montfort, Poyartin, etc. — Mai, juin. — R.

— **Conopsea** L. Land. et Bas.-Pyr. St-Sever, Cagnotte, St-Paul-lès-Dax, Uhart-Cize, St-Jean-Pied-de-Port, Mouguerre; et dans les Pyrénées, Pic de Lazive; prés, bois, coteaux, lieux secs. — Juin, juillet. — R.

— **Odoratissima** L. Land. et Bas.-Pyr. St-Paul-lès-Dax, Cagnotte, Mouguerre. Mêmes lieux que le précédent, coteaux principalement calcaires. — Mai, juin. — RR.

— **Viridis** Crantz. Cet orchis, assez commun dans le Centre, est indiqué dans les Pyrénées; on le rencontre dans le Gers, sur nos confins. Il existe probablement aussi chez nous, mais nous ne l'avons pas trouvé; il vient dans les prés frais, humides. — Mai, juin.

Nigritella Augustifolia Rich. Pyr. Environs des Eaux-Bonnes, Géougue, Louctores, Pic de Ger, Raillère du Pic de Césy, etc., sommets. Juin, juillet. R.

Ophrys Aranifera Huds. Land. et Bas.-Pyr. Mont-de-Marsan, St-Sever, Dax, Cagnotte, Tercis, Bayonne, Mouguerre, Lahonce, pelouses sèches, coteaux calcaires. -- Avril, mai. · AR.

— **Arachnites** Reich. Land. et Bas.-Pyr. Mont-de-Marsan, Dax, Gaas, Cagnotte, Bayonne, Tarnos, Mouguerre, Lahonce, Biarritz. Mêmes lieux que le précédent, souvent avec lui. — Mai, juin. — R.

Ophrys.Apifera Huds. Land. et Bas.-Pyr. Mont-de-Marsan,
Dax, Gaas, Cagnotte, Bayonne, Mouguerre, Hendaye, Bidart, etc., bois, coteaux, prés, pâturages
calcaires. — Mai, juin. — AC.

— **Scolopax** Cav. Landes. Peyrehorade (M. Féraud),
pâturages montueux, coteaux herbeux. — Avril,
mai. — RR.

— **Muscifera** Huds. Landes. St-Sever (Perris), Urgons,
coteaux calcaires, lieux pierreux. — Mai, juin. —
— RR.

— **Lutea** Cav. Landes. Gaas, Cagnotte, Cazordite, coteaux calcaires boisés, dans les clairières. — Avril,
mai. — RR.

— **Fusca** Link. Bas.-Pyr. Larceveau, Anglet, sur les
dunes de l'Hippodrome. — Mai. — RR.

HYDROCHARIDÉES

Hydrocharis Morsus-Ranæ L. Land. et Bas.-Pyr. Etangs,
fossés, mares de toute la région. — Juin, août. — C.
Vallisneria Spirolis L. Thore indique cette plante méridionale à Uza (Landes). Nous ne l'y avons pas trouvée.
A rechercher. — Août, octobre.

JUNCAGINÉES

Triglochin Palustre L. Darracq indique cette plante entre
St-Bernard et Boucau, dans les marécages; nous
n'y avons vu que le Maritimum. — Juin, juillet.

— **Barrelieri** Lois. Vases salées et marécages du
littoral, La Teste (L. Dufour). — Avril, mai. RR.

— **Maritimum** L. Land. et Bas.-P. Marécages salés
de toute la région maritime; remonte sur les
bords des cours d'eau dans l'étendue des marées. — Mai, juillet. — CC.

Scheuchzeria Palustris L. Pyr. Marais tourbeux des montagnes. Lapeyrouse l'indique aux Eaux-Chaudes. —
Mai, juin.

POTAMÉES

Potamogeton Natans L. Land. et Bas.-Pyr. Eaux stagnantes, paisibles; mares, étangs. — Juillet, août.
— AC.

— **Fluitans** Roth. Land. et Bas.-Pyr. Eaux paisibles ou courantes; bords de nos rivières et
leurs affluents, étangs et lacs. — Juillet,
septembre. — AC.

— **Polygonifolius** Pour. Land. et Bas.-Pyr. Mont-de-Marsan, Dax, Saint-Paul, Saint-Vincent, Mées, Castets, Buglose, Pontonx, etc., etc.; Bayonne, Pontots, Brindos, Anglet, Biarritz, Bidart, Guéthary, Ahetze, St-Jean-de-Luz, etc.; ruisseaux peu profonds et mares des landes tourbeuses, trous résultant de l'enlèvement de la tourbe. — Juin, juillet. — C.

Var. *B. Parnassifolius* Schrad. Mêmes lieux.

— **Rufescens** Schrad. Landes (?). Lannes (Flore J. Léon, p. 152), eaux stagnantes ou petits ruisseaux à fond siliceux non tourbeux. — Juillet, août. — Nous ne l'avons pas trouvée.

— **Gramineus** L. Land. et Bas.-Pyr. Garros, Soustons, Saint-Julien, Onesse, etc., etc.; la plupart des étangs du Marensin et des lacs jusque dans les Pyrénées; lac d'Ayous. — Juin, août. — AR.

Var. *A. Gramineus.* | Mêmes lieux.
— *B. Heterophyllus.* |

— **Plantagineus** Ducros.) Bas.-Pyr. St-Jean-de-
Hornemanni Mey.) Luz (marais derrière Ste-Barbe), fossés de la chiste et de Saint-Etienne (Bayonne), eaux stagnantes ou paisibles. — Mai, juin. — R.

— **Lucens** L. Land. et Bas.-Pyr. Nos rivières et leurs affluents, étangs et mares. — Juillet, août. — AC.

Var. *B. Fluitans* Coss. et Germ. Mêmes lieux.

— **Perfoliatus** L. Land. et Bas.-Pyr. Etangs, lacs et rivières. — Juin, août. — AC.

— **Crispus** L. Land. et Bas.-Pyr. Etangs, lacs, rivières, fossés. — Mai, juillet. — AC.

— **Obtusi olius** M. K. et Koch. Land. Etang de Lagaube (Lagu et Foucaud). — Juin, août.

— **Pusillus** L. Land. et Bas.-Pyr. Fossés, ruisseaux, mares, étangs, rivières. — Juin, août. — C.

— **Pectinatus** L. Land. et Bas.-Pyr. Lacs, étangs, rivières, fossés, eaux stagnantes et courantes, douces ou salées, de la contrée maritime jusqu'au bord de l'Océan. — Juillet, septembre. — AR. CC. autour de la pièce noyée.

— **Marinus** L. Dans les notes provenant de l'herbier Perris, nous avons vu cette plante des contrées subalpines indiquée à Peyrehorade. Nous engageons à la rechercher.

Potamogeton Densus L. Land. et Bas.-Pyr. Etangs, fossés, ruisseaux, fontaines, mares, eaux stagnantes ou paisibles, quelquefois près des sources. — Juillet, septembre. — CC.

    Var. *A. Densus.* Mêmes lieux.

      — *B. Laxifolius. Serratum* L., *Oppositifolium* D. C. Eaux plus vives.

Zanichellia Palustris L. Land. et Bas.-Pyr. Mares, fossés, fontaines, eaux stagnantes. — Mai, juin. AC.

—   **Dentata** Willd. Land. et Bas.-Pyr. Mêmes lieux que la précédente, mais plus commune qu'elle dans la région maritime. — Mai, juin. — C.

NAIADÉES

Caulinia Fragilis Willd. Land. et Bas.-Pyr. Mugron, Dax, Bayonne, Soustons, Ondres, Tarnos, étang d'Irieu, lac de Brindos, fossés des Pontots, Villefranque; étangs, lacs, fossés profonds, rivières; C. en Marensin et autour de Bayonne. — Juillet, septemb.

Naïas Major Roth. Land. et Bas.-Pyr. Saint-Sever, Dax, Bayonne, Capbreton, lacs de Soustons, Marion, Brindos, Négresse, etc.; étangs d'Irieu, de Garros, et probablement de toute la région. — Juillet, septembre. — C.

ZOSTÉRACÉES

Ruppia Maritima L. Land. et Bas.-Pyr. Marais salés de toute la région, dans les trous ou fossés où l'eau salée séjourne. — Mai, octobre. — AC.

—   **Rostellata** Koch. Land. et Bas.-Pyr. Mêmes lieux que le précédent, abondant autrefois dans les lacs de l'Hippodrome. — Mai, octobre. — AC.

Zostera Marina L. Land. et Bas.-Pyr. Sur le littoral dans les parties vaseuses presque constamment submergées. Hendaye, St-Jean-de-Luz, Biarritz, La Teste, etc. — Juin, juillet. — R.

—   **Nana** Rohth. Land. et Bas.-Pyr. Mêmes lieux, sur des vases plus souvent découvertes; plus rare que le précédent. Bassin de la Bidassoa.

. LEMNACÉES

Lemna Trisulca L. Land. et Bas.-Pyr. Eaux stagnantes, où cette plante est presque entièrement submergée. — Avril, mai. — AR.

—   **Minor** L. Land. et Bas.-Pyr. Mares, fossés, étangs, eaux stagnantes. — Avril, septembre. — CC.

Lemna Gibba L. Landes. Dax, St-Etienne-d'Orthe, Mont-de-Marsan. Mêmes lieux. — C.

— **Polyrhiza** L. Land. et Bas.-Pyr. Mont-de-Marsan, Dax, Bayonne, etc. Mêmes lieux. — AC.

— **Arrhiza** L. Landes. Etangs de la contrée pinicole. — Mai, juin. — RR.

AROIDÉES

Arum Dracunculus L. Cultivé et subspontané. Près du moulin de Peyrehorade (Flore J. Léon, p. 154). Mai, juin.

— **Maculatum** L. Land. et Bas.-Pyr. Prés, haies, bois, lieux frais ombragés. Fleurs, avril. Fruits, août. AC.

— **Italicum** Mill. Land. et Bas.-Pyr. Mêmes lieux que le précédent, mais beaucoup plus commun dans la région. Fleurs, avril. Fruits, août. — C.

TYPHACÉES

Typha Latifolia L. Land. et Bas.-Pyr. Etangs, mares, fossés profonds. — Juin, juillet. — C.

— **Elata** Bor. Latifolia Gracilis Godr. Land. et Bas.-Pyr. Marais d'Orx, Urcuit, St-Jean-de-Luz, eaux stagnantes, fossés, marais. — Juin, juillet. — R.

— **Augustifolia** L. Land. et Bas.-Pyr. Eaux stagnantes, fossés, marais, étangs. — Juin, juillet. — C. Sur les bords des lignes ferrées, transformés en marais par l'enlèvement des terres.

— **Elatior** Rœnning. Land. et Bas.-Pyr. Environs de Dax et de Bayonne, fossés bordant la voie ferrée. — Juillet, août.

Sparganium Ramosum Huds. Land. et Bas.-Pyr. Fossés, étangs, bords des eaux stagnantes. — Juin, août. — C.

— **Simplex** Huds. Land. et Bas.-Pyr. Bords des rivières, des étangs, fossés. — Juin, août. — AC.

Var. *B. Fluitans*. Etang d'Esbouc, Petit Mouguerre, eaux stagnantes profondes. — Juin, août. — RR.

JONCÉES

Juncus Conglomeratus L. Land. et Bas.-Pyr. Lieux humides, bois, fossés, pâturages. — Juin, juillet. — CC.

— **Effusus** L. Land. et Bas.-Pyr. Fossés, lieux humides. — Juin, juillet. — CC.

— **Diffusus** Hoppe. Land. et Bas.-Pyr. De Dax à Bayonne et au dessous. Çà et là dans les marécages des bords de l'Adour, Ahetze, Ispoure, Çaro (M. Richter). — Juin, août. — AR.

Juncus Glaucus Ehrh. Land. et Bas.-Pyr. Lieux humides, bords des eaux. — Juin, août. — CC.

— **Filiformis** L. Land. et Bas.-Pyr. Mont-de-Marsan (Perris), la Teste (Thore, 139), Roumiga, vallées d'Aspe et d'Ossau, marais, Pyrén. — Juin, juillet. — RR.

— **Acutus** Var. A. L. Land. et Bas.-Pyr. Parties humides ou marécageuses du littoral, sur les falaises et les dunes d'Hendaye à la Teste.—Mai, juillet. AC.

— **Maritimus** Lam. Land. et Bas.-Pyr. Marécages maritimes d'Hendaye à la Teste, s'étend dans le centre de la région, et remonte sur les bords de l'Adour jusqu'au delà de Dax. — Juin, août. — CC.

— **Trifidus** L. Pyr. Environs des Eaux-Bonnes, deuxième Cheminée du Pic d'Ossau, Col du Marcadeau, Mont Oli, forêt d'Irati, fentes des rochers d'Odei Charreca, etc. — Juillet, août. — R.

— **Pygmæus** Thuill. Land. et Bas.-Pyr. Mont-de-Marsan, Dax, Peyrehorade, Saint-Vincent-de-Xaintes, Yzosse, Narrosse, Mées, Mézos, Saint-Julien, Lit, Soustons, Capbreton, Ondres, Boucaù, Bayonne, Anglet, etc., etc. Bords des mares, des étangs, des lacs; landes humides, dans les lieux où l'eau a séjourné pendant l'hiver. — Mai, juillet. — C.

— **Capitatus** Weig. Land. et Bas.-Pyr. Mêmes lieux que le précédent, et souvent avec lui, mais plus ordinairement dans les parties des landes sablonneuses ou des pâturages siliceux. — Mai, juillet. — AC.

— **Supinus** Mœnch. / Land. et Bas.-Pyr. Lieux humi-
Bulbosus L. \ des, marécageux ou tourbeux; mares, lacs et étangs. — Juin, août. — C.
    Var. *B. Repens.* \ Sur la terre humide, les
    Var. *G. Aquatilis* / mares, les étangs, les trous, dans les terrains tourbeux.

— **Heterophyllus** Léon Duf. Land. et Bas.-Pyr. Saint-Sever, Dax, Peyrehorade, Igaas, Orthevielle, Anglet. Mares, lacs et étangs. — Juin, août. — R.

— **Lampocarpus** Ehrh. Land. et Bas.-Pyr. Lieux humides, marécageux. - Juin, août. — CC.

— **Sylvaticus** Reich. \ Land. et Bas.-P. Lieux humides,
Acutiflorus Ehrh. / marécageux. — Juin, août. C.

— **Auceps** Laharpe. Land. et Bas.-Pyr. Dax, Ondres, Bayonne, Guéthary, St-Jean-de-Luz, etc. Prés marécageux, parties basses et humides des dunes d'Anglet. — Juin, août. — AR.

— **Alpinus** Vill. Pyr. Cascade du pont d'Enfer près des

Eaux-Chaudes. Val de Broussette, Gabas, dans les marais alpestres. — Juillet, août. — RR.

Juncus Obtusiflorus Ehrh. Land. et Bas.-Pyr. Marécages, fossés, bords des étangs, des cours d'eau de nos vallées, principalement dans la région sous-pyrénéenne où le sol est calcaire. — Juin, août. — AC.

— **Squarrosus** L. Landes. Mont-de-Marsan (Perris, Léon Dufour). Partie légèrement marécageuse des landes siliceuses ou tourbeuses, ou des prés. — Juin, juillet. — RR.

— **Tenuis** Willd. Landes. Quillac de St-Paul-lès-Dax, près de l'Adour. Pâturages et marécages sablonneux produits par l'enlèvement des terres qui ont servi aux terrassements du chemin de fer de Dax à Pau, où nous avons découvert en 1864 cette intéressante Joncée de Bretagne, qui s'est étendue depuis lors. — Juillet, août.

— **Compressus** Jacq.) Land. et Bas.-Pyr. Dax, Saint-
Bulbosus Pesn. / Vincent-de-Xaintes, St-Jean-de-Luz, Guéthary, Mouguerre, au bas de la levée près de Naguile. Lieux humides incultes, marécages, bords des chemins bas où suinte presque continuellement l'eau des parties environnantes plus élevées. — Juin, août. — R.

— **Gerardi** Lois. Land. et Bas.-Pyr. Marécages de toute la zone salée d'Hendaye à la Teste; remonte sur les bords de l'Adour, jusqu'au delà de Dax. — Juin, août. — AC.

— **Tenageia** L. Land. et Bas.-Pyr. Lieux sablonneux humides, inondés l'hiver; chemins, bois, bords des mares, des étangs, des lacs. — Juin, août. — AR.

— **Bufonius** L. Land. et Bas.-Pyr. Lieux humides, marécageux; champs, moissons. — Mai, août. — CC.

— **Hybridus** Brot. Var. *B. Fasciculatus* du précédent. Marécages. Dax, Bayonne, etc. — R. Plus commun dans la région maritime.

Luzula Pilosa Willd. Land. et Bas.-Pyr. Bois montueux. — Février, avril. — C.

— **Forsteri** DC. Land. et Bas.-Pyr. Mêmes lieux. — Mars, avril. — AC.

— **Flavescens** Gaud. Pyr. Vallées d'Aspe, de la Soule et d'Ossau, Pic de Ger, etc. — Juin, juillet. — AR.

— **Sylvatica** Gaud.) Land. et Bas.-Pyr. Saint-Sever,
Maxima DC. { Dax, Estibeaux, Habas, Clermont, Aire, Montfort, Sort, Mimbaste, Pouillon, Bayonne, Mont d'Arrain, Mont Artza, Mont Aradoy, etc., etc.; versants boisés de presque toutes nos vallées sous-pyrénéennes et jusque dans les Pyrénées. — Avril, juin. — C.

Luzula Spadicea D. C. Pyr. Pic de Ger, Pic d'Amoulat, Pic d'Anie, hauts sommets. — Juillet, août. — R.

— **Campestris** D. C. Land. et Bas.-Pyr. Bruyères, bords des bois, pelouses, pâturages. — Mars, avril. — C.

— **Multiflora** Lej. Fl. de Spa. Land. et Bas.-Pyr. Bois, taillis, lieux herbeux, pâturages. — Avril, mai. C.

    Var. *B. Congesta.*   }
    — *G. Nigricans.* } Mêmes lieux.

— **Pallescens** Bess. Land. et Bas.-Pyr. Dax (Pouy d'Euse), Clermont, Montfort, Narrosse, Bayonne, etc.; bois montueux. — Mai, juin. — R.

— **Spicata** D. C. Pyr. Deuxième Cheminée du Pic d'Ossau, Gesc, Pembécibé. — Juin, juillet. — RR.

— **Pediformis** D. C. Pyr. Pic de Ger, Anouilhas. — Juillet, août. — RR.

CYPERACÉES

Cyperus Longus L. Land. et Bas.-Pyr. Lieux humides, fossés, ruisseaux. — Juillet, août. — AC.

— **Badius** Desf. Land. et Bas.-Pyr. Pâturages marécageux, surtout de la zone salée. Juillet, août. AR.

— **Fuscus** L. Land. et Bas.-Pyr. Lieux marécageux, sablonneux ou fangeux. — Juillet, août. — C.

    Var. *Virescens.* Saint-Pée.

— **Vegetus** Willd. Land. et Bas.-Pyr. Plante d'Amérique, naturalisée dans la région depuis 1830. Bayonne, Anglet, Boucau, Tarnos, Dax, Téthieu, Guéthary, Saint-Jean-de-Luz, etc.; lieux humides, marécages. — Juillet, septembre. — AR.

— **Textilis.** Naturalisé dans les fossés de Sainte-Croix (Bayonne). — Juillet, août.

— **Monti** L. Land. et Bas.-Pyr. Mont-de-Marsan, Dax, St-Vincent-de-Xaintes, Peyrehorade, Hastingues, Lannes, St-Martin-de-Seignanx, Bayonne, Saint-Etienne, Saint-Esprit, Lahonce, St-Jean-de-Luz; pâturages marécageux, fossés, lieux humides des bords de l'Adour et du Gave. — Juillet, septembre. — AR.

— **Flavescens** L. Land. et Bas.-Pyr. Lieux humides ou marécageux, surtout dans les terrains sablonneux. — Juillet, août. — C.

Schœnus Nigricans L. Land. et Bas.-Pyr. Lieux tourbeux et marécageux, des bords de l'Océan au sommet des montagnes. — Mai, juillet. — CC.

Cladium Mariscus R. Brown. Land. et Bas.-Pyrén. Etangs, lacs, marais, fossés à sol calcaire ou sablonneux dans toute la région. — Juillet, août. — CC.

Eriophorum Gracile Koch. Land. et Bas.-Pyr. Gaujacq, Biarritz, marais tourbeux. — Mai, juin. — RR.

Eriophorum Augustifolium Roth. Land. et Bas.-Pyr. Mont-de-Marsan, St-Sever, Dax, Mézos, Tarnos, Bayonne, Anglet, Biarritz, St-Jean-de-Luz, etc., etc. Lieux tourbeux, marécageux. — Avril, mai. — AC.

Scirpus Sylvaticus L. Land. et Bas.-Pyr. Mont-de-Marsan, Dax, Peyrehorade, Gaas (bois de Lesbarritz); Bayonne, etc.; ruisseaux, fossés des prés et des bois humides. — Juin, juillet. — AR.

— **Michelianus** L. Land. Mont-de-Marsan, Mugron, Peyrehorade, Dax (au-dessus et au-dessous de la ville, sur plusieurs points). Lieux humides et limoneux des bords des rivières et quelquefois des étangs; îles et presqu'îles de l'Adour et du Gave. — Juillet, août. — R.

— **Maritimus** L. Land. et Bas.-Pyr. Bords des eaux, lacs, étangs, fossés, marais salés et non salés. — Juillet, août. — CC.

— **Compressus** Pers. Land. St-Sever, prairies humides. — Juillet. — RR.

— **Holoschœnus** L. Land. et Bas.-Pyr. Dunes, falaises, sables humides de la contrée maritime; remonte les vallées jusqu'à Mont-de-Marsan, Peyrehorade, St-Jean-le-Vieux, etc. — Juin, août. — CC.

Var. *A. Genuinus.*
— *B. Australis.* Koch. (Mêmes lieux que le
— *G. Romanus.* Koch. (type. Çà et là.

— **Lacustris** L. Land. et Bas.-Pyr. Lacs, étangs, marais. — Mai, juillet. — CC.

— **Tabernæmontani** Gmel. Land. et Bas.-Pyr. Mêmes lieux, mais plus rare que le précédent, dont il n'est qu'une variété d'après plusieurs auteurs. — Mai, juillet. R. — C. dans la région maritime.

— **Triqueter** L. Signalée dans les Allées-Marines par Lesauvage en 1830, et depuis sur les bords du Gave près d'Hastingues. N'aurait-on pas confondu avec l'espace suivante ?

— **Pollichii** Gdr. Gr. Land. Bas.-Pyr. Mont-de-Marsan (Perris), Bayonne, Mouguerre, Lahonce, bords de l'Adour et de ses affluents.—Juillet, septemb. RR.

— **Rothii** Hopp. Land. et Bas.-Pyr. Marécages salés et non salés de la région, bords des étangs, des rivières, remonte au-delà de Peyrehorade et de Dax. — Juin, août. — AC.

— **Mucronatus** L. Land. et Bas.-Pyr. Port-de-Lannes Peyrehorade, Bayonne (quartiers St-Esprit, St-Léon), St-Pierre-d'Irube, Anglet. Fossés des prairies marécageuses. — Juillet, septembre. — AR. CC. dans les fossés des Pontots.

Scirpus Setaceus L. Land. et Bas.-Pyr. Bords des eaux, lieux sablonneux humides, souvent inondés. — Juin, août. — AC.

— **Savii** Sebast. Land. et Bas.-Pyr. Lieux humides de la région maritime et bords marécageux des petits cours d'eau de la plupart de nos vallées sous-pyrénéennes. — Mai, juillet. — C.

— **Fluitans** L. Land. et Bas.-Pyr. Eaux stagnantes, fossés, lacs, étangs. — Juillet, septembre. — AC.

— **Parvulus** Rœm. et Schult. Land. et Bas.-Pyr. Hen-
Translucens Le Gall. ⟩ daye, St-Jean-de-Luz, Biarritz, Bayonne, la Teste, Mont-de-Marsan, bassins maritimes, fossés, marais d'eaux saumâtres. — Juillet, septembre. — R.

— **Pauciflorus** Ligthtfoot. ⟩ Land. et Bas.-Pyr. Mont-
Boeothryon Ehrh. ⟩ de-Marsan, Dax, St-Paul-lès-Dax, Mées, St-Vincent-de-Xaintes, Lit, Saint-Julien, Orx, Capbreton, Tarnos, Boucau, Bayonne, St-Etienne, Cambo, etc.; lieux tourbeux et marégeux de nos vallées. — Juin, juillet. — R.

— **Cæspitozus** L. Land. Mont-de-Marsan (Perris), lieux tourbeux, bruyères marécageuses. Mai, juillet. RR.

Isolepis Prolifera Rob. Br. Bas.-Pyr. Bayonne (propriété Huire). Cette plante de la Nouvelle-Hollande est naturalisée dans cette propriété depuis vingt ans environ; fleurit du printemps à l'automne.

Eleocharis Palustris R. Brown. Land. et Bas.-Pyr. Bords des eaux, marais, fossés. — Mai, août. — CC. Var. *B. Reptans* Thuil. Mêmes lieux.

— ⟨⟩ **Uniglumis** Koch. Land. et Bas.-Pyr. Environs de Peyrehorade (Perris), Capbreton, Bayonne, Guéthary, prairies marécageuses des vallées. — Juin, août. — R.

— **Multicaulis** Dietr. Land. et Bas.-Pyr. Lieux marécageux des vallées, bords des mares, des étangs, des lacs. — Juin, août. — C.

— **Ovata** R. Brown. Land. Mont-de-Marsan (Perris), bords des étangs, lits des rivières, sur les parties découvertes humides ou fangeuses. — Juin, août. — RR.

— **Acicularis** R. Brown. Land. et Bas.-Pyr. Saint-Sever, Dax, Mugron, Bayonne, Brindos, etc., etc.; bords des étangs, des rivières, marais, fossés. — Juin, août. — AC.

Rhynchospora Alba Vahl. Land. et Bas.-Pyr. Prairies marécageuses ou tourbeuses de la plupart de nos vallées, bords herbeux des étangs et des lacs, bruyères et landes. — Juin, août. — AC.

Rhynchospora Fusca Rœnn. et Schult. Land. et Bas.-Pyr. M¹-de-Marsan, Saubrigues, Dax, Bayonne, Cambo, Brindos, etc. Mêmes lieux que la précédente, et jusque dans les marécages des montagnes. — Mai, juillet. — AR.

Elyna Spicata Schrad. Près du Col de Marcadeau (frontière espagnole), sommets des pics des vallées d'Aspe et d'Ossau. — Juin, août. — RR.

Carex Dioica L. Pyr. Environs des Eaux-Bonnes et de Gabas, Anouilhas, prés spongieux et tourbeux des montagnes. — Mai, juin. — RR.

— **Davalliana** Sm. Nous n'avons pas trouvé cette plante, indiquée dans la région par la Flore Gr. Gdr. et par Darracq, d'une manière vague, dans les vallées d'Aspe et d'Ossau. (?)

— **Pulicaris** L. Land. et Bas.-Pyr. Prairies humides, marécageuses et tourbeuses; versants et fond des vallées. — Avril, juin. — AC.

— **Decipiens** Gay. Pyr. Environs des Eaux-Bonnes, sur les points élevés secs; Bagès, Mont Laid, Gabisos, Col de Tortes. — Juillet, septembre. — RR.

— **Pyrenaica** Walh. Pyr. Mêmes lieux que le précédent, 2ᵉ Cheminée du Pic d'Ossau, Bécotte des Englas, Col du Marcadeau (des deux côtés).—Juillet, août.—RR.

— **Rupestris** All. Pyrén. Eaux-Bonnes, Pics de Ger et d'Anie, Pembécibé, au-dessous du Capéran, rochers. — Juillet, août. — RR.

— **Divisa** Huds. Land. et Bas.-Pyrén. Dax, St-Paul-lès-Dax (à Quillac), Peyrehorade, Soustons, Capbreton, Bayonne, Anglet, Mouguerre, Guéthary, St-Jean-de-Luz, etc. Prairies, lieux humides, surtout maritimes. — Mai, juin. — AR.

— **Disticha** Huds. Land. et Bas.-Pyr. Mont-de-Marsan, Dax, Bayonne, Bidart; prairies, lieux humides ou marécageux. — Mai, juin. — R.

— **Arenaria** L. Land. et Bas.-Pyr. Mont-de-Marsan, Dax et autres lieux éloignés de la mer. Très commun dans la région maritime; sables. — Mai, juin.

— **Ligerica** Gay. ⎰ Bas.-Pyr. Environs de St-Jean-Pied-
Ligerina Bor. ⎱ de-Port (M. Richter), sables et alluvions. — Avril, juin. — RR.

— **Brizoides** L. Land. et Bas.-Pyr. St-Sever, Mont-de-Marsan, Dax, St-Paul-lès-Dax, Pouillon, Mées, St-Vincent-de-Xaintes, Bayonne, St-Etienne, Boucau, Bonnes, St-Jean-pied-de-port, Itsatsou, etc.; bois et pelouses humides, buissons, bords des haies, terrain sablonneux. — Avril, juin. — AC.

— **Pseudo-Brizoides** Clav. Bas.-Pyr. Bayonne, Uhart-Cize, St-Jean-Pied-de-Port. — Juin. — RR.

Carex Vulpina L. Land. et Bas.-Pyr. Lieux humides, fossés, prés marécageux ou tourbeux. — Mai, juin. — CC.

— **Muricata** L. Land. et Bas.-Pyr. Prés, bois, bords des chemins. — Mai, juin. — CC.

— **Divulsa** Good. Land. et Bas.-Pyr. Mont-de-Marsan, Saint-Sever, Dax, Peyrehorade, Bayonne, St-Jean-Pied-de-Port, etc., etc.; bois, buissons, bords des haies, des chemins. — Mai, juin. — C.

— **Paniculata** L. Land. et Bas.-Pyr. Mont-de-Marsan, Dax, St-Paul, St-Vincent-de-Paul, Téthieu, Seyresse, Tercis, St-Julien, Lit, Bayonne, St-Etienne, Tarnos (la Chiste, Larrendouet), Bassussarry, Arbonne, Bidart, etc.; marais tourbeux, spongieux, bords des fossés. — Mai, juin. — AC.

— **Paradoxa** Willd. Darracq indique cette plante à Bayonne, sans préciser (?).

— **Teretiuscula** Good. Landes. Marais tourbeux des bords de l'étang de Poustagnac (St-Paul-lès-Dax). — Mai, juin. — RR.

— **Elongata** L. Bas.-Pyr. Chambre-d'Amour (Lesauvage, en 1830). Nous ne l'y avons pas retrouvé. Lieux marécageux. — Mai, juin. — RR.

— **Leporina** L. Land. et Bas.-Pyr. Mont-de-Marsan, Dax, St-Paul, St-Vincent, Bayonne, Tarnos, Guéthary, St-Jean-Pied-de-Port, Lasse, etc. Lieux humides, prés, pâturages. — Mai, juillet. — AR.

— **Echinata** Murr. ⎰ Land. et Bas.-Pyr. Lieux maréca-
Stellulata Good. ⎱ geux ou tourbeux, prairies, bords des étangs et des lacs. — Mai, juin. — C.

— **Canescens** L. Land. et Bas.-Pyr. Uchacq (Perris), Baïgorry, prairies tourbeuses. — Mai, juin. — RR.

— **Remota** L. Land. et Bas.-Pyr. St-Sever, Dax, Bayonne, St-Jean-Pied-de-Port, etc., etc. Lieux couverts, ombragés, buissonneux, haies, bois humides. — Mai, juin. — AC.

— **Curvula** All.? Darracq l'indique dans les vallées d'Aspe et d'Ossau. — Juillet août. — Plante alpestre.

— **Goodenowi** Gay. ⎰ Bas.-Pyr. Bayonne, Anglet, et
Vulgaris Fries. ⎱ St-Etienne de Bayonne au-delà de Ste-Croix. Prairies marécageuses de Montbrun, des bords de l'Adour et de la Nive. — Avril, juin. — RR.

— **Stricta** Good. Land. et Bas.-Pyr. Dax, St-Vincent-de-Xaintes, Œyreluy, Peyrehorade, Tarnos, St-Martin-de-Seignanx, Bayonne, St-Etienne, Anglet, Bidart, Guéthary, etc., etc. Bords des fossés, marécages des bords de l'Adour, de la Nive et des affluents. — Avril, mai. — C.

— **Trinervis** Desgl. Land. et Bas.-Pyr. Parties basses et

21

humides des sables maritimes d'Hendaye à la Teste; bords des lacs et des étangs de cette région; remonte sur les deux rives de l'Adour, jusqu'à Dax, Sore et Pissos, Mont-de-Marsan. —Juin, août. AR.

Carex Acuta Fries. Land. et Bas.-Pyr. Marais, fossés, bords des rivières, des étangs, vallées marécageuses. — Avril, juin. — C.

— **Glauca** Scop. Land. et Bas.-Pyr. Prés, bois, bruyères, falaises, pâturages argileux. — Avril, juin. — CC.

— **Maxima** Scop. Land. et Bas.-Pyr. Haies, bois, fossés, ruisseaux; commun dans nos vallées boisées, sur les bords des cours d'eau. — Mai, juillet. — CC.

— **Strigosa** Huds. Land. et Bas.-Pyr. St-Jean-Pied-de-Port, Uhart-Cize, St-Jean-le-Vieux (M. Richter), vallée du Bedat (Tercis), sur le bord d'un petit cours d'eau, St-Vincent-de-Xaintes, près des marais, sur la berge boisée d'un fossé, lieux frais couverts, bois humides. — Mai, juin. — RR.

— **Pallescens** L. Land. et Bas.-Pyr. Bois, prés frais ou couverts. — Mai, septembre. — C.

— **Panicea** L. Land. et Bas.-Pyr. Lieux humides, marécageux ou tourbeux, pâturages. — Mai, juin. —AC.

— **Atrata** L. Pyr. Pic de Ger, au dessous du Capéran. — Juin, juillet. — RR.

— **Nigra** All. Pyr. Deuxième Cheminée du Pic d'Ossau, Pic de Ger, Aucupat. — Juillet, août. — RR.

— **Præcox** Jacq. Land. et Bas.-Pyr. Pelouses, prés, bois, coteaux, bords des chemins. — Mars, mai. — CC.

— **Polyrhiza** Wallr. Land. et Bas.-Pyr. Bois montagneux humides de la plupart de nos vallées. — Mars, avril. — C.

— **Tomentosa** L. Land. et Bas.-P. Bois, landes, pâturages humides et prés dans le calcaire. — Avril, juin. — AC.

— **Pilulifera** L. Land. et Bas.-Pyr. Landes, bruyères, bois, pelouses, versants des mamelons. — Avril, mai. — C.

— **Montana** L. Land. et Bas.-Pyr. Clermont, Ahetze, Saint-Jean-Pied-de-Port, Uhart-Cize (M. Richter), Aucupat, Pic d'Anie, bois montueux calcaires. — Avril, mai. — R.

— **Ornithopoda** Willd. Bas.-Pyr. Uhart-Cize, Estérençuby (M. Richter), coteaux calcaires boisés. — Avril, mai. — RR.

— **Sempervirens** Vill. Pyr. Mont Aphanice (M. Richter), Bagès, Pic de Ger, Gourzy, Col de Tortes. — Juillet, août. — RR.

— **Sylvatica** Huds. Land. et Bas.-Pyr. Bois, lieux couverts. — Mai, juillet. — C.

Carex Flava L. Land. et Bas.-Pyr. Prés humides, marécageux ou tourbeux. — Mai, juillet. — C.

— **Lepidocarpa** Tausch. Land. et Bas.-Pyr. Prés marécageux, landes tourbeuses, pâturages. —Mai, juillet.
— AC.

— **Æderi** Ehrh. Land. et Bas.-Pyr. Bords des étangs, des
lacs, marécages, lieux tourbeux ou sablonneux dont
l'eau s'est retirée. — Mai, août. — C.

— **Hornschuchiana** Hoppe. Land. et Bas.-Pyr. Prés humides, marécageux ou tourbeux. — Avril, juin. C.

— **Distans** L. Land. et Bas.-Pyr. Prés humides. — Mai,
juin. — C.

— **Binervis** Sm. Land. et Bas.-Pyr. Mont-de-Marsan,
Dax, Bayonne, Bidart, Guéthary, etc.; prés et landes humides. — Mai, juin. — AC.

— **Extensa** Good. Land. et Bas.-Pyr. Marécages de toute
la contrée maritime; remonte jusqu'à Dax, sur les
rives de l'Adour. — Juin, juillet. — C.

— **Punctata** Gaud. Land. et Bas.-Pyr. Prés et bois humides de la plupart de nos vallées, bords herbeux
des lacs et étangs. — Avril, mai. — AC.

— **Lævigata** Sm. Land. et Bas.-Pyr. Fond de nos vallées
humides, marécageuses ou tourbeuses, ombragées;
dans les prés et les parties boisées constamment
humides. — Mai, juin. — AC.

— **Pseudo-Cyperus** L. Land. et Bas.-Pyr. Lieux humides, bords des étangs, des lacs, marécages. — Mai,
juillet. — AR.

— **Vesicaria** L. Land. et Bas.-Pyr. Mêmes lieux que le
précédent. —Mai, juillet. — C.

— **Paludosa** Good. Land. et Bas.-Pyr. Fossés, bords des
étangs, des lacs, des rivières. — Mai, juin. — AC.

— **Kochiana** DC. Land. et Bas.-Pyr. Marais de Quillac
et d'Abesse (St-Paul-lès-Dax), étangs de Poustagnac
et du Marensin. Mêmes lieux que le précédent, dont
quelques auteurs en font une variété B. — Mai,
juin. — AR.

— **Riparia** Curt. Land. et Bas.-Pyr. Rivières, fossés,
bords des eaux vives et dormantes. — Mai, juin. C.

— **Hirta** L. Land. et Bas.-Pyr. Lieux sablonneux, humides. — Mai, juin. — C.
Var. *B. Glabrata* Car. *Hirtæformis* Pers. Mêmes
lieux plus secs; plus rare que le type.

GRAMINÉES

Zea Mays L. Cultivé dans toute la région.
Leersia Oryzoides Soland. Land. et Bas.-Pyrén. Mont-de-
Marsan, Dax, Bayonne, etc., etc.; fossés, bords

des eaux. — CC. autour de Bayonne. — Juillet, août.

Phalaris Canariensis L. Bayonne, çà et là autour de la ville.
— Avril, mai.

— **Brachystachys** Link. Bas.-Pyr. Comme le précédent. St-Léon, Mousserole, bas de la citadelle, Allées-Marines. — Mai, juin.

— **Minor** Retz. Bas.-P. Comme les précédents, autour de la ville, pelouses, lieux herbeux. — Mai, juin.

— **Cærulescens** Desf. Bas.-Pyr. Bayonne en 1885 (le Glain, près du chemin de fer de St-Jean-Pied-de-Port). — Mai, juin.

— **Nodosa** L. Bayonne en 1881 (au-dessous de la citadelle, route du Boucau).
NOTA. — Nous croyons que ces cinq espèces de Phalaris doivent être considérées comme subspontanées ou adventives à Bayonne.

— **Arundinacea**. Land. et Bas.-Pyr. Mont-de-Marsan, Peyrehorade, Dax, Bayonne, Ispoure, etc.; bords des eaux. — Juin, juillet. — AC.

Anthoxanthum Odoratum L. Land. et Bas.-Pyr. Lieux herbeux, prés, bois. — Printemps, automne. — CC.

— **Villosum** Dumort. Land. Dax, St-Paul, St-Vincent-de-Paul, Marensin, bois sablonneux secs. — Mai, septembre. — AR.

— **Puelii** Lesoq. et Lamot. Land. et Bas.-Pyr. Champs sablonneux, moissons, pelouses sèches. — Juin, juillet. — CC. en Marensin.

— **Lloydii** Jordan. Land. et Bas.-Pyr. Dunes du littoral. — Juin. — R.

Mibora Verna P. Beauv. Land. et Bas.-Pyr. Champs, lieux sablonneux. — Février, mars. — CC.

Crypsis Alopecuroides Schrad. Landes. Petite mare de Quillac (St-Paul-lès-Dax), Pontonx. Lieux marécageux dont l'eau s'est retirée, vases des rivières. — Juillet, septembre. — RR.

Phleum Pratense L. Land. et Bas.-Pyr. Prairies. — Juin, juillet. — C.
Var. *B. Nodosum* Gaud.) Mêmes lieux, Saint-
— *B. Intermedium* Jord. / Pierre-d'Irube.

— **Præcox** Jord.) Land. et Bas.-Pyr. Prés secs.
Nodosum *pro parte*.) — Avril, septembre. — AC.

— **Alpinum** L. Pyr. Darracq l'indique dans nos vallées d'Aspe et d'Ossau. — Juin, août. A rechercher.

— **Arenarium** L. Land. et Bas.-Pyr. Sables maritimes d'Hendaye à La Teste. — Mai, juin. — CC.

Alopecurus Pratenses L. Land. et Bas.-Pyr. Prairies fraîches. — Mai, juin. — C.

Alopecurus Agrestis L. Land. et Bas.-Pyr. Champs, lieux cultivés. — Mai, septembre. — C.

— **Geniculatus** L. Land. et Bas.-Pyr. St-Sever, Dax, Quillac (Saint-Paul-lès-Dax), Bayonne, Mouguerre. Lieux humides. — Mai, septembre. R.

— **Fulvus** Sm. Land. et Bas.-Pyr. St-Sever, Quillac, (St-Paul-lès-Dax), Bayonne, Urt, Urcuit, Ispoure et lieux humides. Marais, fossés. — Mai, septembre. — AR.

— **Bulbosus** L. Bas.-Pyr. Lahonce, Bayonne (à St-Léon et St-Bernard), Boucau, batardeaux de la Nive sur la rive droite. Prés, lieux humides. — Mai, août. — R.

— **Utriculatus** Pers. Bas.-Pyr. Bayonne, St-Jean-Pied-de-Port. Prés humides. — Mai, juin. RR.

— **Gerardi** Vill. Pyr. Pics de Ger, d'Ossau et d'Anie, Pembécibé, sur les sommets. — Juillet, août. — RR.

Sesleria Cærulea Arduin. Bas.-Pyr. Mont Aphanice (M. Richter). — Mars, avril. — RR.

Oreochlea Disticha Link. Pyr. Deuxième Cheminée du Pic d'Ossau, Col du Marcadeau, sommets élevés. — Juillet, août. — RR.

Echinaria Capitata Desf. Indiquée dans les Landes (Flore Gr. Gdr. t. 3, p. 455), nous ne l'y avons pas trouvée; vient habituellement dans les lieux calcaires secs et arides. — Mai, juin.

Setaria Glauca P. Beauv. Land. et Bas.-Pyr. Lieux frais cultivés et incultes, champs sablonneux et dunes. — ⅓ Juin, juillet. — CC.

— **Viridis** P. Beauv. Land. et Bas.-Pyr. Lieux cultivés. — Juin, juillet. — C.

— **Verticillata** P. Beauv. Land. et Bas.-Pyr. Mont-de-Marsan, Peyrehorade, Dax, Bayonne, St-Jean-Pied-de-Port, lieux cultivés, champs, jardins, vignes. — Juin, juillet. — R.

— **Italica** P. Beauv. Cultivé et subspontané.

Panicum Miliaceum L. Cultivé et subspontané.

— **Crus-Galli** L. Land. et Bas.-Pyr. Lieux sablonneux, humides, bords des eaux. — Juillet, septembre. — C.

— **Sanguinale** L. Land. et Bas.-Pyr. Lieux incultes et cultivés. — Juillet, octobre. — C.

— **Glabrum** Gaud. Land. et Bas.-Pyr. Lieux cultivés et incultes sablonneux, alluvions, lits des rivières. — Juillet, octobre. — AC.

— **Vaginatum** Sw. \ Land. et Bas.-Pyr. Plante exoti-**Digitaria** Later. que extrêmement répandue dans toute la région; infeste les cultures. — Août, octobre. Indiquée dans les Allées-Marines, dès l'année 1830 (Lesauvage).

Eleusine Indica L. et Gœrtn. Bas.-Pyr. C'est en 1863 que nous avons découvert cette plante indienne à Ciboure, près St-Jean-de-Luz, entre les dalles et les pavés, dans l'intérieur de la ville. Elle a pris place dans les *Centuries* que publiaient alors MM. Puel et Maille, et depuis dans celles de M. Magnier. Son habitat l'expose à disparaître un jour, par suite des grattages et des nettoyages trop souvent répétés. — Juillet, septembre.

Cynodon Dactylon Pers. Land. et Bas.-Pyr. Lieux incultes. — Juillet, septembre. — CC.

Spartina Stricta Roth. Land. Environs de la Teste, station qui paraît être la plus méridionale de cette plante commune dans les marécages maritimes de Vendée et de Bretagne. — Août, septembre.

— **Alterniflora** Leis. Land. et Bas.-Pyr. Marécages maritimes d'Hendaye à Capbreton; C. autour de Bayonne, et remonte sur les bords de l'Adour. — Juin, août.

Stenotaphrum Americanum. Bas.-Pyr. Plante américaine, découverte en 1861 par Darracq, mais connue et signalée seulement en 1863 par M. Fremy. Cette plante s'est considérablement répandue au dessus et au dessous de Bayonne, surtout sur la rive droite du fleuve, dans la zone marine. On la trouve maintenant sur Bayonne, Boucau, Anglet, dans les pâturages maritimes; à Bidart, sur les bords de l'Ouhabia, et à Saint-Jean-de-Luz, près du ruisseau d'Etchebiague, à l'embouchure de ces deux cours d'eau. — Juillet, septembre.

Andropogon Ischæmum L. Land. et Bas.-Pyr. Très commune au bas des rochers, dans les vallées pyrénéennes; se trouve aussi à Mont-de-Marsan, Saint-Sever, Cauneille, Peyrehorade, Sordes, Mouguerre, Villefranque, etc.; sur les coteaux pierreux. — Juin, septembre. — AR.

Sorghum Vulgare Pers. Cultivé.

Arundo Donax L. Cultivé.

Phragmites Communis Trin. Land. et Bas.-Pyr. Rivières, fossés, étangs. — Août, septembre. — CC.

Calamagrostis Epigeios Roth. Land. et Bas.-Pyrén. Dax, Mont-de-Marsan, Narrosse, Tarnos, Bayonne, Boucau, etc.; bois, haies, bruyères humides. — Juillet, août. — R.

— **Lanceolata** Roth. Land. et Bas.-Pyr. Capbreton, Labenne, Ondres, Tarnos, Boucau, Anglet (sur les bords du lac de Chiberta), lieux frais ou marécageux des dunes et des pignadas, voie ferrée. — Juin. août. — AR.

Calamagrostis Arundinacca Roth. Pyrén. Béhérobie (M. Richter), forêt d'Irati, près de la rivière Erreca-Iderra. — Juillet, août. — RR.

Psamma Arenaria Ram. et Schult. Sables maritimes d'Hendaye à la Teste. — Mai, juillet. — CC.

Agrostis Alba L. Land. et Bas.-Pyr. Prés, champs humides. — Juin, août. — C.

Var. *B. Stolonifera*. Mêmes lieux.

Var. *G. Maritima* Mey. Sables maritimes, dans les lieux humides.

— **Vulgaris** With. Land. et Bas.-Pyr. Lieux secs, pâturages sablonneux. — Juin, juillet. — C.

Var. *B. Glauca*. {Commun en Marensin, *A. Glaucina* Bast. :dans les sables secs.

— **Canina** L. Land. et Bas.-Pyr. Prés humides, landes siliceuses, humides, jusque dans les Pyrénées, Bécotte des Englas. — Juillet, août. — CC.

Var. *B. Glauca*. Dax et environs.

— **Setacea** Curt. Land. et Bas.-Pyr. Bruyères et landes de toute la région. — Juin, août. — C.

— **Alpina** Scop. Pyr. Environs des Eaux-Bonnes, Pic de Ger, Col de Sallent, du Marcadeau, vallée d'Aspe. — Juillet, août. — R.

— **Elegans** Thore. Landes. Mont-de-Marsan, St-Avit, Sore, Dax, etc., La Teste. Çà et là dans les landes sablonneuses. — Mai, juin. — R.

— **Spica-Venti** L. Land. et Bas.-P. La Chalosse, Dax Bayonne, Boucau, dans les terrains vagues, où cette plante ségétale ne se maintient pas. Juin, juillet.

— **Interrupta** L. Landes. Mont-de-Marsan (Perris). Lieux sablonneux, bords des champs, des levées. — Juin, juillet. — RR.

Sporobolus Tenacissimus Rob. Br. Naturalisé près de la Nive (rive gauche), sur les redoutes et les prairies au sud de Bayonne, près de Marrac, et aux bains Jacquemin (rive droite). — Juillet, août.

Gastridium Lendigerum Gaud. Land. et Bas.-Pyr. St-Sever, Sordes, Narrosse, Dax, Bayonne, Guéthary, St-Pierre-d'Irube, Aincille. Ispoure, Uhart-Cize (M. Richter), etc. Lieux secs, champs sablonneux. — Mai, juillet. — R.

Polypogon Monspeliense Desf. Land. et Bas.-Pyr. Lieux sablonneux, humides de la zone salée. — Mai, juillet. — AR.

— **Maritimum** Willd. Land. et Bas.-Pyr. Lieux humides et marécageux de la contrée maritime d'Hendaye à la Teste. — Mai, juillet. — R.

Polypogon Littorale Sm. Land. et Bas.-Pyr. Marécages salés du littoral, Hendaye, St-Jean-de-Luz, Anglet. — Juin, juillet. — RR.

Lagurus Ovatus L. Bas.-Pyr. Falaises de Ste-Barbe (St-Jean-de-Luz). Lesauvage indique cette plante dans les sables maritimes de la région en 1830. — Mai, juin.

Lasiagrostis Calamagrostis Link. Pyr. Pic de Ger, au-dessus de Bouye, Col de Tortes, Béhérobie (M. Richter). — Juin, août. — RR.

Piptatherum Paradoxum P. Beauv. Pyr. Dans les lieux stériles, fort d'Urdos (Loret). — Mai. — RR.

— **Multiflorum** P. Beauv. Landes, St-Vincent-de-Xaintes et Dax. Dans le petit bois sec sablonneux et montueux du Pouy d'Euse, lieux arides boisés. — Juin, août. — RR.

Milium Effusum L. Land. et Bas.-Pyr. Mont-de-Marsan, bois montueux couverts. — Mai, juillet. — RR.

Airopsis Globosa Desv. Land. Çà et là dans les landes sablonneuses et les pignadas du département des Landes, Morcenx, Dax, Mont-de-Marsan. Nous ne l'avons pas vu dans les Bas.-Pyr. – Avril, mai. — R.

Corynephorus Canescens P. Beauv. Land. et Bas.-Pyr. lieux secs et sablonneux, dunes. — Juin, août. — C.

Var. *B. Maritima* Nob. Sables du littoral, dunes.

Aira Caryophyllea L. Land. et Bas.-Pyr. Lieux secs, sablonneux, stériles. — Mai, juin. — C.

— **Patulipes** Jord. Land. et Bas.-Pyr. Lieux sablonneux, pignadas, landes. — Juin, juillet. — AR.

— **Multiculmis** Dumort. Land. et Bas.-Pyr. Orthez, Dax, St-Vincent-de-Xaintes, dans plusieurs bois sablonneux (Beyrie Pouy d'Euse), St-Jean-Pied-de-Port, Ispoure, etc. — Juin, juillet, — AR.

— **Præcox** L. Land. et Bas.-Pyr. Lieux sablonneux, terrains frais, champs, pelouses, pâturages. — Avril, mai. — AC.

Deschampsia Cæspitosa P. Beauv. Land. et Bas.-Pyr. Landes, bruyères, bords des haies, des bois, lieux frais. — Juin, juillet. — C.

— **Thuillieri** Gdr. Gr. Land. Pissos, Aureilhan, Dax, bords des étangs des Landes. — Août RR.

— **Flexuosa** Gris. Land. et Bas.-Pyr. Bois sablonneux, lieux montueux ombragés. — Mai, juillet. — AC.

Avena Sativa L. Cultivé et subspontané.

— **Strigosa** Schreb. Land. et Bas.-Pyr. Dax, Bayonne, dans les moissons. – Juillet. — R.

Avena Barbata Brot. Land. et Bas.-Pyr. Mont-de-Marsan, Dax, St-Vincent, Bayonne, etc. Coteaux, lieux pierreux stériles. — Juin, août. — AR.

— **Ludoviciana** Durieu. Land. et Bas.-Pyr. Dans les moissons. — Juin, août. — AR.

— **Fatua** L. Land. et Bas.-Pyr. Çà et là dans les moissons. — Juin, août. — AC.

— **Sterilis** L. Bas.-Pyr. Lasse. — Juillet, août. — RR.

— **Sempervirens** Vill. Pyr. Eaux-Chaudes, Laruns (Lapeyrouse). — Juillet, août. — RR.

— **Montana** Vill. Pyr. Environs des Eaux-Bonnes, Pic de Ger, au dessous du Capéran, Anouilhas, Bagès, Mont Laid, Col de Lourdé, Col de Sallent, frontière espagnole. — Juillet, août. — R.

— **Sulcata** Gay. Land. et Bas.-Pyr. Mont-de-Marsan, St-Sever, Dax, Peyrehorade, Gaas, Bayonne, Boucau, Tarnos, St-Jean-Pied-de-Port, Bidart, Guéthary, etc., landes, buissons, bords des bois. — Mai, juin. — AR.

— **Scheuchzeri** All. Pyr. Col de Sallent, frontière espagnole. — Juillet, août. — RR.

— **Pubescens** L. Land. et Bas.-Pyr. Mont-de-Marsan, Dax, Guéthary, Ahetze, prairies, coteaux, bords des bois. — Mai, juin. — R.

— **Pratensis** L. Land. et Bas.-Pyr. St-Sever, Dax, Bayonne, Mouguerre, Lahonce, collines sèches buissonneuses, prés secs, bords des bois. — Mai, juillet. R.

Arrhenatherum Elatius Mert. et Koch. Land. et Bas.-Pyr. Bords des prés, des haies, des bois. — Juin, juillet. — AC.

— **Bulbosum** Presl. Land. et Bas.-Pyr. Mêmes lieux que la précédente. — C.

— **Thorei** Desm. } Land. et Bas.-**Avena Longifolia** Thore. } Pyr. Landes et bruyères de toute la région. — Juin, juillet. — CC.

Trisetum Flavescens P. Beauv. Land. et Bas.-Pyr. Mont-de-Marsan, St-Sever, Dax, Bayonne, Saint-Jean-Pied-de-Port, etc., prés secs, bords des bois. — Juin. — AC.

Holcus Lanatus L. Land. et Bas.-Pyr. Bois, prés, landes humides. — Juin, août. — CC.

— **Mollis** L. Land. et Bas.-Pyr. Prés, bois, buissons, lieux sablonneux. — Juin, août. — C.

Kœleria Cristata Pers. Land. et Bas.-Pyr. Mont-de-Marsan, St-Sever, Dax, Bayonne, Chambre-d'Amour, Château Pignon, prairies sèches, pelouses dans le calcaire. — Juin, juillet. — R.

Var. *Gracilis*. Mêmes lieux.

22

Kœleria Albescens DC. Land. et Bas.-Pyr. Dunes et falaises
d'Hendaye à la Teste. — Mai, juin. — CC.

Var. *A. Genuina.* |
— *B. Gracilis.* | Mêmes lieux.

— **Setacea** Pers. Pyr. Environs des Eaux-Bonnes, Pic
de Ger, au pied d'Aucupat.

Var. *B. Ciliata.* Mêmes lieux, Gourzy.

— **Villosa** Pers. Trouvée autrefois dans les Allées-
Marines par Lesauvage.

— **Phleoides** Pers. Land. et Bas.-Pyr. Mont-de-Marsan,
Dax, Labenne, Capbreton, Tarnos, Bayonne, Anglet, Allées-Marines, pigradas, etc.; lieux secs,
pelouses, bords des chemins, terrains sablonneux
et calcaires. — Mai, juin. — AC.

Catabrosa Aquatica P. Beauv. | Land. et Bas.-Pyr. Marais,
Poa Airoides Kœl. | fossés, fontaines, bords des
chemins inondés. — Juin, juillet. — AC.

Glyceria Fluitans R. Brown. Land. et Bas.-Pyr. Marais, fossés, étangs. — Mai, juillet. — C.

— **Plicata** Fries. Land. et Bas.-Pyr. Mêmes lieux. —
Mai, juillet. — C.

— **Loliacea** Gdr. Land. et Bas.-Pyr. Mugron, Dax,
Bayonne, etc.; prairies humides, bords des fossés.
— Mai, juin. — R.

— **Aquatica** Wahlb. | Land. et Bas.-Pyr. Bords des
Poa Aquatica L. | étangs, des lacs, des rivières,
fossés. — Juin, août. — AC.

— **Maritima** Mert. et Koch. Land. et Bas.-Pyr. Capbreton, Biarritz, Bidart, Anglet, etc. Parties marécageuses des dunes et falaises. — Mai, juillet. R.

— **Distans** Wahl. Land. et Bas.-Pyr. Vases salées du
litttoral. Marécages des bords de l'Adour à son
embouchure et jusque au-dessus de Bayonne.
Cirque de la Chambre-d'Amour. — Mai, juin. R.

— **Conferta** Fries. Bas.-Pyr. Boucau, Anglet, littoral.
— Juillet. — R.

Sclerochloa Dura P. Beauv. Bas.-Pyr. Anglet entre les Cinq-
Cantons et la Chambre-d'Amour, Guéthary,
sur les falaises arides et sèches. Mai, juin. RR.

Poa Annua L. Land. et Bas.-Pyr. Lieux cultivés, bords des
chemins, rues entre les pavés, voisinage des habitations. Toute l'année. — CC.

— **Laxa** Hænke Pyr. Deuxième Cheminée du Pic du
Midi d'Ossau. — Juillet. — RR.

— **Nemoralis** L. Land. et Bas.-Pyr. Bois, bords des haies,
lieux ombragés. — Juin, août. — C.

Var. *A. Vulgaris.* |
— *B. Rigidulas.* | Mêmes lieux.

Var. *E. Alpina.* Pyrénées.

Poa Feratiana Bois. Pyr. Forêt d'Irati (Flore Gr. Gdr. 542).
Cette plante nous est inconnue. — Juillet.

— **Serotina** Ehrh. Land. Mont-de-Marsan (Perris), lieux
fangeux, bords des eaux. — Juin, juillet. — RR.

— **Alpina** L. Pyrén. Anouilhas, Portillon du Pic d'Ossau,
Col du Marcadeau, dans les pâturages.—Juillet, août.
— R.

— **Bulbosa** L. Land. et Bas.-Pyr. Lieux incultes, pâturages, dunes, vieux murs. — Avril, mai. — AC.
Var. *B. Vivipara*. Mêmes lieux.

— **Compressa** L. Land. et Bas.-Pyr. Mont-de-Marsan, Dax,
Bayonne, Boucau, Uhart-Cize. St-Michel; lieux secs,.
sablonneux. — Juin, juillet. — AR.

— **Pratensis** L. Land. et Bas.-Pyr. Prés, pâturages, pelouses, bords des chemins. — Mai, octobre. — C.

— **Augustifolia** L. Var. B. du précédent. Sm. Mêmes lieux.
— Mai, septembre. — AC.

— **Trivialis** L. Land. et Bas.-Pyr. Prés, lieux humides. —
Mai, juillet. — C.

— **Sudetica** Hœnke et Wild. ? Darracq indique cette plante
dans la région, sans préciser. Nous la, marquons d'un
point de doute : ?

Eragrostis Megastachya Linck. Land. et Bas.-Pyr. Lieux
cultivés, sablonneux, jardins. Juin, juillet. C.

— **Pilosa** P. Beauv. Land. et Bas.-Pyr. Lieux humides, sablonneux, cultivés ou incultes; dunes
humides. — Juillet, août. — C.

Briza Media L. Land. et Bas.-Pyr. Bords des bois, prés, coteaux. — Mai, juillet. — C.
Var. *B. Pallens*. Mêmes lieux.

— **Minor** L. Land. et Bas.-Pyr. Moissons, champs sablonneux. — Mai, juillet. -- C.

Melica Magnolii Gdr. et Gr. Région pyrénéenne, St-Michel,
Uhart-Cize (M. Richter). Coteaux pierreux, arides.
— Mai. — RR.

— **Nebrodensis** Parl. Région pyrénéenne. Murs, coteaux, rochers de la chaîne. Louvie, Laruns, Eaux-
Bonnes, Eaux-Chaudes, Sarrance, Bedous, Accous,
Borce, Urdos, St-Michel, Uhart-Cize, etc. Lieux
pierreux, stériles. — Juin, août. — AC.

— **Uniflora** Retz. Land. et Bas.-Pyr. Bois et coteaux
couverts. — Mai, juillet. — AC.

Scleropoa Maritima Parlat. Bas.-Pyr. Dunes de Biarritz à
Bidart. — Mai, juin. — RR.

— **Hemipoa** Parlat. Land. et Bas.-Pyr. Dunes d'Anglet (de Blancpignon à la Chambre-d'Amour),
Mimizan, etc. — Juin. — R.

— **Rigida** Gris. Land. et Bas.-Pyr. Mont-de-Marsan,
Dax, Tercis, Angoumé, Bayonne, Biarritz, Bi-

dart, Guéthary, St-Jean-Pied-de-Port, etc. Murs, rochers, lieux pierreux ou sablonneux. — Mai, juin. — C.

Scleropoa Lollaoea Gdr. et Gr. Land. et Bas.-Pyr. Sables maritimes et pignadas d'Hendaye à la Teste. — Mai, juin. — AC.

Dactilis Glomerata L. Land. et Bas.-Pyr. Prés, lieux herbeux, bords chemins. — Juin, septembre. — CC.

— **Hispanica** Roth. Land. et Bas.-Pyr. Falaises du littoral d'Hendaye à Bayonne, et probablement çà et là jusqu'à la Teste. — Mai, juin. — R.

Molinia Cærulea Mœnch. Land. et Bas.-Pyr. Bois, pâturages, landes humides. — Mai, octobre. — CC.
Var. *Altissima*. Mêmes lieux.

Danthonia Decumbens D. C. Land. et Bas.-Pyr. Bruyères, pâturages frais, prés, bois. — Mai, juillet. — C.

Cynosurus Cristatus L. Land. et Bas.-Pyr. Prairies, pelouses, lieux herbeux. — Mai, juillet. — C.

— **Echinatus** L. Land. et Bas.-Pyr. St-Sever, Baigts, Mugron, Montfort, Dax, Saint-Vincent-de-Xaintes, St-Paul-lès-Dax, St-Vincent-de-Paul, Narrosse, Candresse, Angresse, Benesse, Bayonne, Boucau, St-Jean-de-Luz, Anglet, St-Jean-Pied-de-Port, etc.; lieux cultivés et incultes, champs, vignes, bords des haies, des bois, pignadas, dunes, vallées pyrénéennes. — Mai, juin. — AC.

Vulpia Pseudomyuros Soy.-Willm. Land. et Bas.-Pyr. Lieux incultes secs, pierreux ou sablonneux. — Mai, juin. -- C.

— **Sciuroides** Gmel. Land. et Bas.-Pyr. Lieux incultes sablonneux frais, bords des champs, des bois, pâturages. — Mai, juin. — AC.

— **Myuros** Rchb. Land. et Bas.-Pyr. Mont-de-Marsan, Dax, Mées, Labenne, Bayonne, Uhart-Cize (M. Richter). — Mai, juin. — AR.

— **Bromoides** Rchb.) Land. et Bas.-Pyr. Mont-
Festuca Uniglumis Sol.) de-Marsan, Dax, St-Vincent, Bayonne, Anglet, Biarritz, etc.; lieux sablonneux cultivés ou stériles, sables maritimes. — Mai, juin. — AC.

Festuca Tenuifolia Sileh. Land. et Bas.-Pyr. Dax, Castets, Anglet, etc., etc. Çà et là dans les landes sablonneuses et les pignadas du Marensin. — Mai, juin. — AC.

— **Ovina** L. Land. et Bas.-Pyr. Lieux sablonneux incultes, pâturages; monte jusque dans les Pyrénées. — Mai, juin. — Commune surtout dans les Landes.

Festuca Duriuscula L. Land. et Bas.-Pyr. Lieux secs, arides,
    pierreux ou sablonneux. — Mai, juillet. — C.
    Var. *Curvula*. Falaises et dunes du littoral.
    — *G. Glauca* Koch. Pyrénées.

—   **Violacea** Gaud. Pyr. Environs des Eaux-Bonnes,
    Bagès, Gesques, Arudy. — Juillet, août. — RR.

—   **Rubra** L. Land. et Bas.-Pyr. Dax, Saint-Vincent-
    de-Xaintes, St-Jean-Pied-de-Port et Lasse (M. Rich-
    ter), Eaux-Bonnes, Pic de Ger, lieux secs, pâtu-
    rages, prés, bords des bois. — Mai, juin. — AC.

—   **Arenaria** Osbeck. Land. et Bas.-Pyr. Sables mari-
    times et falaises d'Hendaye à la Teste. Mai, août. C.

—   **Stolonifera** Mieg. Col du Marcadeau (frontière es-
    pagnole. — Juillet. — RR.

—   **Heterophylla** Lam. Land. et 'Bas.-Pyr. Bois mon-
    tueux et coteaux ombragés, lieux couverts.—Juin,
    juillet. — AC.
    Var. *B. Alpina*. Coteaux de la région sous-py-
    rénéenne.

—   **Varia** Hoenk. Pyrénées. Vallées d'Aspe et d'Ossau,
    Gourzy, etc. — Juillet, août. — R.
    Var. *G. Eskia* Nob. Pyr. Deuxième Cheminée
    du Pic d'Ossau, Lac d'Artouste, Crêtes de Loues-
    que, Gazies, Pic d'Eras taillades, Lescun, Pic
    d'Anie, etc. Plus commune que le type.—Juillet.

—   **Spadicea** Pyr. Mont Izey, Bagès, Anouilhas, Pem-
    bécibé, Pic d'Anie. — Juillet, août. — R. — C. sur
    les rochers d'Esquite (vallée d'Aspe).

—   **Arundinacea** Schreb. Land. et Bas.-Pyr. Mont-de-
    Marsan, Dax, St-Vincent, Bayonne, St-Jean-Pied-
    de-Port, etc. ; bords des eaux, lieux humides,
    couverts. — Juin, juillet. — C.

—   **Pratensis** Huds. Land. et Bas.-Pyr. Prairies humi-
    des, lieux marécageux. — Mai, juillet. — C.

—   **Pseudololiacea** Fries. Variété de la précédente.
    St-Paul-lès-Dax (au moulin de Cabanes), Seyresse,
    Œyreluy, St-Jean-Pied-de-Port, lieux maréca-
    geux. Juin, juillet. — R.

—   **Gigantea** Vill. Land. et Bas.-Pyr. Mont-de-Marsan,
    St-Sever, Tercis, Dax, Bayonne, St-Pierre-d'Irube,
    St-Martin-de-Seignanx, Ispoure, Çaro (M. Rich-
    ter) ; bois montueux, couverts, frais. — Juin,
    juillet. — R.

Bromus Tectorum L. Land. et Bas.-Pyr. Mont-de-Marsan,
    Roquefort, Dax, Bayonne, etc. ; toits, murs, lieux
    secs, sables des landes. — Mai, juin. — R.

—   **Sterilis** L. Land. et Bas.-Pyr. Mont-de-Marsan, Dax,
    Bayonne, etc. ; pignadas, bords des haies, lieux
    incultes, décombres.— Printemps, automne. CC.

Bromus Maximus Desf. Land. et Bas.-Pyr. Mont-de-Marsan, Dax, St-Paul-lès-Dax, Bayonne, Anglet, St-Jean-Pied-de-Port, Bidart; lieux secs, stériles, vieux murs, remparts. — Avril, mai. — AC.

    Var. *Gussoni* Parl. Environs de Bayonne, jetée du Boucau et dunes. — Mai. — AC.

— **Madritensis** L. Land. et Bas.-Pyr. Dax, Bayonne, St-Jean-Pied-de-Port (M. Richter), Bidart, Biarritz, Anglet, Boucau, lieux stériles secs; habite principalement la contrée maritime. — Mai, juillet. — R.

— **Asper** L. Land. et Bas.-Pyr. Mont-de-Marsan, St-Sever, Dax, Bayonne. — R. Environs de St-Jean-Pied-de-Port. — AC. (M. Richter), bois montagneux, haies, buissons, coteaux, lieux couverts. — Juin, juillet.

— **Erectus** Huds. Land. et Bas.-Pyr. Peyrehorade, Dax, Bayonne, bords des chemins, coteaux, lieux secs. — Mai, septembre. — R.

Serrafalcus Secalinus Godr. Land. et Bas.-Pyr. La Teste et environs, Dax autour de la ville, Uhart-Cize (M. Richter), Bayonne (dans des remblais des Allées-Marines où cette plante ségétale était apparue accidentellement), Saint-Jean-de-Luz, moissons. — Juin, juillet. — R.

— **Arvensis** Godr. Land. et Bas.-Pyr. Champs, lieux cultivés, prés secs. — Juin, juillet. — C.

— **Commutatus** Godr. Land. et Bas.-Pyr. Lieux cultivés et incultes, champs, moissons, prairies, levées, bords des chemins. — Mai, juillet. C.

— **Mollis** Parl. Land. et Bas.-Pyr. Bords des chemins, des champs, prairies. — Mai, juin. CC.

— **Lloydianus** Gdr. et Gr. Land. et Bas.-Pyr. Dunes, sables maritimes d'Hendaye à la Teste. — AR.

— **Squarrosus** Bab. Indiqué à Bayonne par Darracq. — Mai, juin. Lieux incultes.

Hordeum Vulgare L. Peu cultivée dans la région; quelquefois subspontanée.

— **Murinum** L. Land. et Bas.-Pyr. Bords des chemins et des murs. — Mai, juillet. — C.

    Var. *B. Major.* Anglet, etc., région maritime.

— **Secalinum** Schreb. Land. et Bas.-Pyr. Environs de Dax et de Bayonne, dans les prairies fraiches, les pâturages. — Juin, juillet. — R.

— **Maritimum** With. Land. et Bas.-Pyr. Pâturages du littoral, sables maritimes humides d'Hendaye à la Teste. — Mai, juin. — AC.

Secale Cereale L. Cultivé et subspontané.

Triticum Vulgare Vill. Cultivé et subspontané.

—   **Ovatum** Gdr. Gr. { Bas.-Pyr. Boucau (champs de
    Ægilops ovata L. { la propriété Laclau), Biarritz.
    Mai, juin. — RR.

—   **Triunciale** Gdr. Gr. { Bas.-Pyr. Bayonne, lieux
    Ægilops Triuncialis L. { stériles bordant les Allés-
    Marines. — Juin, juillet. — RR. — Plante de
    Provence adventive chez nous. Juin, juillet. RR.

Agropyrum Junceum P. Beauv. Land. et Bas.-Pyr. Sables
    maritimes d'Hendaye à la Teste. Juin, août. AC.
    Var. *B. Megastachyum* Fries. Mêmes lieux.
    — R.

—   **Acutum** Ram. et Schult. Land. et Bas.-Pyr. Mê-
    mes lieux que le précédent, mais plus rare. —
    Juin, août.

—   **Pungens** Ram. et Schult. Land. et Bas.-Pyrén.
    Mêmes lieux. — Juin, juillet. - AR.

—   **Pycnanthum** Gdr. Gr. Land. et Bas.-Pyrén.
    Mêmes lieux d'Hendaye à Bayonne. — Juin. R.

—   **Campestre** Gdr. Gr. Land. et Bas.-Pyr. Mont-
    de-Marsan, Dax, Bayonne; lieux cultivés ou
    incultes, bords des haies, champs sablonneux.
    — Mai, septembre. — R.

—   **Repens** P. Beauv. Land. et Bas.-Pyr. Bords des
    chemins, lieux cultivés. — Juin, septemb. CC.

—   **Caninum** Ram. et Schult. Land. et Bas.-Pyr.
    Dax, Pau, Bayonne, Ahetze, etc.; haies, buis-
    sons bois, lieux couverts humides. — Juin,
    juillet. — AC.

Brachypodium Sylvaticum Ram. et Schult. Land. et Bas.-
    Pyr. Bois, bords des haies, lieux ombra-
    gés, couverts. — Juillet, août. — C.

—   **Pinnatum** P. Beauv. Land. et Bas.-Pyr.
    Lieux pierreux incultes, haies, talus des
    chemins de fer.
    Var. *B. Australe* Nob. Mêmes lieux. R.

—   **Dystachion** P. Beauv. Land. et Bas.-Pyr. La
    Chalosse, Lasse, Peyrehorade, Sordes,
    Saint-Jean-de-Luz, Ciboure; lieux arides,
    sables maritimes. — Mai, juin.

Lolium Perenne L. Land. et Bas.-Pyr. Bords des chemins,
    pelouses, prairies.

—   **Italicum** Braun. Bas.-Pyr. Bayonne, bords des che-
    mins, base des remparts autour de la ville. — Juin,
    juillet. — AC.

—   **Multiflorum** Lam. Land. et Bas.-Pyr. Champs, mois-
    sons, lieux cultivés. — Mai, août. — C.

—   **Strictum** Presl. { Land. et Bas.-Pyr. Mont-de-Mar-
    Rigidum Gaud. { san, Dax, Saint-Paul-lès-Dax, Saint-

Vincent-de-Xaintes, Yzosse, Candresse, Bayonne
et environs; moissons, champs cultivés secs, dunes.
— Mai, juillet. — AC.

Var. *G. Tenue* Nob. Mêmes lieux.

Lolium Complanatum Schr. Landes. Dax et environs, Saint-
Paul, Saint-Vincent, Clermont, etc.; dans les moissons. — Mai, juillet. — AR.

— **Linicola** Sond. Land. et Bas.-Pyr. Dans les champs
de lin et les lieux voisins. Reparait quelquefois,
après la culture du lin, pendant plusieurs années.
C. dans la contrée linicole. Saint-Jean-Pied-de-Port
(M. Richter). — Juin, juillet. — R.

— **Temulentum** L. Land. et Bas.-Pyr. Mont-de-Marsan,
Saint-Sever, Dax, Bayonne, etc.; champs cultivés,
moissons. — Juin, juillet. — C.

Gaudinia Fragilis P. Beauv. Land. et Bas.-Pyr. Lieux
Avena — L. ⟩ herbeux sablonneux, secs ou
humides, bords des bois, des champs. — Mai,
juillet. — C.

Nardurus Tenellus Rchb. ⟩ Land. et Bas.-Pyr. Lieux incul-
Festuca Tenuiflora Koch. ⟩ tes, arides, sablonneux ou pierreux, pignadas, landes, sables maritimes. — Mai,
juillet. — AR.

Var. *A. Genuinus.* ⟩
— *B. Aristatus.* ⟩ Mêmes lieux.

— **Lachenallii** Gdr. ⟩ Landes et Bas.-Pyr. Mont-
Festuca id. Koch. ⟩ de-Marsan, Dax, Bayonne;
lieux sablonneux secs, champs, pignadas, landes. — Mai, juillet. — RR.

Lepturus Cylindricus Trin. Land. et Bas.-Pyr. La Chalosse,
St-Pierre-d'Irube, Biarritz, Cirque de la Cham-
bre-d'Amour, lieux secs, sables maritimes. —
Mai, juin. — AR.

— **Incurvatus** Trin. Land. et Bas.-Pyr. Dunes et falaises du littoral, zone salée. — Mai, juin. — AC.

— **Filiformis** Trin. Land. et Bas.-Pyr. Sables maritimes, principalement dans les parties vaseuses ou marécageuses, remonte jusqu'au dessus
de Bayonne dans les marécages des bords de
l'Adour. — Mai, juin. — AC.

Nardus Stricta L. Land. et Bas.-Pyr. Mont-de-Marsan, Dax,
Bayonne, etc., etc. Terrain siliceux ou granitique
des Landes et de la région montagneuse, pâturages
herbeux. Lieux secs des bruyères. — Mai, juillet.
— AR.

ACOTYLÉDONÉES VASCULAIRES

~~~~~~~

FILICINÉES — FOUGÈRES

Botrychium Lunaria Sw. Bas.-Pyr. Pâturages secs et élevés de la plupart de nos montagnes, dans les lieux découverts, vallées d'Aspe, d'Ossau, de la Soule; Lourdios, Plateau d'Orisson, etc. — Mai, juin. — R.

Ophioglossum Vulgatum L. Land. et Bas.-Pyr. Mont-de-Marsan, Bellocq, Lahontan, St-Cricq, Labatut, Cauneille, Peyrehorade, dans les prairies des bords du Gave, Esbouc, St-Jean-Pied-de-Port, Ispoure (M. Richter), Pau, Nay, Bayonne. Prairies marécageuses ou humides, taillis. — Mai, juin. — R.

Var. *Ambiguum*. Esbouc, Vieux-Boucau.

— **Lusitanicum** L. Bas.-Pyr. Environs de Pau et de Nay, vallée du Gave. — Janvier et février. — RR.

Osmunda Regalis L. Land. et Bas.-Pyr. Prairies, bois et bruyères humides de toutes les vallées tourbeuses ou marécageuses de la région. — Mai, septembre. — CC.

Ceterach Officinarum Willd. Land. et Bas.-Pyr. Vieilles murailles, ruines, rochers humides. — Mai, octobre. — C.

Polypodium Vulgare L. Land. et Bas.-Pyr. Vieux arbres, rochers, vieux murs ombragés. Toute l'année. — CC.

— **Dryopteris** L. Pyrén. De Bonnes aux Eaux-Chaudes, Gabas, Gesques, rochers couverts, vieux murs. — Juin, septembre. — R.

Var. *B. Calcareum*. Mêmes lieux, mont Orisson (M. Richter).

Grammitis Leptophylla Sw. Land. et Bas.-Pyrén. Barthes d'Orthevielle (M. Féraud), Ciboure, Anglet (près de Montbrun), St-Jean-de-Luz; pieds des haies, sur les talus herbeux et ombragés, rochers couverts. — Mars, mai. — RR.

Aspidium Lonchitis Swartz. Pyr. Pic de Ger, Bouye, Gourzy, Plateau du Goust, Eaux-Chaudes, St-Jean-Pied-de-Port, Irati. — Juillet, août. — RR.

— **Aculeatum** Dœll. Land. et Bas.-Pyr. Bois, lieux

couverts, bords des haies, coteaux ombragés, talus des fossés. — Juin, septembre. — AC.

Var. *A. Vulgare.* | Mêmes lieux.
    B. Angulare. |

Polystichum Thelipteris Roth. Land. et Bas.-Pyrén. Lieux tourbeux ou marécageux, bords des petits cours d'eau de la plupart de nos vallées. — Juin, septembre. — C.

—   **Oreopteris** DC. Vallées de la plupart de nos montagnes, lieux ombragés, humides. — Juillet, septembre. — AC.

—   **Filix-Mas** Roth. Land. et Bas.-Pyr. Bords des chemins ombragés, haies, buissons, jusque dans les Pyrénées. — Juin, septembre. — C.
    Var. *B. Abbreviatum.* Mêmes lieux.

—   **Cristatum** Roth. Land. et Bas.-Pyr. Mont-de-Marsan, Dax, Bayonne, St-Paul, Biarritz, Anglet, Bidart, Ahetze, etc.; lieux ombragés, bois humides. — Juillet, septembre. — R.

—   **Spinulosum** DC. Land. et Bas.-Pyr. Mont-de-Marsan, Saint-Martin-de-Seignanx, Tarnos, St-Etienne (Esbouc), Bayonne, Anglet, Biarritz, Arbonne, Ahetze et toute la région sous-montagneuse jusqu'à la vallée d'Ossau. — Juin, septembre. — C,
    Var. *B. Dilatatum.* Mêmes lieux.
    — *Tanacetifolium.* Bords des haies, lieux ombragés, Bayonne, Anglet. Août, sept. R.

Cystopteris Fragilis Bernh. Land. et Bas.-Pyr. Narrosse, près Dax; rochers des bords de la Nive, au Pas de Roland; Anglet, Saint-Jean-de-Luz, Pic d'Ossau, Gourzy, Eaux-Chaudes, Bayonne (sur St-Etienne); vieux murs, rochers ombragés, lieux humides, bois, chemins creux. — Juin, septembre. — R.

Asplenium Filix-Fœmina Bernh. Land. et Bas.-Pyr. Lieux humides ombragés, haies, bois, buissons. — Juin, septembre. — CC.

—   **Halleri** DC. Pyr. Plateau du Goust, Eaux-Chaudes, Baïgorry, Ossès, Pas de Roland, rochers ombragés humides. — Juin, juillet. — RR.
    Var. *B. Fontanum.* Eaux-Chaudes.

—   **Lanceolatum** Huds. Land. et Bas.-Pyr. Dax, Cauneille, Bayonne, St-Etienne, Saint-Pierre-d'Irube, Anglet, Villefranque, Cambo, Pas de Roland, Saint-Michel, Uhart-Cize, Biriatou, rochers des Pyrénées, Eaux-Bonnes, etc.; lieux couverts, vieilles murailles, rochers humides. — Mai, septembre. — AR.

Asplenium Trichomanes L. Land. et Bas.-Pyr. Vieux murs, haies, rochers, ruines, puits. — Mai, septembre. — CC.

— **Viride** Huds. Pyr. Mont Aphanice (M. Richter), Eaux-Bonnes, Eaux-Chaudes, Pic de Ger, Béhorléguy, Irati, Château Pignon, de Bedous à Aydius, rochers humides. — Juin, septembre. — R.

— **Marinum** L. Bas.-Pyr. Lors de notre arrivée dans le pays, cette plante, peu commune généralement, se trouvait à Biarritz sur un vieux mur en ruines situé derrière l'Atalaye. Les grands travaux exécutés dans ce lieu ayant nécessité la démolition du mur, la plante à disparu. Reparaîtra-t-elle? — Juin, septembre.

— **Septentrionale** Sw. Pyr. Vallée d'Aspe, Bedous, Aydius, Pont d'Esquite, vallée d'Ossau, Case de Broussette, St-Jean-Pied-de-Port, St-Michel, Arnéguy, vieux murs et rochers. — Juin, septembre. — R.

— **Ruta Muraria** L. Land. et Bas.-Pyr. Vieux murs et rochers. Toute l'année. — C.

— **Adianthum Nigrum** L. Land. et Bas.-Pyr. Bords des haies, vieux murs, lieux frais et couverts. — Mai, septembre. — CC.

Scolopendrium Officinale Sm. Land. et Bas.-Pyr. Puits, rochers, murs, haies, bois ombragés. — Juin, septembre. — CC.

Blechnum Spicaut Roth. Land. et Bas.-Pyr. Lieux humides ombragés de toutes nos vallées, bois, haies, fossés, terrain siliceux ou granitique. — Mai, août. — CC.

Pteris Aquilina L. Land. et Bas.-Pyr. Lieux stériles et incultes de toute la chaîne, occupe tous les versants jusqu'au fond des vallées. — Juillet, septembre. CCC.

Adianthum Capillus-Veneris L. Land. et Bas.-Pyr. Rochers humides, vieux murs frais couverts, lieux ombragés; plus commun dans la région maritime, mais vient aussi dans les Pyrénées. — Juin, septembre. — C.

Allosurus Crispus Bernh. Pyr. Gourzy., Col d'Aucupat (Pic de Ger). — Juillet, août. — RR.

Trichomanes Radicans Bas.-Pyr. La Rhune, sur les bords du ruisseau d'Olhette (M. Norman), idem bords du ruisseau de Sare (M. Webster). Grotte du versant sud de la montagne de Biriatou (M. Zeiler). Juillet, septembre. RR.

Hymenophyllum Tumbridgence Sm. Bas.-Pyr. Cambo (Le sauvage, en 1830, Léon Dufour), sommet du Mont d'Arrain (M. Vidal), fissures des rochers. Base de cette montagne, près du Latxia, entre des blocs constamment humides. — Juillet, octobre. — R.

EQUISETACÉES

Equisetum Arvense L. Land. et Bas.-Pyr. Champs sablonneux ou argileux humides. — Mars, avril. — C.

— **Telmateya** Ehrh. Land. et Bas.-Pyr. Lieux marécageux ou fangeux, bords des ruisseaux, marécages des bois. — Mars, avril. — CC.

— **Sylvaticum** L. Land. et Bas.-Pyr. Peyrehorade, Cauneille, Œyre-Gave, Orthevielle, Bayonne. (Darracq). Bois humides dans les lieux herbeux, couverts. — Avril, mai. — R.

— **Palustre** L. Land. et Bas.-Pyr. Marécages, fossés, champs, lieux humides. — Mai, juillet. — C.

— **Limosum** L. Land. et Bas.-Pyr. Marais, étangs, fossés. — Mai, juin. — C.

— **Hiemale** L. Land. et Bas.-Pyr. Mont-de-Marsan, Dax, Saint-Vincent-de-Xaintes, Orthevielle, Bayonne, Anglet, Biarritz, etc. Lieux humides, fangeux, tourbeux ou sablonneux. Falaises et dunes humides du littoral. — Mars, avril. — AC.

— **Ramosum** Schl. Land. et Bas.-Pyr. Sables des bords de l'Adour et de la mer. Anglet, Biarritz, Bidart, St-Jean-de-Luz, St-Jean-Pied-de-Port, etc. — Mars, mai. — AR.

RHIZOCARPÉES

Marsilea Quadrifoliata L. Land. et Bas.-Pyr. Saint-Sever, Dax, Cazères, Soustons, St-Vincent-de-Xaintes, Lanne, St-Etienne d'Orthe, St-Jean-de-Marsacq, Saubrigues, étangs du Marensin, lacs du littoral, bords vaseux des étangs, des mares, vases de l'Adour. — Juillet, septembre. — R.

Pilularia Globulifera L. Land. et Bas.-Pyr. Mont-de-Marsan, Dax, Narrosse, Cagnotte, Soorts, Parentis, Aureilhan, Bayonne; fossés, marais, lieux inondés, bords des étangs, terrains siliceux ou tourbeux. — Juin, août. — R.

ISOÉTÉES

Isoetes Læcustris L. Signalé par Lapeyrouse dans les lacs des Pyrénées. A rechercher. — Août, septembre.

Isoëtes Hystrix Durieu. Land. Pâturages de la contrée pinicole et maritime. — Mars, avril. — RR.
— **Boryana** Land. Soustons, Aureilhan, Parentis, etc., dans les lacs ou étangs. — Mai. — R.

LYCOPODIACÉES

Lycopodium Selago L. Pyr. Case de Broussette, prés de la frontière espagnole ; rochers herbeux, bois montagneux. Indiqué par Lapeyrouse *in Pyrenœis Cantabrorum.* — Juillet, août.
— **Inundatum** L. Land. et Bas.-Pyr. Mont-de-Marsan, Dax, Mées, St-Paul, Buglose, Pontonx, Peyrehorade, Ascain, Bayonne, Anglet (Brindos), Saubrigues, etc. Bruyères humides ou tourbeuses, marécages, bords des étangs. — Juillet, septembre. — AR.
— **Alpinum** L. Pyr. Crêtes de Mondeils, pelouses des sommets. — Août, septembre. — RR.
— **Clavatum** L. Pyr. Col de Sieste, lieux ombragés des montagnes. — Juillet, septemb. RR.
Selaginella Spinulosa A. Br. Pyrén. Pic de Ger (près de la source), Case de Broussette, pâturages humides des montagnes. — Juillet, août. — RR.

CHARACÉES (*)

Chara Fœtida A. Br. Land. et Bas.-Pyr. Eaux paisibles, dans le calcaire. — Juin, septembre. — C.
— **Longibracteata** Wallm. Land. et Bas.-Pyr. Eaux stagnantes. — Juin, septembre. — C.
— **Hispida** Smith. Land. et Bas.-Pyr. Eaux paisibles, dans le calcaire, fossés. — Juin, août. — AC.
— **Fragivera** Durieu. Land. et Bas.-Pyr. Soustons, Aureilhan, Parentis, Tarnos, Anglet. — Juillet. — R. Etangs.
— **Connivens** Salzon. Land. Tarnos, Ondres, Soustons, Parentis, étangs. — Juillet. — R.
— **Aspera** Willd. Land. et Bas.-Pyr. Saint-Etienne-de-Bayonne, St-Vincent-de-Xaintes, eaux stagnantes dans le calcaire. — Juin, août. — R.
— **Fragilis** Desv. Land. et Bas.-Pyr. Eaux paisibles, ruisseaux des fontaines. — Juillet, septembre. — AR.
— **Braunii** Gm. Land. et Bas.-Pyr. Bayonne, fossés des barthes de St-Esprit, Soustons.
Nitella Hyalina Agard. Land. et Bas.-Pyr. Tarnos, Ondres,

(*) J'ai cru devoir terminer le Catalogue par cette intéressante famille.

Capbreton, Soustons, Brindos, lacs, étangs. — Juillet, août. — R.

Nitella Tenuissima Kutz. Land. et Bas.-Pyr. Mêmes lieux, la Négresse, dans le lac et les fossés environnants.

— **Ratrachospermo** A. Br. Land. Lacs du littoral, Parentis. — Juillet. — R.

— **Translucens** Ag. Bas.-Pyr. La Négresse, lacs et étangs. — Eté. — R.

— **Capitata** Agd. Landes. Lacs de la région pinicole, Soustons, etc.

— **Opaca** Ag. Land. et Bas.-Pyr. Soustons, la Négresse, Ondres. — Eté. — R.

— **Stelligera** Bauer. Land. Lacs et étangs de la contrée pinicole.

Bayonne, imprimerie L. LASSERRE, rue Gambetta, 20.

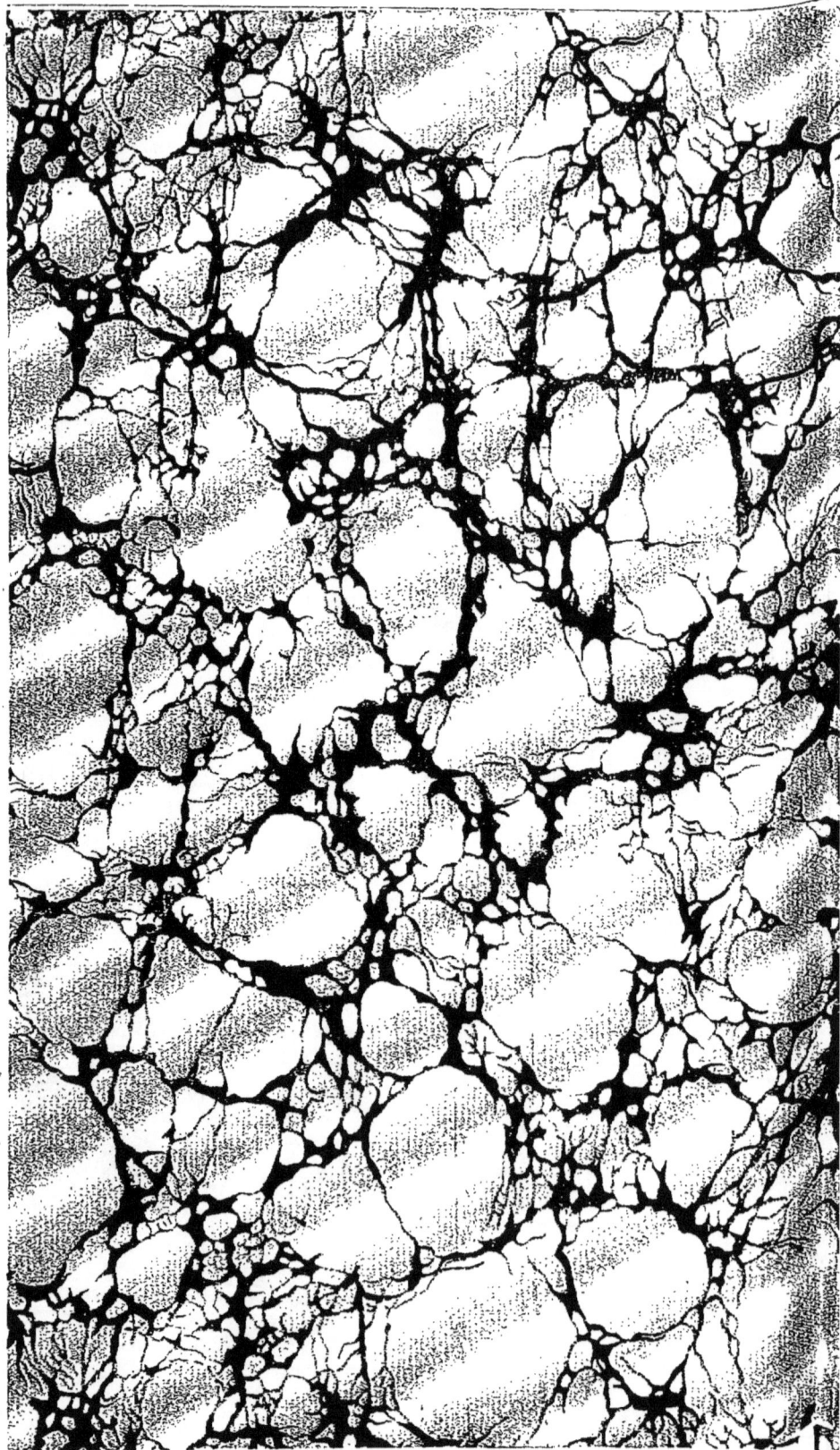

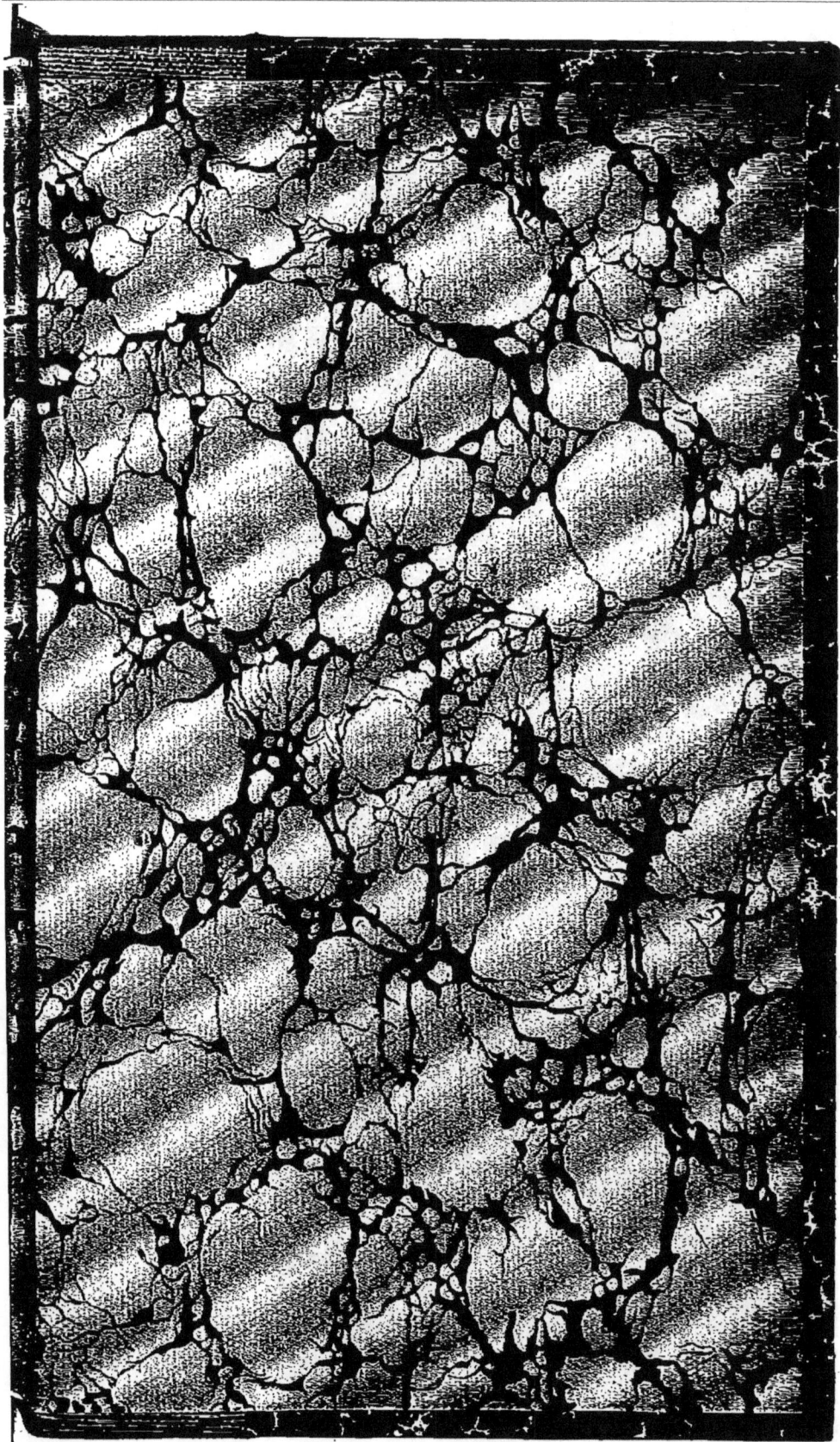

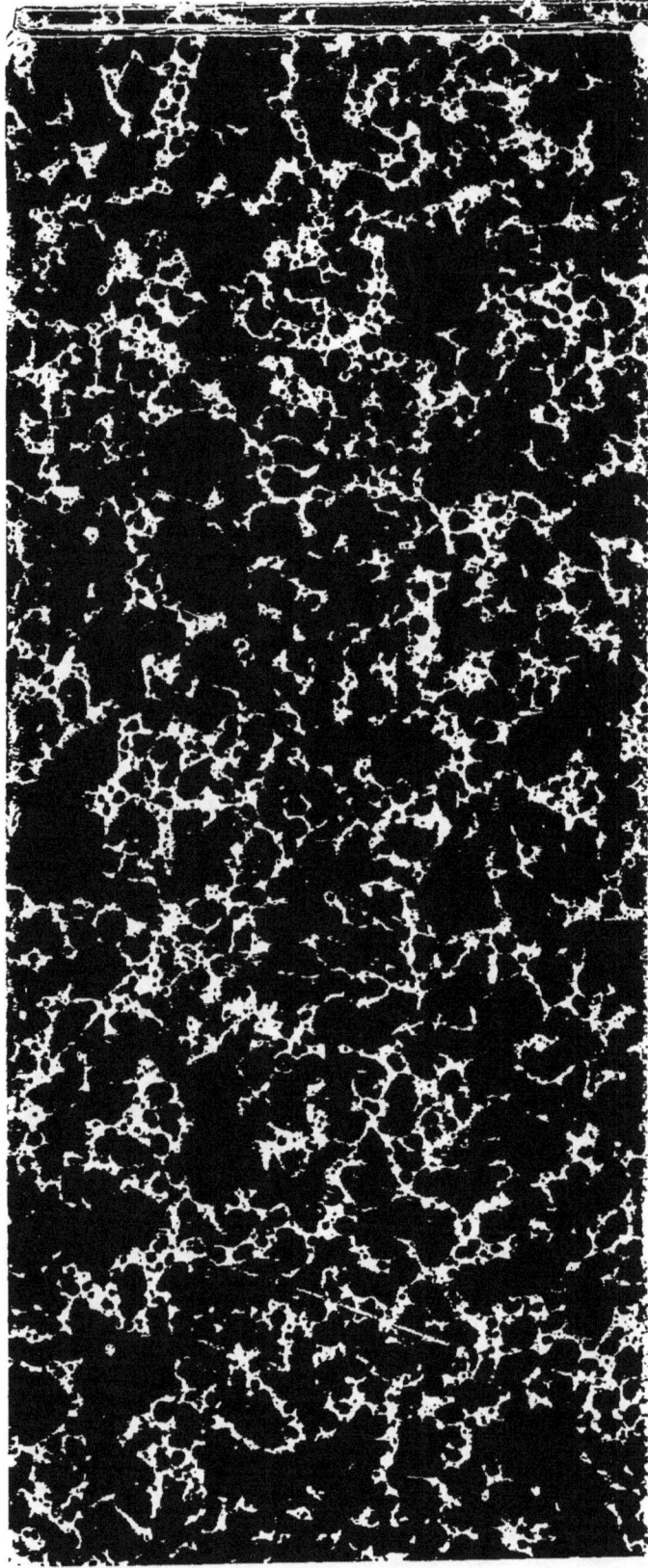